森林祕境

生物學家的自然觀察年誌

the forest unseen.

A Year's Watch in Nature

大衛・喬治・哈思克　著／蕭寶森　譯

David George Haskell

各界讚譽

一年前，我幫商周選了這本書，因為搬來溫哥華之後，我有機會親近大自然，總是訝異樹枝在寒冬裡轉枯，好像生機全無，但是春日一到，綠芽一定來報到。

此時，正好看到《森林祕境》這本原文書，提到越冬植物會在冬日來臨前，悄悄把ＤＮＡ全部移到細胞深處，外面再用糖分保護它，提高它的結凍點，保留它的生機，因此，第二年枯枝變綠，它又活了過來。

原來，世界是這樣奧妙。我在《森林祕境》得到許多啟發，那就是宇宙的真實其實是「萬象森列，圓融有序」。人，如果懂得師法自然，自能安身立命。

與其說《森林祕境》是本科普自然書，不如說它是哲學書，觀照出方寸之間的曼荼羅。

——商周出版選書顧問　何穎怡

臺灣是個多山，擁有豐富森林生態的島嶼，但有多少人曾走入並置身於充滿各式聲響、氣味，有著茂密枝葉，陽光會從葉隙透下，灑落一地斑駁碎金的森林？從現在開始一點都不晚，你可以跟著生物學家大衛·哈思克的觀察和腳步，先試著對那些就在我們身畔的平凡無奇，重新投以全新的凝望，就會聽見自然裡的各式事物、生命正不斷地訴說著各種美好。屬於生命的奧妙，無處不在，而你是否已準備好足夠的敏銳察覺，走入森林？

——臺大山地實驗農場（梅峰）自然生態解說員　李圓恩

自然觀察的方式每個人都不同，我喜歡到處追尋目標，無論動物或植物，所以跑遍台灣各地還有東南亞雨林，只為了一探牠／它們真實的原貌。

相對於本書的作者選擇僅一平方公尺的區塊做為觀察的目標，將各種生物在不同季節出現的樣貌與行為詳實的記錄，而且書中的文字顯示作者對於觀察極其入微，內容充滿各種科學知識與生態行為，閱讀時猶如身處於這片森林中，與作者一起感受自然萬物的循環，讓我的生態熱血又沸騰起來。

——自然生態觀察者　黃仕傑

關鍵字：一年、一個人、一平方公尺。

一般人對周遭事物通常只有看，沒有觀察。看了也多半是看熱鬧，不懂該如何看門道。《森林祕境》是個生物學家以最簡單的方式進行觀察，用詳實卻生動的文筆做紀錄，讓我們能夠透過文字分享他的心得，以他為媒介進入森林中的祕境。

科學家通常很傻，才能夠一直在同一個領域中做同樣的事情，做很多年。這本書卻讓我們知道只要有一枝放大鏡、一小塊適合的土地，持續蹲著看上一年，你，就已經踏往觀察家之路。多麼勵志啊！

——科普作家　張東君

哈思克引領讀者進入了一個新的自然寫作領域，其風格介於詩與科學之間。

——Edward O. Wilson

哈思克除了是一位熟稔遺傳學與族群生態學的當代生物學家，也具有十九世紀自然學家豐沛的想像力。更重要的是，哈思克先生以細膩的文字精準的呈現了他所觀察到的世界，而且言語之間處處機鋒，令讀者感到興味盎然……本書的核心精神在闡揚人與自然之間的深刻連結。這樣的連結存在於各個層面，小至分子，大至宇宙，無所不在，而且週而復始，環環相生。他的視野宏大、兼容並蓄，正如同曼荼羅一般，在小小一方土地上呈現了一整個宇宙。

——《華爾街日報》

大衛・哈思克觀察了位於昆伯蘭高原上一塊面積一平方公尺的土地，並在過程中洞見了整個地球的生命。書中的每個章節都會讓你獲得新知！

——作者比爾・麥奇本，《地球・地球：如何在質變的地球上生存？》

一位好的自然史作家能把科學變得更加平易近人。哈思克做到了。他還為詩人威廉・布萊克「一沙一世界，一花一天堂」的概念賦予更多的血肉……他的文字有一股安靜的魔力。

——《西雅圖時報》

（哈思克）觀察地衣、雪花和蠑螈等事物，並將觀察心得和科學理論巧妙的交織在一起。他敘述他如何在一月天裡脫光衣服以便體驗嚴寒的天氣對動物生理機能的影響；他描繪樹木在強風中所發出如同交響樂般的聲響；他讚嘆禿鷲消化道內細菌的特性。這些文字都令人著迷。

——《自然》

（哈思克）將詩與自然史融合在一起。他觀察一隻鹿的足跡、幾小片地衣乃至一顆高爾夫球等看似平凡的事物，並由此探索那些幽微的科學脈絡（例如物種之間的互動），最後更得出了很有深度的結論。

——《保育雜誌》

此書揉合了科學語言與極富象徵性的文字，充滿了生動的意象……他是生化領域最熱情的說書人……我們因而意識到我們和腸道裡的微生物以及細胞內的粒線體互相依存的狀態。

——蘿塞，《花朵的祕密生命》作者

閱讀這本書像是在上課，而授課的老師不僅高明，更具有科學家的頭腦和詩人的靈魂……在哈思克的放大鏡底下，我們眼中平凡無奇的林地看起來像法貝樂彩蛋一般精緻、複雜、有著各種不同的層次，而且實際的色彩與質地比照片中所呈現的更加鮮豔。

—— *The Atlanta Journal-Constitution*

本書省視了我們周遭這個世界的本質，令人感動……哈思克觀察的範圍很小，但卻成功的開啟了一扇大大的窗戶，讓我們從中窺見自然的奧妙。要研究生態並不一定要著眼大處、綜觀整個地球。你可以從你家的後院開始，從探索中得到體悟。

——《達拉斯早報》

這是我多年來所讀過最美的書之一……其中有著無比豐富的靈性智慧與生態知識，並且充滿對生命之美的熱愛，會讓讀者在不知不覺間受到感染。

—— *Chattanooga Times Free Press*

大衛・哈思克在書中承襲了阿爾多・李奧帕德（Aldo Leopard）、約翰・繆爾（John Muir）和梭羅的風格，捕捉生命演化的美感與複雜性。對於那些想要尋求啟發，以激勵自己多多接觸自然的人而言，這本書是最佳的隨身讀物。哈思克知識廣博，通曉森林和林中生物的種種，是引領你探索荒野的最佳人選。他的文字很能傳達人在觀察自然時所感受到的那種充滿詩意的寧靜。這是一位真正的自然學家所發表的宣言。

——Greg Graffin，《無政府進化論》（*Anarchy Evolution*）作者

哈思克的這部新作十足的令人著迷。他花了一年的時間觀察田納西州一塊面積一平方公尺的老生林，拿著一把放大鏡，仔細的審視那裡的土壤與岩石，探索每一道縫隙和每一個角落，展現了他豐富的智慧與自然平實、毫不裝腔作勢的風格。此書一如所有上乘的自然史著作，充滿了各種精微的知識……他在書中所關注的焦點除了那方小小的曼荼羅地之外，更時而擴及周遭較大的生態體系中所發生的變化……他總是很敏於察覺身邊那些看似平凡無奇但卻奧妙無比的事物。他那溫和文雅的性格、好學深思的精神從頭到尾貫穿全書、躍然紙上。

——*Open Letters Monthly*

（哈思克）擁有生物學家的頭腦和詩人的筆調。他不做任何科學上的假設，而是以禪僧般

開放的心胸觀察自然。

——《紐約時報》

哈思克的觀察力令人印象深刻。他博學多聞，描寫生動，所下的結論也都經過深思並且非常寬厚。

——《華爾街日報》

《森林祕境》是一部書寫自然的佳作，但骨子裡也是一本有關人性的書。你在閱讀書中抒情而鮮活的文字時不得不正視這些問題：在自然的架構中，我們身處何處？我們在這裡做什麼？如果我們想在地球上長久生存，就必須學習從不一樣的角度、更加深刻的思考這些問題。在這方面，哈思克可以成為我們的導師。

——John Jeremiah Sullivan，《糨糊腦袋》（*Pulphead*）作者

獻給Sara

推薦序　「看見」的祕密是高價的珍珠

國立東華大學華文系教授　吳明益

人們通常必須遠離家園數百哩甚至數千哩之遙，才有資格宣稱「踏上旅程」。為什麼不從自家展開旅途呢？難道非得長途跋涉或傾力留神，才能發現新穎事物？

——大衛．弗斯特（David R. Foster），《康考特牧歌——重回梭羅的華騰湖》

三年前我開始有一片田地之時，我就決意把其中一部分完全放任不管。在我汲汲營營將局部的土地依照我的意思決定發芽種子、除草與翻土的同時，也觀察那塊「被人力棄置」的土地會「演化」成什麼樣子？什麼季節冒出什麼樣的新草種，又在什麼時候獲得局部穩定？而那些在加入我的勞動力、意志與想像力的土地，與被人力棄置的土地出現什麼樣的差異？

我觀察到一些具體的現象：當我用拔除的雜草鋪出田間道路，並藉以抑制新雜草的萌芽之時，大約三個月的時間枯死的草莖就會消失在地表上，顯然有我看不見的物理與化學作用在進行著；而最早實施不使用任何藥物與肥料的那一畦土，如今單位面積的蚯蚓數量是後繼耕地的十倍。但這不一定是好消息，因為有許多是外來的優勢種「黃頸透鈣蚓」（*Pontoscolex corethrurus*），牠們的出現往往壓縮了本土蚯蚓的生存空間。而我挖出來的一條引水溝，上頭先是出現真菌與苔蘚，從原本的具透水性漸漸地堵住了土壤的孔縫，已經開始能在大雨之後保留三、四天的水，成為短暫讓蛙與蜻蜓產卵的水域。此外，雖然四周也都是田地，但雲雀和洋燕只集中在這塊地的上空覓食，顯然我的土地上空有一批我肉眼不可視的微小昆蟲，牠們的生命支持著這群空中殺手的飛行能量。

我有無限多的問題隨著時間浮現，無窮的知識空白需要補充，在讀完大衛・哈思克的《森林祕境》（*The Forest Unseen*）後，我發現可以把這塊地稱為我的「曼荼羅」。

《森林祕境》是一本時間之書，它演化自生物學家哈思克教授時常漫步駐足的田納西州山間老生林一塊土地。哈思克教授的企圖是，藉由觀察生物群落與環境特質，去看清一座森林的面貌。

這讓我想起我曾讀過的兩本翻譯到台灣的，同樣是書寫森林的優秀自然書寫作品，一是大衛・弗斯特所寫的《康考特牧歌》，二是鈴木大衛（David Suzuki）與偉恩・葛拉帝（Wayne Grady）所寫的《樹——一棵花旗松的故事》。前者是作者重返梭羅的華騰湖，並以梭羅的文字紀錄與他此刻所觀察到的地景變貌對照，寫出一部新英格蘭地區的自然史；後者則是藉由花旗松（較正式的名稱是「西部黃杉」〔Douglas-fir〕）這個物種，以倒敘的寫作手法，像年輪一樣回溯到植物演化的最初，並穿插它與白蟻、螞蟻、蠑螈、北美黑啄木、白頭海鵰、飛鼠、貓頭鷹、美洲虎、狼……，乃至於文學、藝術、族群史、科學史的複雜故事。

《森林祕境》很像是這兩本書手法的綜合，再加上哈思克豐富的學識、踏實的資料搜集，以及冷靜、精準，情感豐富的文字，透過附加主題的日誌形式，成為一本分量十足，卻又易讀的絕妙作品。它既有磅礡大氣，也常常聚焦微景：不論是北美狼為何絕跡，蠑螈特化的皮膚，植物如何把數噸的水運到樹冠，蕨類如何受精……在哈思克的筆下，總讓我像踏進森林的腐植層裡似的，深深吸住我的閱讀腳步。

我特別喜歡〈斑光〉這一節。所謂斑光指的是因林層障蔽，因此只有局部強光會穿透而落在底層植物上。哈思克解釋，有些植物為了因應這些突如其來的光線，會讓一部分吸光分子暫時無法作用，以免短時間內吸收太多能量。這是一個既簡單又複雜的運作機制，涉及葉綠粒的移動，哈思克把光比喻為水讓讀者較容易想像。他說：「曼荼羅地上的花草在一天當中有大部分的時間都在一點一滴的啜飲極少量的光線。當光線如洪水般洶湧而來時，它們便趕緊用雨傘擋住自己的嘴巴。儘管如此，由於洪水的力道如此強大，雨水還是不免會潑進傘裡，因此植物還是能夠喝到一口生命之水。」

接著他筆鋒一轉，引斑光落在一種叫「姬蜂」（ichneumon wasp）的昆蟲上。

原來當年達爾文發現姬蜂會將卵產在鱗翅目昆蟲的幼蟲體中，以便孵化時有新鮮的食物可吃的寄生模式時，寫文章感嘆這種生物的殘忍行為，似乎不符合他在維多利亞時期劍橋的聖公會學校上課時所認知的上帝形象。他寫信給隸屬基督教長老會的哈佛大學植物學家阿薩．葛雷（Asa Gray）說：「我無法說服自己一個仁慈良善、無所不能的上帝會刻意創造這些姬蜂，讓牠們寄生在毛毛蟲的體內，然後活生生的把牠們吃掉。」這是自然界對達爾文的「惡的詰難」（the problem of evil），也讓他從虔誠教徒轉成「不可知論者」。達爾文當時正為病痛與女兒夭折感到痛苦，而姬蜂的存在所形成的「惡的詰難」，更讓這種痛苦成為一種無法寄託於宗教的心靈折磨。

哈思克這部令人嘆一口氣的迷人作品，正如印度教與佛教密宗在舉行宗教儀式時所用的象徵性圖形——曼荼羅。這個圖騰事實上同時也是宗教師在探討宇宙疑惑與真理時，所採取的一種思考模式：從簡單的線條，逐漸建立起一座不可思議的華麗宮殿。而對哈思克這樣一個深知森林演化繁複遠超過短暫人生所及的生物學教授來說，則是「在微小的事物中尋求宇宙真理」的具體隱喻。

一座森林，一片田地，一條小徑，一座校園……都可以是你開始第一道筆畫的曼荼羅，你可以藉此在無形的虛空中雕鑿出知識之柱，體會生命的殘酷與優雅，重點是你開始對周遭細微事物的凝神注視。美國自然書寫者安妮・迪勒（Annie Dillard）說：「看見的祕密是高價的珍珠。」我想這就是哈思克教授以「不見」（Unseen）做為書名的緣故吧。

推薦序　尋找屬於自己的「曼荼羅」

作家、牙醫師　李偉文

在這個令人迷惑的年代裡，環遊世界、追尋偉大夢想容易，能夠注意到身旁發生的微小奇蹟卻很難。大部分的人恐怕已經遺忘了每一天的晨曦、每一朵地上的小花，以及許許多多習以為常的瑣碎事物，構成了這個神奇美麗的世界。

因此，大衛．哈思克以一年時間，類似修行般所示範的行動，在這個追求更多更大的時代裡，具有醍醐灌頂式的棒喝作用了！

這種對於一個小區域的長期定點觀察，正是荒野保護協會這二十年來所推動的「找自己的祕密花園」行動，不過，令人佩服的是，作者居然只在一公尺直徑區域裡做紀錄，若非具有自然學家背景以及深厚的哲學思考，是很難做到的。

這二十年來，我們要求每個參加荒野保護協會的志工，在住家附近找一個屬於他們自己的祕密花園，並且定期去觀察與記錄。即使一個乍看之下平淡無奇的自然環境，只要經過長期觀察，就會發現豐富有趣的變化。這種屬於自己的「祕密花園」，因為去的次數多了，觀察久了，就會產生感情，這種與土地親密的情感連結，在個人的生命進程上，也會扮演非常重要的角色。

美國西南部有個最大的印第安人保留區，納瓦荷人稱這片土地為「四角之地」，由他們神話中的四座聖山圍繞而成。納瓦荷的巫醫曾經這麼說：「記住你眼前所見，把目光停在一處，記住它的樣子。在下雪時觀察它，在青草初長時觀察它，在下雨時觀察它。你得去感覺它，記住它的氣味，來回走動探索山岩的觸感。如此一來，這地方便永遠伴隨你。當你遠走他鄉，你可以呼喚它，當你需要它時，它就在那兒，在你心中。」

在台灣即便住在都市裡也可以進行這樣的「定點觀察」，不管是巷子附近的小公園，或河堤附近的矮樹叢。在一年四季中不斷去記錄和觀察，在不同時間、不同心情裡，我們的記憶會一個一個堆疊上去，這個地方就會融入我們私密的情緒，許多的笑聲與淚水，將使這個地方變成內心的祕密花園。當我們累了、倦了、有需要的時候，隨時可以召喚它。

除了因為觀察而與萬物有連結，這種屬於個人的生命啟發之外，以環境保護而言，定點觀察也有策略上的意義，因為當每一個人就近長期觀察自己住家附近的自然生態，若串起每個定點，那麼分布在全國的志工就可以形成一個全面的環境監測與守護網，只要任何地區被破壞了，我們就可以立刻得知並且想辦法保護。

不管我們著眼於內心深入觀照或者為了環境採取行動，都可以從《森林祕境》這本神奇的書裡得到啟發。

推薦序　見樹見林見全球

國際珍古德教育及保育協會理事長　金恒鑣

「砂中窺世界，野花有天堂，手掌握無限，須臾即永恒。」是威廉・布萊克（William Blake, 1757-1827）的四行名詩，這樣來理解，依次隱喻著人類所面對的環境、生命、空間，與時間。

我們能否自一顆砂粒中看到這個世界？大衛・喬治・哈思克，美國南方大學的教授，為了驗證布萊克這幾行文字精練而意涵博深之詩句的隱喻，進行了一項類比的觀察與試驗。布萊克是浪漫主義時代的英國詩人，哈思克是當代的美國田野生態學家。哈思克用一座小小的樹林替代一顆微小的砂粒，來看這個世界。他要從樹林中的樹木、樹葉、枯樹、落葉、土壤、岩石、雨水，以及透空的地面，來看這個世界的生態。這裡要介紹的著作《森林祕境》便是他的驗證的果實。

為了他的驗證，哈思克在選了美國密西西比州一座樹林，劃出一個圓形林地，直徑約一公尺（不到四分之一坪的空間），作者稱之為「曼荼羅地」。至於為什麼叫做曼荼羅地，他在書中有交代。哈思克花了一整年的時間，歷經四季與晝夜的貼近觀察與冥思曼荼羅地的生態，並勤作筆記，整理成本書中的四十三篇日記式的短文。透過這本書，哈思克告訴讀者他所看到的、聯想到的這個世界的空間與時間的環境與生命的關係。

哈思克所相中的曼荼羅地坐落在一座大樹林中。那不是一般的樹林，而是生態學界稱為「老生林」的樹林。老生林係指一百多年來未遭遇到毀滅性騷動過的樹林。不論是自然力的摧毀，如祝融吞噬，或人為的干擾，如人類的全面砍伐森林，均屬於毀滅性的騷動。老生林給一般人的印象是有點雜亂：林內長著年齡不一、大小不等的樹木；樹與樹之間的冠層沒有連成一片，因此，破空的地面處處可見；林內有許多矗立的大枯樹與倒地的腐朽大樹幹，因此，地面高低不平，且有一群多樣的生物正忙著分解這些稱為「枯死樹的大殘材」，主持大地的元素循環作用；林內連根拔起的倒樹，翻起土壤，弄得地面更加凌亂，卻增加了這個樹林的異質結構度，使其生命現象與過程也更加複雜。其實，這類樹林是生物多樣性極高、並且為許多罕見物種棲身的生態系，是受到保護的焦點地景。美國有名的現存老生林，多分布在北加州與華盛頓州濱太平洋的地區。這些老生林亦稱為「溫帶雨林」，主要由黃杉、巨杉、紅杉、鐵杉等針葉林所組成，可稱為「軟木林」。本書中所描述的密西西比州的老生林，是世界僅存的「硬木林」，也是彌足珍貴的闊葉老生林。全球的老生林，因為人類破壞的結果，已喪失了十之八九的面積了。

本書所記述的樹林雖只是發生在區區四分之一坪不到的曼荼羅地裡，這個小小的林地卻不是孤立的——它的生態乃是受到全球的空間與漫長時間的影響，同時，它也影響到遙遠的世界其他角落的生態。例如，作者指出，曼荼羅地上的樹葉是毛毛蟲（蛾、蝶等鱗翅目昆蟲的幼蟲）的糧食，而毛毛蟲又是過路候鳥的燃料。候鳥啄食了毛毛蟲，才有體力飛往三千公里以外的南方度冬，一如我們仰賴八千公里外的中東石油為燃料——那也是靠葉子製造形成的能源。作者除了近距離觀察曼茶羅地內幾株樹（如光葉山核桃）與地面枯枝落葉層的生命（如蜘蛛、蜈蚣、菌菇、蚯蚓、蠑螈等）現象，他也詮釋了這塊曼茶羅地與整個老生林生態系之間的水文與營養循環、光合作用與植動物生活的環境是如何緊密地相關。作者指出，這個老生林的環境在各種自然的騷動（如暴風雨、地震、樹木傾頹）下，創造特殊的地景，才能孕育出極為多樣的野生植物、動物及微生物。這個老生林的生命便是靠沒有人類的干擾才維持住的。唯有這麼自然的老生林，其生態系始能為林內的生命（包括人類）提供其他生命所無法取代的勞務。

作者筆下的每個生物我們差不多都聽過或見過，但是我們對其生命故事幾乎一無所知。這些故事內容取材自最尖端、最艱深、最枯燥的許多科學論文，經作者巧妙的詮釋與連綴而成了這麼有系統而人人易懂的自然科普書，讓一般無緣接近深奧科學知識的讀者，得以讀得津津有味，而恍然大悟，自然世界的生態原來有這麼些道理與妙趣。作者無論是對動物的身體結構、行為，或是生命的演化，均有令人意想不到的形容與比方。

作者所觀察的曼茶羅地所在的森林，在人類大肆破壞自然與無度掠奪自然資源的今天，已是難得一見的闊葉樹種老生林了。這本書的出版，對沉醉在科技萬能的幻象裡，認為所有災難皆都可靠科技解決的人類，無異是醍醐灌頂。

目錄

1/31 冬天的植物

這一平方公尺的範圍內共有好幾十萬個植物細胞；每一個細胞都把自己包得緊緊的，雖然退守城池，但卻固若金湯。可以說，這裡的植物就像火藥一樣，儘管外表看起來灰灰的不起眼，但裡面卻潛藏著蓄勢待發的能量。…… 062

February

2/2 足印

一座沒有大型草食動物的森林，就像一個沒有小提琴手的交響樂團。但由於我們已經聽慣了那些不完整的樂曲，當我們再度聽見小提琴的聲音不斷響起時，便不由得畏怯猶疑，並因此更緊緊抓住那些我們比較熟悉的樂器。…… 067

2/16 地衣

在這潮溼的天氣中，地衣卻顯得歡欣鼓舞。它們在雨水的滋潤下顯得飽滿鼓脹，綠意盎然……上個星期它們還懾服於寒冬的淫威之下，乾枯蒼白的躺在曼荼羅地的岩石表面……如今它們的軀體已經汲取了來自雲朵的能量。…… 080

2/28 蠑螈

無肺蠑螈當真是一朵雲，因為牠變幻莫測……牠用自己的肺換來一個更厲害的嘴巴；牠的身體部位是可以拆卸的；牠雖然喜歡潮溼的場所，卻從不進入任何水體。此外，牠也像所有的雲朵一樣，禁不起強風的吹襲。…… 088

March

3/13 獐耳細辛

一個星期之前，它看起來還像是一隻細瘦的爪子，外面包覆著銀色的絨毛……今天早上，它的花莖形狀像是一個優雅的問號……那緊緊閉合的花苞便懸吊在圓弧頂端，嫻靜的垂著頭，被萼片包住，以防止夜間有小賊來偷採花粉。…… 095

April

4/16 日出之鳥

太陽既是黎明光線的起源，也是鳥兒晨歌的源頭。地平線上的光輝是被大氣所過濾的光線；清晨的鳥語是被那些滋養鳥兒的動植物所過濾的太陽能量。四月時分的這幅日出美景，是由各種流動的能量所交織而成。…… 138

4/22 走路的種子

樹花的外觀樸實低調，沒有明顯的花瓣或色彩。這種極端清教徒式的裝扮風格，顯示這些樹木之間的「性事」和那些短命春花大不相同。後者必得用花蜜和色彩把自己裝扮得鮮豔嫵媚，才能招徠蜂蝶，但這些樹卻無須博取任何昆蟲的青睞。…… 145

4/29 地震

在不可思議的時光長河中，海洋、河流和山脈都會移位，滄海也會變成桑田。昨晚撼動曼荼羅地的那場地震，只不過是其中一個小得不能再小的變化罷了。它提醒我們，大地有著不為人知的一面。…… 155

May

5/7 風

樹木在與風力周旋時，是奉行道家的哲學：不回擊、不抗拒，只是彎腰、搖晃、退讓，讓對手因此而精疲力盡。但事實上，因為道家的哲學最初乃是受到大自然的啟示，因此比較精確的說法應該是「道家奉行了樹木的哲學」。…… 160

5/18 草食性

植物和草食性昆蟲雙方刀光劍影、你來我往的局面，使得曼荼羅地的生態處於一種彼此僵持不下的緊張態勢……葉子上的洞孔和咬痕，乃是雙方在今年這一回合交手的痕跡。這是一場可敬的對決，也是曼荼羅地生態的本色。…… 166

5/25 漣漪

鳥類變少後，像西尼羅河病毒這類生長在野鳥體內的病毒也可能會受到影響。這樣的改變就像漣漪一般在森林裡不斷擴散，或許到了某一個階段會停止，但也可能一直持續下去，在通過蚊子、病毒和人類後，不斷地往外擴散。…… 175

前言

有兩位西藏僧侶正彎腰站在一張桌子旁，手裡托著一個黃銅製的斗狀物。彩色的沙粒從銅斗的尖嘴裡淌了下來，有如一股涓涓細流，灑落在桌上，形成了一道又一道的線條，使得那曼荼羅圖案變得愈來愈大。僧侶們是從圓心開始著手，沿著以粉筆繪成的輪廓線向外發展，然後再根據他們記憶中的印象將成千上百個細部填滿。

圖案的中心有一朵象徵佛教的蓮花，其周圍則環繞著一座精雕細琢的華美宮殿。宮殿的四座大門外有一個個塗滿顏色、繪著各式象徵符號的同心圓，代表開悟的各個階段。這個曼荼羅要花好幾天的時間才能完成，之後便會被掃去，而那些混在一起的各色沙粒則會被倒入流水中。繪製這樣一個圖案具有許多層面的意涵：繪製過程所需要的專注；圖案的複雜性與一貫性之間的平衡；圖案中所包含的各種象徵符號以及曼荼羅本身的無常性。然而，繪製曼荼羅的終極目的並不在彰顯這些特性。事實上，它所要呈現的是生命的道路、宇宙的樣貌，和佛陀的開悟。透過這個由沙粒組成的小小圓形圖案，我們可以看見一整個宇宙。

在那兩位僧侶附近，有一群來自北美地區的大學生正擠在一條繩子後面，像蒼鷺般伸長了脖子，注視著這個曼荼羅誕生的過程。他們安靜的看著，不像平日那般喧鬧。這或許是因為他們看得入了神，也或許是因為眼前這兩位僧侶非比尋常的生活方式令他們感到訝異。這群學生剛開始上他們的第一堂生態學實驗課。觀賞過曼荼羅的繪製過程後，他們將前往附近的一座森林，各自把一個圓箍丟在地上，創造出屬於他們自己的曼荼羅。接著，他們會花一整個下午的時間，審視圓圈內的這塊土地，觀察這個森林群落如何運作。在梵文中，「曼荼羅」有「社區」、「聚落」的意思。因此，兩位僧侶和這群學生都在做著同樣的事情：凝視著一個「曼荼羅」，並鍛鍊自己的心智。兩者之間的相似處，並不僅止於字詞和象徵符號的一致性。我相信一塊曼荼羅般大小的土地中，便蘊含著整座森林的生態故事。更確切的說，若要更清晰、生動的揭露森林的真實面貌，與其遊走四處卻了無所獲，倒不如對一小片土地進行仔細的觀察。

在微小的事物中尋求宇宙的真理，是古往今來大多數文化都有的現象。西藏的曼荼羅藝術固然是此中之最，但在西方文化中也可見到這樣的脈絡。在布萊克（Blake）的詩作《純真預言》（*Auguries of Innocence*）中，甚至連一粒微塵也可以成為一個曼荼羅：「一沙一世界／一花一天堂／手中握無限／剎那即永恆。」這樣的嚮往乃是源自西方神祕主義的傳統，其中最知名的例子就是基督教的靈修派人士。對聖十字若望（St. John of the Cross）、聖方濟，或諾里奇的朱利安（Lady Julian of Norwich）等人而言，無論一座地牢、一處洞穴，抑或一顆小小的榛果，都可以成為一面鏡子，從中窺見上帝的存在。

本書是一名生物學家對西藏的曼荼羅、布萊克的詩作，或朱利安的榛果所提出的挑戰所做的回應。我們是否可以藉著觀察一小塊土地上的樹葉、岩石與水，看清整座森林的面貌？針對這個問題，我試著在田納西州山間老生林（old growth forest）之內的一個「曼荼羅」當中尋找答案。這個「林中曼荼羅」是一塊圓形的土地，直徑約略超過一公尺，大小相當於那兩位僧侶所創作的曼荼羅。我選擇地點的方式是隨意在林間漫步，直到發現一塊可以讓我坐下來的岩石之後便停下腳步，將這塊岩石前面的地區當成我的曼荼羅。這是一個我從未見過的地方，在這冬日裡顯得草木蕭瑟，看不出太多的生機。

這塊地位於田納西州東南一座山坡林地上。往上坡一百公尺處有一座高聳的砂岩斷崖。那是昆布蘭高原（Cumberland Plateau）的西端。整座山坡的坡面從斷崖處呈階梯狀下降，其間交錯著平坦的長條形地面與陡峭的斜坡，到谷底時海拔足足下降了一千英尺。我選定的這塊地坐落在最高的一處長條形地面上，位於兩塊大圓石之間。這座山坡上長滿了各式各樣成熟的落葉木，包括橡樹、楓樹、菩提樹、山核桃、鵝掌楸和其他十二種樹木。林間的地上散布著一堆堆從被侵蝕的斷崖處掉落的石塊，一不小心就會讓人扭到腳。有許多地方都是覆滿落葉、處處裂縫的岩地，根本沒有平地。

這裡的森林由於地勢陡峭險峻，得以維持原貌。山腳下的谷地則因土壤平坦肥沃，且較少礙手礙腳的石塊，所以先後被印第安人和來自舊世界的移民開墾為牧場或種植行栽作物（row crops）的農田。十九世紀末至二十世紀初，有一些自耕農試圖在山坡地上耕作，但過程艱辛且成效不彰，只好藉著釀造私酒來賺取外快，賴以維生，也因此這座山坡才會被稱為「搖布山谷」（Shakerag Hollow）。這是因為當時鎮上的居民要召喚那些販賣私酒的人時，會先揮動一條布巾，然後在布巾上放一點錢。幾個小時後，那些錢就會被收走，而原來放錢的地方則會被擺上一瓶烈酒。當年那些小面積的農地和釀酒廠所在之處，如今已經再度長滿了樹木，不過我們仍然可以根據那一堆堆的石塊、老舊的酒桶、生鏽的洗衣盆，和一簇簇的黃水仙，看出它們當年所在的位置。剩下的林地有一大部分都曾經遭到砍伐，用來當作木料和柴火，尤其是在十九世紀末、二十世紀初的時候。只有幾小塊林區因為難以進入、運氣較好，或地主無意砍伐等因素，得以保持原貌。這些林區每塊大約十二英畝，長滿了老生林，散布在成千上萬英畝曾經遭到砍伐，但如今已經成熟到足以維持田納西州山林豐富的生態體系和生物多樣性的森林中。我所選定的「曼荼羅地」，就位於這樣的一處林區中。

老生林林相雜亂。在距曼荼羅地不到一箭之遙處，有六棵腐朽程度不一的巨大倒木。這些腐爛的木材為成千上萬種動物、真菌和微生物提供了食糧。此外，樹木倒下之後，森林的樹冠層出現了空隙，造成了樹齡混雜的現象：幼小的樹木叢生在樹幹粗壯的老樹旁。這是老生林的第二個特徵。在我的曼荼羅地的正西邊，有一株光葉山核桃（pignut hickory），樹幹底部有一公尺粗，旁邊則是一叢幼小的楓樹，長在一棵巨大的山核桃倒下後所留下的隙縫中。我所坐的岩石後面則矗立著一株「中年」的楓樹。它的樹幹就像我的軀幹那麼寬。這座森林裡包含了各種年齡層的樹木，顯示這個植物群落的發展過程並未出現斷裂的現象。

我坐在曼荼羅地旁邊一塊平坦的砂岩上，擬定了我在觀察這塊地時的幾項原則。這些原則很簡單：以一年為期，經常訪視；悄悄來去，盡量不造成任何擾動；不殺害也不移除此地的任何生物；不挖掘；也不在上面爬行。頂多只是偶爾採取一些必要的措施。訪視的時間並不固定，但每個星期都有許多次。本書所描述的，就是這段觀察期間在這塊土地上所發生的事情。

JANUARY 01

一月一日

夥伴關係

新年伊始，冰雪開始融化。我的鼻腔充滿了森林肥沃、潮溼的氣息。林中的落葉有如地毯一般覆蓋在林地上，飽含溼氣。空氣中瀰漫著樹葉多汁的香氣。我離開沿著坡地蜿蜒而下的那條小徑，繞著一塊長滿青苔、大小相當於一幢房屋的蝕岩攀行。我看到一處淺淺的窪地彼端有一塊長形的岩石，凸起於滿地的落葉中，狀似一隻小鯨魚，便決定以這塊砂岩做為我的曼荼羅地一端的地標。

我只花了幾分鐘的時間便越過那座遍布石子的窪地，走到這塊砂岩旁。這裡有一株高大、有著條狀灰色樹皮的山核桃。我用手扶著樹幹，往前跨了一步，便來到了我的曼荼羅地。然後，我沿著這塊地的邊緣走到另外一頭，在一塊扁平的石頭上坐了下來。在吸了幾口馥郁飽滿的空氣後，我便靜下心來，開始觀察。

the forest unseen.

這塊曼荼羅地地面的落葉層是褐色的，斑斑駁駁，深淺不一。中央有幾棵枝椏光禿的山胡椒木，和一株樹齡尚淺、高度僅及人腰的白蠟樹。它們都處於休眠狀態，葉子已經開始凋萎，顏色黯淡，有如皮革。相形之下，曼荼羅地周邊的岩石便顯得光彩鮮明。這些岩石都是從上方那座日益風化的斷崖處滾下來的，在歷經數千年的風雨侵蝕後，已經變成形狀不規則、表面凹凸不平的裸岩，大小不一，體積介於土撥鼠和大象之間，其中多數有如一具蜷曲的人體。它們的光彩並非來自岩石本身，而是來自上面的那層地衣。這些地衣在潮溼的空氣中煥發著祖母綠、翡翠和珍珠的光芒。

在地衣的覆蓋下，這些砂岩看起來像是一座座迷你的小山，上有峭壁危岩，色彩斑駁，飽含水氣與陽光。山頂上是一片片堅硬的灰色地衣，岩石與岩石之間的幽暗峽谷泛著紫色的光澤。陡直的山壁上閃耀著綠松石的光芒，緩坡上則布滿了石灰色的同心圓圖案。所有的顏色都很鮮明，像是剛剛被畫出來的一般，充滿活力。相形之下，森林裡的其他生物都在寒冬的鎮壓下，顯得病懨懨的，了無生氣，連苔蘚都被霜雪凍得顏色蒼白、形容黯淡。

大多數生物都在這冬日裡被迫休眠時，這些地衣之所以能夠顯得生氣盎然，是因為它們的適應能力很強。它們不做無謂的抗爭（這聽起來有點矛盾），不會為了追求溫暖而消耗任何熱量，而是讓自己的生活步調跟著溫度起伏，因此得以適應寒冷的月分。它們不像植物和動物那般無法缺水。它們的身體會在潮溼的日子裡膨脹，並在乾燥時收縮。植物的細胞遇到寒冷的天氣便會縮起來，直到春天時才逐漸再度開展。但地衣的細胞卻很「淺眠」。在冬季時，只要天氣稍微暖和一些，它們很容易就能恢復生氣。

除了地衣之外，也有人曾經悟出這樣的生存之道。西元前第四世紀的中國道家哲人莊子就曾經寫過這樣一個故事：有個老人在一座雄偉的瀑布下載浮載沉，旁觀的人都嚇壞了，趕緊衝過去要救他，誰知那老人卻神色從容、毫髮無傷的自行上了岸。有人問他如何逃過一劫，他回答道：「與齊俱入，與汨偕出，從水之道而不為私焉。」（譯注：我與漩渦中心一同入水，又隨湧出的漩渦浮出，順從水之性而不按一己的私意妄動。）但地衣比道家早了四億年悟出這個道理。所以，在莊子的寓言故事中，真正能夠「以柔克剛」（victory through submission）的大師，其實是那些附著在瀑布旁岩壁上的地衣。

不過，地衣外表看起來雖平靜單純，內部卻頗為複雜。它們是真菌和綠藻（或細菌）這兩種生物的混合體。真菌在地上伸展菌絲，形成一個溫床。綠藻或細菌則安居在這些菌絲裡，利用太陽的能量合成糖和其他養分。這種結合就像所有婚姻一般，會使得雙方發生改變。真菌的身體會延展開來，形成一種類似樹葉的結構，包括一層具保護作用的上皮，一層供那些負責吸收陽光的綠藻居住的組織，以及一個個細小的氣孔。綠藻這一方則會喪失它的細胞壁，靠真菌來提供保護，並且不再進行有性繁殖，改採速度較快但從遺傳學的角度而言較為無趣的「自體選殖」（self-cloning）。地衣中的真菌可以在實驗室中單獨被培養出來，但在沒有水藻的情況下，這些「寡婦」會變得奇形怪狀而且病懨懨的。同樣的，地衣中的水藻和細菌大致上也可以在沒有真菌的情況下存活，但只有在少數的棲地才能如此。在放棄個體的獨立性之後，地衣創造出一個世界無敵的聯盟。它們占據了地表將近十分之一的面積，尤其是在終年寒冬、草木不生的極北區（far north）。即便是在這塊樹木林立的曼荼羅地上，每一塊岩石、每一截樹幹和每一根枝條上也都長滿了地衣。

有些生物學家宣稱真菌會剝削水藻，對它們不利。但這種說法不盡正確，因為他們並未認清地衣中的真菌和水藻早已不是兩個個體，所以不可能區分誰是壓迫者、誰是受害者。就像一個農夫照管著自己的蘋果樹和玉米田，地衣也是不同生命的結合。當彼此已經不分你我時，硬要區分誰是勝利者、誰是受害者，是沒有什麼意義的。玉米是否受到了農夫的壓迫？農夫既然必須依賴玉米維生，算不算是一個受害者？要提出這些問題，前提是兩者必須處於分離的狀態。但事實並非如此。人類的生存和作物的繁衍已經合而為一。兩者不可能各自單獨存在：農夫仰賴作物維生。這種依賴始自幾億年前那些有如蟲子一般的動物。這些作物雖然只和人類共同生存了一萬年，但它們同樣也放棄了自己的獨立性。地衣中的真菌和水藻除了彼此依賴之外，身體也合而為一，細胞膜更互相糾纏，就像玉米莖和農夫一般，被演化之神的大手牢牢的綁在一起。

曼荼羅地上的地衣色彩如此豐富多樣，顯示這個「地衣聯盟」中包含許多不同的水藻、細菌和真菌。藍色或紫色的地衣含有藍綠藻（cyanobacteria）。綠色的地衣含有水藻。真菌則會分泌黃色或銀色的遮光色素，呈現它們自己的顏色。生命之樹上這三株可敬的樹幹——細菌、水藻和真菌，將它們不同顏色的枝幹交織在一起。

水藻之所以呈現翠綠色，是因為它裡面有一個比地衣更古老的結合。水藻細胞深處含有如寶石一般的色素粒子，會吸收陽光的能量，再經由一連串的化學作用讓這些能量和空氣分子結合，轉化成糖和其他養分。這些糖為水藻細胞和與它共生的真菌提供了生長的動力。這些負責捕捉陽光的色素被放在一個個微小的珠寶盒（葉綠粒）裡。每一個葉綠粒外表都包覆著一層薄膜，並且含有屬於它自己的遺傳基因。這些深綠色的葉綠粒，乃是十五億年前寄居在水藻細胞內的細菌的後代。這些細菌後來捨棄了屬於自己的堅硬外殼、生殖方式和獨立性，就像水藻細胞在和真菌結合成地衣時所做的那樣。但葉綠粒並非唯一生存在其他生物體內的細菌。事實上，所有植物、動物和真菌的細胞內都住著一種形似魚雷的「粒線體」（mitochondrion）。這些粒線體扮演著迷你發電廠的角色，負責燃燒細胞內的養分以釋出能量。它們從前也曾經是獨立生存的細菌，但後來就像葉綠粒一樣，為了和其他生物共生而放棄了自己的自由和繁殖方式。

除了葉綠粒和粒線體之外，生物的化學結構（螺紋狀的ＤＮＡ）也展現了更古老的結合痕跡。遠古時期，不同種類的細菌彼此之間會交換基因，進行基因的「洗牌」動作，使得各種不同的基因混合在一起，就像廚師之間彼此交換食譜一樣。偶爾會有兩個廚師願意合夥創業，於是兩種生物便合而為一。現代生物（包括人類在內）的DNA內仍然可以看到這類合併的痕跡。我們的基因雖然是以團隊的形式運作，卻具有兩種乃至更多種有著微妙差異的「寫作風格」。這便是幾十億年前不同物種結合的痕跡。所以「生命樹」這個隱喻並不恰當，因為生命體最深層的結構，其實比較像是一個細密交織的網絡或縱橫交錯的三角洲。

我們人類是一個個的俄羅斯娃娃，靠著體內的其他生物才得以存活。只不過俄羅斯娃娃可以被拆解，但我們的細胞和基因裡面的小幫手卻無法離開我們，而我們也少不了它們。所以，我們人類可以說是大型的地衣。

透過聯盟或融合，曼荼羅地上的生物形成了各種共存共榮的夥伴關係。但並非所有的物種都能相互合作。它們之間也有彼此掠奪、剝削的情況。此刻盤捲在曼荼羅地中央的落葉層上、置身於幾塊滿覆地衣的岩石中間的一個小東西，便讓我想起了這類較為不幸的結合。

我因為觀察力不夠敏銳，並未馬上認出牠來。起初，我注意到的是兩隻琥珀色的螞蟻匆匆忙忙的行走在潮溼的落葉層上。半個小時之後，我發現牠們對嵌在落葉層中的一個線圈特別感興趣。這個線圈大約有我的手掌那麼長，顏色如同它底下那片被雨水浸溼的山核桃落葉，呈棕褐色。最初，我以為它是蔓藤植物的卷鬚或葉柄，但就在我打算移開視線，去尋找更有趣的觀察對象時，一隻螞蟻突然用觸鬚推了它一下，而這根卷鬚居然立刻變直，並開始踉踉蹌蹌的往前移動。這時，我突然看出牠是一隻鐵線蟲（horsehair worm），一種性喜剝削他人的奇特生物。

讓牠洩漏身分的是，牠那走起路來歪歪扭扭的樣子。鐵線蟲體內有一股壓力。每當牠的肌肉牽動牠那膨脹的身軀時，牠便會抽搐、蠕動。這是牠迥異於其他動物的地方。不過，牠其實也不需要多麼複雜或優美的移動方式，因為到了這個階段，牠只剩下兩項任務要完成：先找到交配的對象，然後產卵。事實上，在前一個階段當中，牠也不需要用到複雜精密的移動方式，因為牠只要縮成一團，躺在一隻蟋蟀體內就可以了。這隻蟋蟀會負責帶著牠走，並且為牠提供食物。這種蟲子就像是內賊，會先把蟋蟀的家當偷光，然後再把牠殺死。

鐵線蟲的生命週期如下：母蟲將卵產在水窪或溪流裡。幼蟲（要透過顯微鏡才能看到）孵化後會在溪床上爬行，一直到牠被某隻蝸牛或小蟲吃下肚為止。到了新家後，幼蟲會用一層保護殼把自己包起來，形成一個囊胞，然後便靜靜的等待。大多數的幼蟲在囊胞的階段就夭折了，沒機會走完牠們的生命週期。眼下位於曼荼羅地的這一隻，是少數能夠活到下個階段的蟲子之一。牠的宿主爬上陸地之後便死了，被一隻雜食性的蟋蟀吃掉。由於這一連串事件發生的機率實在太低，因此鐵線蟲的成蟲必須產下數以千萬計的卵才行。平均來說，幾千萬隻的幼蟲當中只有一、兩隻能夠長大，變為成蟲。幼蟲的頭部有許多尖刺，一旦進入蟋蟀體內，便會鑽過蟋蟀的腸壁，找到據點住下來，然後逐漸從原本的逗點大小長成大約我手掌長的蟲子。這段期間牠會把身子捲起來，以符合蟋蟀的體型。等牠長到極限後，牠會分泌一些化學物質，接管蟋蟀的腦子，使得原本怕水的蟋蟀一看到水窪或溪流便沒命的往下跳。蟋蟀一碰觸到水面，鐵線蟲便會繃緊牠強壯的肌肉，把蟋蟀的軀殼撐破，從裡面鑽出來，並任由蟋蟀沉入水中淹死。

鐵線蟲獲得自由之後喜歡群居，往往數十條或數百條混成一團，同時交配。這樣的習性讓牠們獲得了一個外號：「戈爾迪烏斯線蟲」（Gordian worm）。這是源自西元第八世紀的 個傳說：戈爾迪烏斯國王打了一個極其複雜難解的結。凡是能夠解開此結的人就可以繼任為王，但所有前來嘗試的人都一一失敗了。最後是由亞歷山大大帝（他也是個掠奪者）解開了這個結。他就像鐵線蟲一樣，採取作弊的方式，揮劍斬斷了這個難解的結，得到了該國的王位。

在擠成一團、集體交配之後，鐵線蟲就會分道揚鑣，各自爬往潮溼的池塘邊或林地上產卵。蟲卵孵化後，幼蟲就會發揮如亞歷山大的掠奪者精神，先寄生在蝸牛身上，然後再跑出來進行搶劫蟋蟀的勾當。

鐵線蟲和宿主之間的關係，完全是剝削式的。牠的受害者並未因為受苦而得到絲毫的好處或補償。但就連鐵線蟲這樣的寄生蟲，也必須靠體內的粒線體才能存活。因此，「合作」乃是「掠奪」之母。

曼荼羅地上的物種之間建立了各式各樣、形形色色的關係，既有道家風格的結盟，也有農夫對作物的依賴和亞歷山大式的掠奪。至於誰是盜賊，誰是誠實善良老百姓，並不容易從表面區分。事實上，從演化的角度而言，這樣的區分也沒有必要。所有的生物都有「掠奪」和「合作」的一面。寄生的盜匪要靠自己體內的粒線體提供養分。水藻的翠綠色澤來自古代的細菌，但它卻自甘棲身於灰色的真菌中。就連生命賴以存續的化學物質ＤＮＡ，也像是一根多彩的「五朔節花柱」（maypole）或一個「戈爾迪烏斯結」，包含了各種難解難分的關係。

January 17

一月十七日

克卜勒的禮物

the forest unseen.

積雪深及足踝，遍覆地面，使得原本破碎崎嶇的林地看起來坡度平緩，起伏有致，但也讓人看不見岩石之間深長的縫隙，因此行走其間，煞是危險。我走得很慢，沿途都用手撐住樹幹，時而滑行，時而手腳並用，費勁的攀爬，終於走到了我的曼荼羅地。我把岩石上面的積雪拂去後，便裹緊了大衣在上面坐下來。之後，我聽見山谷裡大約每十分鐘就傳來一記響亮的爆裂聲，彷彿有人在開槍射擊。這是那些光禿灰暗的樹木枝椏被冰雪凍硬後纖維斷裂的聲音。氣溫已經降到零下十度，算不上嚴寒，卻是今年以來首度如此寒冷，而這樣的溫度已足以對樹木的材質形成壓力。

太陽出來了。地上那層輕柔的白雪，頓時幻化成千千萬萬個明亮眩目的光點。我用手指從地上沾了一撮晶瑩的白雪，仔細的看，發現每片雪花的表面在和陽光與我的視線平行時，便會發出有如繁星一般的閃亮光芒。在陽光的照射下，每一片雪花的圖案都纖毫畢現，那些對稱的手臂、銀針和六角形都看得清清楚楚。我的一個指尖上，便聚集了成千上百片精緻的雪花。

這樣的美是如何誕生的？

一六一一年時，克卜勒（Johannes Kepler）在闡述行星運行的方式之餘，也花了一些時間研究雪花的構造。他對雪花那規則的六邊形結構特別感興趣：「為什麼剛下雪時，雪花的形狀全都是六邊形的小星星？這當中必然有某個道理。」於是，他開始在數學規則和大自然的圖案中尋求答案。他發現蜜蜂的蜂巢和石榴的種子都是六角形。這或許反映了幾何學上的效率原則。但水蒸汽並不像石榴籽一樣被一層果皮緊緊包覆，也不像蜂巢一樣是由蜜蜂建造而成，因此克卜勒認為這兩個例子並不足以解釋雪花為何會呈現六角形的構造。此外，讓他不解的是：花朵和許多礦物質的構造也並未依照六角形的規則。更何況用三角形、正方形和五角形，照樣也可以堆疊出美麗的幾何圖案。因此，克卜勒認定雪花的結構並不純粹和幾何學的原理有關。

克卜勒在文中表示，雪花顯現了天地之心，也就是那形成萬物的「靈」。但他並不以此為足。除了這個具有神祕色彩的說法之外，他也想從物質的角度尋求解答。然而，他卻始終無法參透雪花背後的奧祕，因此在文章的末尾，他的語氣充滿了挫折。

事實上，當年他如果認真看待有關原子的概念，或許就不至於如此挫折了。這個概念最初是希臘古典派哲學家所提出來的，但並未獲得克卜勒和當時（十七世紀初期）大多數科學家的認同。然而，原子理論在沉寂了兩千年之後，到了十七世紀末又再度風行。一時之間，各地的教科書和黑板上都充斥著圓球與棍子的圖案。如今，我們只要用 X 光照射冰雪，運用所產生的光線圖案，就可以看到水分子中所含的原子，其大小只有一般人體的一千兆分之一。每 個氧原子各自拴著兩個不安定的氫原子，形成鋸齒狀的線條，而在原子內部疾走不停的則是電子。如果我們環視這些水分子，從各個角度來探究它們形成的規則，就會很驚訝的發現，裡面的原子所排列的形狀，正像是克卜勒的石榴。這正是雪花的形狀何以會如此對稱的原因。水分子裡有許多六角形互相堆疊。這六角形的結構一再重複，就把氧原子排列的形態放大到人類肉眼可見的規模。

雪花的基本結構是六角形，但是當冰晶逐漸變大時，雪花的形狀也會變得愈來愈精細而多樣化，最終的形狀則視溫度和空氣的溼度而定。在非常寒冷乾燥的空氣中，雪花會呈現六稜柱的格局。南極的冰雪就是以這種簡單的形式存在。當氣溫上升時，冰晶的六角形堆疊過程就會開始變得不太穩定。其中原因我們至今尚未能完全明白，但看起來似乎是因為水蒸汽在冰晶的某些邊緣凝固得較快，在其他邊緣凝固得較慢的緣故。除此之外，只要空氣的狀態稍有變化，冰晶增生的速度便會受到很大的影響。在非常潮溼的空氣中，雪花的六個角都會長出手臂來。這些手臂隨後又會變成新的六角板。如果空氣夠暖和的話，它們也可能會長出更多的手臂，使得冰晶的手臂愈來愈多。其他一些氣溫和溼度條件，也可能會使冰晶形成中空的稜柱、針狀或浪板狀。雪花從天上降落的過程中，會隨風飄動，歷經無數種氣溫和溼度的變化。每一片雪花所經歷的過程都不同。這些差異使得每一片雪花內的冰晶形狀都是獨一無二的。因此，冰晶的形成除了有一定的規律之外，還要加上過程中種種偶然的因素。「秩序」與「變化」相互拔河的結果，便造就出我們眼中各色各樣的美麗雪花。

假使今天克卜勒重返人世，或許會樂見我們解開了雪花之謎。事實上，他當初對石榴籽和蜂巢形狀的看法並未偏離正確的方向。雪花之所以會呈現六角形，基本上就是由一個個幾何形體堆疊而成。但由於克卜勒根本不知道所有的物質都是由原子形成，因此他無法想像冰晶的形狀居然是由那些微小的氧原子衍生而成。但無論如何，克卜勒還是對這個問題的解答有間接的貢獻。因為他對雪花的觀察使得其他數學家開始研究幾何形體堆疊的原理，而這些研究促成了現代人對原子的了解。當初，克卜勒對他的一位同僚表示：他無法進入「原子和虛空」（the atoms and the void）的層次，明明白白的否定了原子論的世界觀，但如今他所寫的那篇文章卻被視為現代原子學說的基礎之一。這是因為他的見解幫助其他人看到了他自己所看不到的事實。

我再次細看我指尖上那些晶瑩剔透、有如繁星的雪花。幸虧有克卜勒和後來的那些學者，我不僅看見了雪花，也看見了原子的模樣。在曼荼羅地上，這是我的感官和微小的原子世界之間所存在最簡單的一種關係。其他的事物（例如岩石、樹皮、我的皮膚和衣服）都是由許多分子以極其複雜的方式配置而成，因此我雖然看得到它們，卻無從得知它們的細部構造是什麼模樣。但冰晶的六邊形卻直接顯示出我們原本所無法看到的形狀，那就是原子的幾何圖形。此刻，我讓那些雪花從我手中滑落，於是它們便重新回到那一片白茫茫的大地上。

January 21
一月二十一日

實驗

一陣來自極地的風掠過曼荼羅地，穿透我的圍巾，吹得我下頷隱隱生疼。此刻的氣溫是零下二十度，還不計入風寒效應的影響。這裡是南方的森林，如此寒冷的天氣甚為罕見。在南方，冬季的溫度一般介於雪融到微霜之間，真正的寒流一年只有幾天。像今天這般寒冷的天氣，將是曼荼羅地的生物在生理上所能承受的極限。

我想體驗一下森林裡的動物在這樣的低溫中沒有衣物禦寒，是什麼樣的滋味。於是，一時心血來潮，便脫下了手套和帽子，把它們丟到已經結冰的地上。接著便輪到圍巾，然後又很快的脫下具有保溫效果的外衣、襯衫、T恤和長褲。

出乎我意外之外的是，最初兩秒鐘我居然精神為之一振。在卸下那些悶不通風的衣物之後，感覺涼快而舒適。但一陣風吹來後，這樣的幻覺便很快消失了，我的頭開始獵獵的疼，肌

the forest unseen.

膚也因為身體逐漸失溫而感到刺痛。

這時，周遭傳來了一群卡羅來納山雀（Carolina chickadees）的叫聲，為我這場荒謬的脫衣秀提供了配樂。這些鳥像火堆上迸發的火星子一般，在枝頭間躍上躍下，在一個地方停留不到一秒鐘，就急急忙忙跳走了。在這個寒冷的日子裡，這些山雀顯得充滿活力，相形之下我倒比不上牠們。這種現象似乎違反了自然的法則。一般來說，小型動物的禦寒能力應該不及大型動物才對。所有物體（包括動物的身軀在內）的長度加長時，體積會以三次方倍暴增。由於動物可以產生的熱能和牠的體積成正比，因此這時牠所能產生的熱能也會以體長的三次方倍增加，但是負責散熱的體表面積只是以體長的二次方倍增加。就比例而言，小型動物的體表面積比體積大得多，因此牠們的散熱速度很快。

由於動物的體積和散熱速度之間的關係，生活在不同地理區域的動物體型會有所差異。如果一個物種分布甚廣，則北方的個體通常會比南方的大。這就是所謂的「伯格曼法則」（Bergmann's rule），是由十九世紀的解剖學家伯格曼所發現的。田納西州的卡羅來納山雀居住在山雀棲地的北端，因此體型比住在南端的佛羅里達山雀（Florida Chickadee）大了百分之十到百分之二十。前者為了適應此地較為寒冷的冬季，已經調整了體表面積和體型的比例。在更北邊的地方，就看不到卡羅來納山雀了。取而代之的是牠的近親黑頭山雀（black-capped chickadee）。後者的體型又比卡羅來納山雀大了百分之十。

當我光著身子站在林地上時，伯格曼法則似乎並不適用。勁風陣陣吹來，我的肌膚一陣火燒般的刺痛。然後，有一種更深沉的痛楚開始朝我襲來。我的潛意識裡似乎有什麼東西被困住了，開始發出警報。我在這寒風中只站了一分鐘的時間，身體就已經逐漸不行了。但我的體重是山雀的一萬倍。如果換成牠們，應該在幾秒鐘之內就斃命了。

這些山雀之所以能夠活命，有一部分是因為牠們不像我一樣光著身子。牠們的身上有一層羽毛為牠們隔絕空氣。羽毛的表層光滑平整，其下隱藏著許多絨毛，把整層羽毛撐得鼓鼓的。每一根絨毛都是由成千上萬縷很細的蛋白質所組成，合起來便形成了一個輕盈蓬鬆的絨毛層，其保溫能力是同樣厚度的保麗龍咖啡杯的十倍。冬天時，鳥兒身上的羽毛數量會增加百分之五十，更增強了牠們的保溫能力。遇到寒冷的天氣時，羽毛根部的肌肉會收縮，使得鳥兒的身體看起來圓鼓鼓的，保溫層的厚度也因此增加了一倍。這些防護措施固然令人印象深刻，但也只能讓牠們晚一點凍死罷了。在嚴寒的天氣中，山雀的皮膚固然不至於像我這般冷得刺痛，但牠體內的熱氣仍然會逸散出去。在極度寒冷的氣溫中，一、兩公分厚的羽絨層也只能使這些鳥兒多活幾個小時罷了。

我將身子前傾，迎向寒風。那警報愈來愈強烈。我的身體開始不聽使喚的顫抖起來。

顯然我體內產生熱能的化學反應，這時已經完全不足以抵禦外頭的寒氣了。為了防止我的核心體溫下降，我的身體使出最後一個手段，讓我的肌肉開始顫抖。這時，我體內的肌肉開始互相拉扯（似乎是不規則的），讓我的雙腿、胸膛和手臂猛烈的抖動，藉此燃燒我體內的養分和氧氣（就像我在跑步或舉重時那樣），以便產生大量的熱能，讓我的血液升溫，然後再透過血液把這些熱能運送到腦部和心臟。

發抖也是卡羅來納山雀用來禦寒的主要手段。牠們在一整個冬季都會利用自己的肌肉來產生熱能。只要天氣寒冷、不適合飛來飛去時，牠們便會抖個不停。山雀的胸部有幾條厚片狀的飛行肌，是牠們用來製造熱能的主要部位。每隻鳥兒的飛行肌約占其體重的四分之一，因此一旦牠們開始顫抖，就可以讓血液的溫度急速上升，但人類的身體就沒有如此大量的肌肉了。因此，我們發抖的程度和這些鳥兒比起來，簡直是小巫見大巫。

當我站在那兒抖個不停時，心裡開始驚慌，於是便開始以最快的速度把衣服穿上。但這時我的手已經麻木了，費了好大的勁兒才把衣服抓住，然後笨手笨腳的把拉鍊拉上，把釦子扣好。我的頭痛得好像血壓瞬間飆高一般。我只想趕快動一動身體。於是我開始又走又跳，並揮動我的手臂。我的頭腦對我下達了指令：要趕緊製造熱能。

這次實驗只持續了一分鐘，在這酷寒的一週當中只占了萬分之一的時間，但我的生理機能卻已經開始搖搖欲墜。我的頭彷彿受到重擊一般疼痛，我的肺部吸不到足夠的空氣，我的四肢似乎已經痲痹。如果這個實驗再持續幾分鐘，我的核心體溫就會下降，使我出現失溫現象。我的肌肉會喪失協調功能，我會開始感覺昏昏欲睡並出現幻覺。人體的溫度一般維持在攝氏三十七度左右。如果體溫下降幾度，到了三十四度時，人的心智就會開始錯亂。到三十度時，器官就會開始衰竭。在像今天這樣的氣溫裡，身體若暴露在寒風中，只要一個小時，就會發生以上的失溫現象。在脫下人類所發明的巧妙禦寒物之後，我發現自己就像一隻生長在熱帶的猿猴一般，在這冬日的森林裡手足無措、格格不入。反觀那些山雀卻能夠若無其事的照常活動，真是讓我甘拜下風。

我又是揮手又是頓足的活動了五分鐘之後，便裹緊衣服坐了下來，身體雖然依舊抖個不停，但心裡已經不再驚慌。此刻，我覺得自己好像是剛剛衝到終點的跑步選手，肌肉疲憊，氣喘吁吁。這都是我的身體努力製造熱能的後果。動物如果持續發抖幾分鐘以上，體內的能量就會迅速耗盡。對探險人員和野生動物而言，挨餓往往是死亡的前奏。只要糧食的供應不中斷，我們雖然冷得一直發抖，仍然可以繼續活命，但如果肚子空空，體內的脂肪又被耗盡，我們就活不成了。

等我回到我那溫暖的廚房後，就可以仰賴食物保存與運輸科技來補充能量，不受寒冬的威脅。但山雀並沒有脫水穀物、各種畜牧肉品或進口蔬菜可吃。要在冬日的森林裡生存，牠們必須找到足夠的食物來供應牠們那重達四個便士的身軀所需的熱量。

科學家們曾分別在實驗室和自然環境中測量山雀所消耗的熱量。冬天時，一隻山雀每天需要六萬五千焦耳的熱量才能存活。其中一半的熱量是用來讓身體發抖。這個數字很抽象，但如果換算成鳥食就比較容易理解了。一隻逗點大小的蜘蛛所含的熱量只有一焦耳；一隻有如一個大寫英文字母大小的蜘蛛含有一百焦耳；一隻像一個英文字那樣大的甲蟲含有兩百五十焦耳的熱量；一顆油脂豐富的葵花子含有一千多焦耳的熱量。問題是，並沒有人用裝滿種子的餵鳥器來餵食曼茶羅地上的這些鳥兒。因此山雀們必須自行覓食，並且每天都要吃好幾百口食物，才能滿足牠們對熱量的需求。然而，曼茶羅地上卻沒有什麼食物可吃。在這座被霜雪覆蓋的森林裡，我看不到甲蟲、蜘蛛，或任何一種食物。

山雀之所以能夠在這座看起來很荒蕪的森林裡存活，有一部分原因是牠們的眼力不凡。牠們眼底的視網膜上布滿受體，其密度是我的視網膜的兩倍。因此牠們的視力非常敏銳，可以看到我的眼睛所無法看到的細節。當我只看到一根光滑的樹枝時，牠們卻能看見樹枝上有如鱗片的裂縫，其中可能藏有牠們能吃的食物。許多昆蟲會藏在樹皮的細小裂縫中過冬，而山雀憑著牠們那敏銳的視力就可以把這些蟲子找出來。我們人類永遠無法體會牠們眼中的世界有多麼豐饒，但如果我們透過放大鏡來看東西，就可以稍微有個概念。在鏡頭底下，那些原本看不到的細節頓時變得清清楚楚。冬天時，山雀多半時間都用牠們那銳利的眼睛巡視森林裡的樹枝、樹幹和落葉層，尋找其中所隱藏的食物。

除此之外，山雀的眼睛所能看到的顏色也比我多。我的眼睛裡只有三種色彩受體，因此我只能看到三原色和由這三原色混合而成的四個主要顏色。但山雀的眼睛卻多了一個可以偵測紫外光的色彩受體，使得牠們可以看到四個原色以及十一個主要的混合色。因此，牠們眼中所看到的色彩超越了人類所能體驗乃至想像的範疇。除此之外，鳥兒的色彩受體中還有一些有顏色的小油滴，具有過濾光線的功能，只允許小範圍內的色彩進入受體予以刺激。這使得牠們眼中所見的色彩格外清晰準確。我們人類則沒有這樣的過濾器，因此即便是在人的肉眼可見的光線範圍內，鳥兒們也比較能夠辨別色彩上的細微差異。可以說山雀是活在一個超真實（hyper-reality）的色彩世界中，而這個世界是我們人類愚鈍的肉眼所看不見的。牠們就運用這樣的本領，在曼荼羅地上尋找食物。林地上偶爾會有一些乾掉的野葡萄，它們會反射紫外光。甲蟲和蛾的翅膀有時也會泛著紫外光，有些毛毛蟲亦然。即便在沒有紫外光的情況下，山雀也可以憑著牠們對色彩的敏銳度，識破昆蟲在偽裝時不慎露出的小破綻，加以捕捉。

鳥類和哺乳動物在視力上的差異，可以遠溯至一億五千萬年前的侏羅紀時代。當時，鳥類的遠祖從牠們原先隸屬的爬蟲類中獨立出來，但直到今天仍然保有爬蟲類所特有的四個色彩受體。哺乳類同樣是從爬蟲類演化而來，而且比鳥類更早脫離爬蟲類家族，但不同於鳥類的是：我們哺乳類的祖先在侏羅紀時期乃是像鼩鼱（譯注：音同「渠經」，一種形似小鼠的哺乳動物）一般的夜行動物。由於自然淘汰的法則只在意短期的效益，而夜行動物並不需要用到色彩方面的視覺，因此這些哺乳動物承襲自祖先的四個色彩受體中有兩個就消失了。直到今日，大多數哺乳動物都只有兩個色彩受體。有些靈長類動物，包括人類的祖先，後來才逐漸發展出第三個色彩受體。

山雀除了視力敏銳之外，身軀也很靈巧，讓牠們得以充分運用牠們的好眼力。牠們只要輕輕拂動一下翅膀，就可以從這個枝頭飛到那個枝頭。牠們會先用雙腳抓緊細小的樹枝，然後一個翻身，倒吊在樹枝上，用嘴巴到處探查。接著，牠們又會刷的張開翅膀，飛到另外一根樹枝上，仔仔細細、徹徹底底的搜尋。牠們倒吊在樹枝上的時間，和牠們站在樹枝上的時間一樣多。

眼前這些山雀儘管努力的搜尋，但似乎並未捕獲任何獵物。山雀就像大多數鳥兒一樣，在吞嚥時頭部會很明顯的往後一甩。如果牠們找到較大的食物，則會用腳將它抓住，並用嘴巴啄食。這群山雀在我的視線裡只停留了十五分鐘。在這段期間，牠們並未找到任何食物。如此一來，牠們或許就必須仰賴牠們體內所儲存的脂肪來度過這個冬天。這些脂肪存量是牠們在冬天時賴以存活的手段，使牠們得以因應冬季裡各種不同的天候狀況。當天氣變暖或牠們找到一群蜘蛛或一串莓果時，這些突然出現的食物就會被轉換成體內的脂肪，使牠們得以撐過食物稀少、天氣寒冷的時節。

每一隻鳥的脂肪貯存量不同。山雀往往成群覓食，而同一群山雀的社會地位有高下之分，通常一群當中會有一對鳥兒負責發號施令，其他幾隻則俯首聽命。無論這一群鳥兒找到什麼食物，那兩隻主事的鳥兒都有一份，因此無論天候如何，牠們通常都可以吃得很好。所以，這些地位較高的鳥兒體型都很苗條。至於那些階級較低的鳥兒（牠們通常都是年紀較小或無法生育的鳥兒）在嚴冬時就非常辛苦，只能偶爾吃飽。由於食物攝取量並不穩定，牠們只好長得胖一些，多積存一些脂肪，以便能夠捱過沒有東西可吃的時節。但這樣做是要付出代價的。因為體型圓圓胖胖的鳥兒比較容易被老鷹抓到。所以，山雀們要長得多胖，必須先衡量餓死的風險和被抓的風險，並在當中取得平衡。

山雀會把啄到的昆蟲和種子塞進已經開始剝落的樹皮底下，等到日後再來取食，以補充體內的脂肪存量。卡羅來納山雀尤其喜歡把食物藏在小樹枝下側。這種習性可能是為了要防止牠們所找到的食物，被其他行動沒有那麼敏捷的鳥類偷走。儘管如此，這些藏匿食物的地方還是很容易遭到掠奪，因此在冬天時，森林裡的每一群山雀都各有地盤，不許他者入侵。但世上有些地區的山雀並沒有藏匿食物的習性。這類山雀的地域性就會弱得多。

冬天時，有些體型較大的鳥類往往會加入山雀的群體。今天我就看到一隻毛茸茸的啄木鳥在用嘴巴啄著一棵橡樹的樹皮，尋找幼蟲之後，便隨著一群山雀往東邊飛去。此外，有一隻簇絨山雀（tufted titmouse）也跟著這群山雀一起行動。牠和那些山雀一樣在枝椏間跳來跳去，但身手沒有那麼靈活，比較喜歡停在細小的樹枝上，不喜歡倒吊在枝頭。為了維持群體行動，所有的鳥兒都會發出叫聲，彼此呼喚。山雀和簇絨山雀所發出的是啁啁啾啾和類似哨子般的聲音，啄木鳥則發出一種高亢的pik聲。這種集體行動的方式，能讓群體的成員免於受到老鷹的侵襲，因為鳥兒多，眼目也多，比較容易發現老鷹的蹤跡。但為了獲得群體的庇護，山雀們也付出了代價。簇絨山雀的體重是山雀的兩倍，因此較占優勢，會把山雀從枯枝、高處的小樹枝和其他較容易覓食的場所趕走，使得後者失去許多覓食的機會。在沒有簇絨山雀的群體中，山雀就可以吃到比較多的食物。因此山雀要在冬天的曼荼羅地上生存，不僅需要有精密的生理構造，也要深諳社會動力學的法則才行。

天色逐漸昏暗。我動一動冰冷的四肢，揉一揉我那結了一層薄冰的眼睛，準備走出林地。在接下來幾分鐘的時間，鳥兒們會繼續覓食，然後就會飛回窩巢。當夜幕低垂，氣溫下降時，山雀們會聚集在樹枝掉落所造成的洞穴中，躲避刺骨的寒風。牠們會分成一群群的，大家擠成一團，依照伯格曼定律的原理，形成一個體積大但表面積相對較小的「鳥球」。然後，牠們的體溫將會下降十度，進入一種低體溫的冬眠狀態（譯注：torpor，或稱為「生理不活動」狀態），以節省能量的消耗。牠們在夜間就如同在白天一樣，也是藉著行為和生理上的改變來抵禦冬寒。許多鳥擠成一團一起進入冬眠狀態的模式，可以讓牠們在夜間對熱量的需求降到一半。

山雀適應寒冷天候的方式令人刮目相看，但並不一定管用。到了明天，森林裡的山雀就會變少。冬季的酷寒會使得許多山雀倒下。在秋天的落葉中覓食的山雀中，只有一半能夠活到春天橡樹萌芽的時節。其餘的一半，有多數都在像這樣的夜晚死去。

這個星期以來的冰冷氣溫再過幾天就會回升，但這麼多的鳥兒死亡卻會對森林造成一整年的影響。寒冬夜裡的高死亡率可以抑制山雀數量的成長，使得牠們的數目不致超出冬日貧瘠的森林所能供養的程度。一隻卡羅來納山雀平均需要三公頃以上的森林才能維生。因此，這塊面積僅一平方公尺的曼荼羅地只能供養十萬分之幾隻的山雀。今夜的低溫，將會消滅所有多餘的鳥兒。

等到夏天來臨時，這塊曼荼羅地就能夠供養更多的鳥兒。但由於冬天食物不足的緣故，像山雀這樣的森林留鳥數量不會太多，到了夏天時，森林裡的食物卻一下子多了起來，遠超過這些留鳥所能消耗的數量，因此吸引了來自中美洲和南美洲的候鳥不惜冒險跋涉千里遠道而來，在北美各地豐饒的森林裡覓食。因此，每年之所以有幾百萬隻唐納雀（tanager）、鶯鳥和綠鵙遷徙到這裡，都是拜這冬日酷寒之賜。

除此之外，山雀在冬夜裡大量死亡的現象也會讓牠們設法做出調整，以便更適應環境。體型小巧的卡羅來納山雀，比體型較大的山雀更容易死亡。這更進一步強化了伯格曼法則。同樣的，極端寒冷的氣候也會淘汰那些發抖能力不足、羽毛不夠豐滿，以及脂肪不夠多的鳥兒。過了今夜，這座森林裡將只剩下那些比較能夠適應嚴冬的山雀。「生命透過死亡而愈趨完美。」這話聽起來矛盾，卻是物競天擇、適者生存的旨意。

我的生理機能之所以不足以應付寒冬，同樣也是物競天擇的結果。我在這冰冷的曼荼羅地之所以如此格格不入，是因為我的祖先規避了酷寒天候的淘汰機制。人類從猿猴演化而來，而後者在地處熱帶的非洲居住了幾億年。對牠們而言，保持涼快遠比保持暖和更加重要。因此對於極端寒冷的氣候，人類的身體鮮少防禦機制。我們的祖先離開非洲，前往北歐時，隨身攜帶著火種和衣物，等於是把熱帶搬到溫帶和極地。這種巧思使得人類少吃了許多苦，也降低了人類的死亡率，無疑帶來了好的結果。但這樣的舒適卻也使得我們規避了物競天擇的法則。在我們能夠生火取暖、穿衣禦寒的狀況下，我們注定將永遠無法適應寒冷的天候。

夜色已然降臨。我朝著我那溫暖的居所走去，把曼荼羅地留給那些擅於應付寒冬的鳥兒。牠們的禦寒能力是經歷了幾千、幾萬個世代的鍛鍊才逐漸產生的，得之不易。我原本想親自體驗曼荼羅地上的動物所經歷的寒冬，但我發現這是不可能的。我的身體演化的途徑和山雀不同，因此我永遠無法充分體會牠們的感受。儘管如此，我在雪地上光著身子的經驗，讓我對這些動物的耐寒能力愈發敬佩。我的感覺只有四個字：令人驚嘆！

January 30

一月三十日

冬天的植物

風吹過曼荼羅地上方那座高聳斷崖上的樹木，一陣陣呼嘯而來。前幾天的強風是從北方吹來的，但今天刮的則是南風。在那座斷崖的屏障下，曼荼羅地並未受到太大影響，只是偶爾有幾陣氣流和勁風吹來罷了。風向改變後，氣溫也略微回升了。此刻只有零下兩、三度，暖和得足以讓我穿著冬衣在地上坐一個小時以上。我的肌膚已經不再被那逼人的寒氣凍得生疼。此刻我的身軀沐浴在和煦的空氣中，感覺愉悅而安詳。

我看到一群鳥飛過林地，似乎在歡慶牠們脫離了嚴冬死神的魔掌。這一群鳥當中包括五種鳥類：五隻簇絨山雀、一對卡羅來納山雀、一隻卡羅來納鷦鷯（Carolina wren）、一隻金冠戴菊（golden-crowned kinglet），和一隻紅腹啄木鳥。牠們之間似乎有幾根看不見的彈力線將牠們相連。當某隻鳥落在後面或飛出方圓十公尺之外時，立刻就會立刻被拉回中心。牠們有如一顆正

the forest unseen.

在滾動、翻騰的球一般，飛過了這座遍地冰雪、了無生氣的森林。

這群鳥當中最會叫的是簇絨山雀。牠們總是不停的叫著，而且聲音非常多樣化。每隻簇絨山雀都會發出高亢的seet音，形成一個不規律的節奏，伴隨著其他種叫聲、嘶啞的囀鳴聲，和短促尖銳的吱吱聲。有幾隻鳥重複發出「披—它」、「披—它」的聲音，這是在前幾天氣溫嚴寒時所不曾聽見的。這種歡快的叫聲是牠們的求偶之歌。儘管林中依舊遍地冰雪，但這些鳥兒已經開始想到春天了。再過兩、三個月牠們才會生蛋，但漫長的求偶過程已經展開了。

和這些鳥兒生氣勃勃的模樣比起來，曼茶羅地上的植物就顯得荒蕪而淒涼。它們的枝幹顏色灰暗，枝條上的葉子也都掉光了。地上的積雪中露出已經部分腐爛的楓樹枝條，和幾截已經開始潰爛的一枝黃花（譯注：leafcup，菊科，俗稱熊掌花）葉柄。這些葉柄邊緣的雪已經融化，露出了底下烏黑的落葉層。看來冬天的大軍已經全面獲勝。

然而，生機仍未滅絕。

那些枝椏光禿的灌木和喬木看起來像是一具具骷髏，但其實不然。每一根枝條和樹幹的外層都仍是活生生的組織。這些植物不像鳥兒一般靠著稀少的食物奮力抵禦寒冬，而是靜靜的忍耐著，並未在體內創造屬於自己的夏天。鳥兒們經歷酷寒之後仍能存活，令人歎為觀止。但植物在全面棄守後仍能復甦卻更不可思議。已經死去的，尤其是被凍死的，應該是不會復活的。

但它們確實復活了。就像表演吞劍的人一樣，它們之所以能夠存活是因為它們做好了萬全的準備，並且小心翼翼的避開了可能致命的鋒利刀口。遇到不甚寒冷的天氣時，植物的生理構造大致上是足以應付的。它們的生化機能和人類不同，在各種不同的氣溫中都能運作，即使遇到寒冷也不至於停擺。但是當氣溫降到冰點以下的時候，問題就出現了。當冰晶變大時，會刺穿、撕裂並破壞植物細胞內的脆弱組織。換句話說，在冬天時，植物們必須吞下數以萬計的利刃，並且得設法不讓這些利刃刺中它們那脆弱的心臟。

在天氣開始要結冰之前的幾個星期，植物們就開始準備過冬了。它們會把DNA等容易受到傷害的組織搬到細胞中央，然後再用一層保護墊把它們包裹起來。這時細胞裡的脂肪會增加，而且脂肪中的化學鏈的形狀會改變，使得這些脂肪在天氣寒冷時呈現液體的狀態；細胞膜則變得多孔而且有彈性。如此一來，細胞不僅有了一層防撞護墊，並且既柔軟又靈活，能夠吸收冰雪撞擊的力道而不致受傷。

這樣的準備工程要花好幾天甚至好幾個星期的時間才能完成。如果過程順利，它們的枝幹將可熬過最寒冷的冬夜，但如果霜雪提早降臨，它們就會凍死。本土的植物很少會發生這樣的狀況，因為在經過自然的淘汰與演化之後，它們已經熟知家鄉四季的節奏。但外來的物種就沒有這方面的知識，因此到了冬天時往往死傷慘重。

植物的細胞不僅會改變自己的構造，也會把自己浸泡在糖裡以降低冰點，就像人類在道路上灑鹽一樣。這種糖化現象（sugaring）只發生在細胞內部，至於細胞周遭的水則不受影響。這種內外不一致的現象，讓植物可以利用物理學的法則（水結冰時會釋出熱能）來保護自己。當周圍的水結冰時，細胞內的溫度便可以上升好幾度。因此，在冬天剛開始結霜之際，細胞內部那些泡在糖裡的組織，會受到細胞周圍未被糖化的水保護。農夫們便利用這個原理，在結霜的夜晚用水噴灑他們的作物，使得植物能夠多一層水的保護。

一旦細胞和細胞之間的水都已經凍結時，就不會再釋放任何熱能了。但這時細胞內的水仍是液態狀。這些水會從細胞膜的小孔中滲出去。至於細胞內的糖則由於分子較大，無法通過細胞膜。當氣溫下降時，細胞裡的水便會經由這樣的過程滲漏到細胞外，使得細胞內的糖濃度增加，進一步延遲細胞結冰的時間。當氣溫變得很低時，細胞便會縮成一個糖漿球，形成一個不會結冰的生命寶庫，被尖利的冰晶所包圍著。

至於曼荼羅地上的聖誕耳蕨（Christmas fern）和地衣則面臨更多的挑戰。它們雖然有常綠的葉子和葉柄，讓它們可以在溫暖的冬日裡製造養分，但它們體內的葉綠素在寒冷的天氣裡可能會出現失控的現象。這是因為葉綠素會吸收陽光的能量，並將它轉換成一批活躍的電子。在溫暖的天氣裡，這些電子的能量很快便會被移轉他處，用來製造養分。但在寒冷的日子裡，這樣的移轉機制將會停頓，使得細胞裡充滿過度活躍的電子。如果不加以抑制的話，這股到處衝撞的能量將會破壞細胞。為了防止電子造反，常綠植物在準備過冬時會在細胞裡裝滿可以攔截並中和多餘電子能量的化學物質。這些化學物質便是我們所稱的「維生素」，尤其是維生素 C

和維生素E。美國原住民也明白這個道理，因此他們會在冬天時嚼食常綠植物以保持健康。

此刻，曼荼羅地上的植物渾身上下都被冰雪所覆蓋，但它們體內的每一個細胞都會退守城池、小心應變，不讓這些冰雪傷害它們。到了春天時，它們的細胞就會再度膨脹，使得它們的枝條、花苞和根部得以復甦，並一如往常的生長，彷彿冬天從未降臨一般。不過，有些植物卻走上了不同的道路，一枝黃花便是其中之一。它們在秋天時便結束了短短十八個月的生命，如今已經枯死，完全臣服於冬天的魔掌之下。就像冰雪化成水氣一般，它們的生命已經昇華成另外一種形式。這種新的形式雖然如同水氣一般，肉眼無法看到，卻存在於我的四周。因為此刻成千上萬顆黃花種子正埋在落葉層中，等待冬天遠去。這些種子由於外殼堅硬、內部乾燥，因此大致上都能免於冰雪的損害，捱過寒冷的月分。

此刻的曼荼羅地儘管看來荒涼，但這只是表相而已。這一平方公尺的範圍內共有好幾十萬個植物細胞；每一個細胞都把自己包得緊緊的，雖然退守城池，但卻固若金湯。可以說，這裡的植物就像火藥一樣，儘管外表看起來灰灰的不起眼，但裡面卻潛藏著蓄勢待發的能量。因此，在這一月天裡，儘管簇絨山雀和其他那些鳥兒看起來精力充沛、生氣蓬勃，但比起這些處於休眠狀態但卻蘊含著強大能量的植物，牠們頓時顯得微不足道。當春天的魔棒掃過這塊曼荼羅地時，這些植物所釋放的能量將足以讓整座森林（包括鳥兒在內）度過一年的時光。

February 02

二月二日

足印

the forest unseen.

有一棵槭葉莢蒾（maple-leaf viburnum）頂端的枝葉已經被咬斷了，在枝幹上留下了一截截呈斜面的殘柄。把這些嫩枝吃掉的動物留下了三個腳印，由東向西分布在曼荼羅地上。每一個腳印都是由兩個杏仁形狀的印子所組成，陷入落葉層約兩寸深。這是偶蹄動物的特徵。這塊曼荼羅地就像世界上絕大多數陸棲生物群落一般，總會有某隻分蹄哺乳動物前來覓食。今天這隻動物是白尾鹿（white-tailed deer）。

這隻白尾鹿顯然是在昨天晚上經過這裡，而且牠吃的東西是經過精挑細選的。這株槭葉莢蒾灌木把養分都儲存在植株的頂端，預備迎接春天的來臨。這些幼芽尚未變硬，也尚未木質化，仍是細嫩的枝葉，但如今它們已經被搶走、消化，並轉換成公鹿的肌肉或母鹿胎兒的養分了。

這隻鹿是有幫手的。植物枝葉的細胞頗為堅硬，大型動物吃了這些枝葉之後，如果要把其中的養分充分釋放出來，必須仰賴微生物的幫助。大型的多細胞動物雖然能將植物的木質部分咬斷並嚼碎，但卻無法消化其中的纖維素（這是大多數植物體內都含有的一種成分）。反觀微生物，亦即細菌和單細胞生物這類微小的單細胞有機體，雖然體型微小，卻具有強大的化學能力，能夠對纖維素產生作用。兩者互相結合便形成了一個盜匪聯盟：動物們負責四處咬食植物，微生物則負責消化那些被牠們嚼爛的纖維素。有好幾種動物都和微生物形成這樣的聯盟：白蟻的腸道中有單細胞生物幫助牠們消化食物；兔子家族的腸道末端有一個大腔室，裡面也有許多微生物；南美洲一種專門吃葉子的奇特鳥類麝雉（hoatzin）的脖子裡，有一個可以讓食物發酵的囊袋；反芻動物，包括鹿在內，也有一個特殊的胃（瘤胃），裡面裝滿了這些小幫手。

這種形式的結盟，使得大型動物得以運用植物組織當中所蘊含的大量能量。至於那些尚未和微生物達成交易的動物（包括人類在內），則只能吃柔軟的水果、若干容易消化的種子，以及前述動物的肉和奶。

這些幼枝嫩葉被鹿用下排的牙齒和上顎的堅硬肉墊（鹿沒有上門牙）折斷後，便被送到後牙處磨碎，然後吞下。到了瘤胃後，它們便進入了另一個生態體系——一個裝滿微生物的大攪拌桶。瘤胃是從鹿的腸道岔出來的一個囊袋。除了母乳之外，所有的食物都會先經過這裡，然後才被送到其他的胃，接著再進入腸道。瘤胃胃壁的肌肉會攪拌胃裡的食物，此外胃裡還有幾塊狀似口袋蓋的皮瓣，其作用類似洗衣機裡的隔板，會在食物移動時將它們翻面。

瘤胃裡的微生物大多無法在有氧的環境中生存。它們是古代生物的後裔，而這些生物是在一種非常特殊的氣壓中演化而成。事實上，氧氣是在大約二十五億年前生物開始行光合作用時，才成為地球空氣的一部分。由於氧氣是一種容易和其他物質起反應的危險化學元素，因此當時地表上的許多生物都因而滅絕，有些則被迫躲藏起來。這類厭氧生物至今仍存在於湖泊底部、沼澤和土壤深處，在那裡的無氧環境中設法存活。另外一些生物則適應了這種新的污染物，並且用一種優雅的方式規避了關於氧氣毒性的問題，將原本有毒的氧氣轉變成對它們自身有利的物質。用氧呼吸便是如此這般誕生的。我們人類也繼承了這樣的呼吸方式。所以，今天的我們實際上是靠著古代的一種污染物才得以存活。

動物的腸道在經過演化後，提供了厭氧生物另一個可以躲藏的去處。這些腸道不僅相對無氧，也具有所有微生物都夢寐以求的特點：裡面有著源源不絕被磨碎的食物。但其中有一個問題：動物的胃裡通常都裝滿酸性的消化液，用來分解生物的組織。這使得大多數動物的胃都無法窩藏那些可以消化植物的微生物。不過，反芻動物就像精明的旅館主人一般，改變了牠們胃部的隔間，並因此在演化程度的評鑑上贏得了四星級的佳績。其關鍵在於，瘤胃所在的位置以及它為微生物所提供的友善居住環境。這個瘤胃位於腸道之前，處於既非酸性、也非鹼性的中性環境。微生物在這個不停攪動的spa裡生長得非常旺盛。動物的唾液是鹼性的，因此可以中和消化過程中所產生的酸性物質。此外，瘤胃內還有一些細菌。它們是這座體內旅館的女服務生。所有進入瘤胃內的氧氣都會被它們吸個精光。

瘤胃運作得如此良好，即便科學家用最精密的試管和器皿來培養，也無法複製出和它一樣生長速度既快、消化能力也強的微生物。瘤胃之所以能有如此的表現，是因為它裡面的微生物種類極其複雜。事實上，每一毫升的瘤胃胃液中就含有一兆個細菌，菌種則多達兩百種以上。其中有些已經為人所知，有些則尚待說明或尚未被發現，而且有許多只存在於瘤胃裡。它們有可能是從五千五百萬年前（當時瘤胃才開始形成）那些獨立存在的細菌演化而來。

在瘤胃中，細菌屬於底層階級，是一群原生生物獵食的對象。這些原生生物全都是單細胞生物，但體積比細菌大數百倍乃至數千倍。有些真菌會寄生在這些原生生物體內，使得它們那肥大的細胞受到感染並進而爆裂。有些真菌則自由的漂浮在瘤胃的胃液中，或群居在植物的碎屑裡。正因為瘤胃裡的菌種如此多樣化，裡面的植物殘渣才得以完全被消化。這是因為沒有一個菌種可以完全消化整個植物細胞。在整個消化過程中，每個菌種都扮演了一個小角色，把它最喜歡的分子加以分解，取得它成長所需的能量，然後再把廢料排放回胃液中。這些廢料又會成為另外一種生物的食物，如此便形成了一連串的分解過程。瘤胃裡的細菌會和某些真菌聯手分解大部分的纖維素。原生生物則特別喜愛澱粉粒，或許把它們當成了馬鈴薯，用來配著香腸（細菌）一起吃。因此，瘤胃裡的養分會經過一個微型的食物網，然後再被送回瘤胃的胃液裡，其過程有如較大型生態系統的營養循環。可以說這隻白尾鹿的肚子裡就有一個曼荼羅，一個各種生物互相作用、你吃我、我吃他的複雜網路。幼小的反芻動物必須從無到有，打造屬於牠們自己的瘤胃生物群落，而這個過程要花好幾個星期的時間。在這段期間，牠們必須藉著喝母奶、吃泥土和植物，來蒐集那些將來可以成為牠們幫手的微生物。

瘤胃裡的生態體系具有自我犧牲的性質，其中會發生無窮無盡的變化。瘤胃裡的微生物會隨著已經被消化的植物細胞離開瘤胃，進入另外一個胃，淹沒在那裡的酸性消化液當中。此時，對它們而言，動物的胃腸已經不再是熱情待客的地方了。旅店老闆成了謀財害命的凶手，會把它們殺掉並加以消化，將它們所含的蛋白質、維生素和液態的植物殘渣占為己有。

至於植物的固態部分和其上所附著的微生物，則仍舊停留在瘤胃中，以確保它們能夠完全被消化，並維持瘤胃的微生物環境。鹿會把這些固態部分吐出，放在嘴裡嚼爛後再吞下去，以加速其分解過程。這樣的反芻機制使得鹿可以先狼吞虎嚥的把食物吃下肚子，等到抵達安全的藏身處所時再來細嚼慢嚥，以免牠自己面臨被「狼吞虎嚥」的危險。

隨著季節轉換，鹿所咬食的植物部位也會改變。冬天時，牠吃的是木質部分，春天時牠會改吃綠葉，秋天時則以橡實為食。為了要適應這樣的改變，瘤胃裡的生物種類也會隨之消長。春天時，適合消化柔軟樹葉的細菌會增加，到了冬天則逐漸減少。這樣的改變並不需要由鹿來發號施令，而是透過瘤胃中各種生物之間的競爭自動達成。這使得瘤胃的消化能力可以符合鹿所能吃到的食物種類。不過，如果鹿所攝取的食物突然改變，則可能會使這個精細的調整過程為之中斷。假使在隆冬時節，有人以玉米或綠葉餵食鹿兒，將會使牠瘤胃裡的環境失去平衡，以致胃液的酸度上升到失控的程度，並使瘤胃裡面充滿氣體。這種消化不良的現象可能會致命。幼小的反芻動物在吸吮母奶時也會面臨類似的消化問題，因為牠所喝下的乳汁可能會在瘤胃裡發酵，導致脹氣，尤其是在牠們的瘤胃裡尚未有足夠的微生物寄居時更是容易如此。因此，每當幼小的反芻動物吸吮母奶時，牠們的身體便會自動開啟另外一個管道，使得乳汁可以繞過瘤胃，直接到達第二個胃。

大自然鮮少會讓反芻動物的食物發生急遽的變化，但是當人類餵食牛、山羊或綿羊等家畜時，就必須考慮到瘤胃的需求。這些需求不見得符合人類商品市場的要求，因此瘤胃環境的平衡便成了畜牧業的禍根。當牛隻無法在草地上吃草，並且突然被關進「飼育場」裡，吃著玉米飼料來育肥時，為了使牠們瘤胃裡的環境達到平衡，飼主就必須投以藥劑。唯有壓制這些微生物小幫手，他們才能設法讓牛多長出一些肉來。

經過五千五百萬年演化而成的瘤胃環境對上五十年的企業化畜牧方式，人類是否能有勝算還很難說。

這隻白尾鹿對曼荼羅地所造成的影響，並不容易看得出來。乍看之下，這裡的灌木和幼木似乎並未受到蹂躪，但細看之下才發現它們的頂芽不見了，側芽也被咬斷了，只剩下短短的一截。曼荼羅地上的十二株灌木當中，大約有一半都被牠咬過，但其中沒有一株被完全咬斷。我猜這隻鹿應該是曼荼羅地的常客，但牠當時並不很餓，因此只把那些多汁的頂芽吃掉，留下硬硬的莖。但在美東的森林裡，白尾鹿已經愈來愈無法如此挑食了。在大部分的鹿群分布地，植物所祭出的防禦措施可說毫不奏效，因為鹿群的數量已經急遽增加，森林裡的幼木、灌木和野花都快被牠們吃光了。

許多生態學家宣稱：近年來北美各地的鹿群數量都有增加的現象，形成了一個禍害。因為鹿群數量增加已經使得此地的生態失去平衡，就像在冬天餵牛吃玉米會造成瘤胃生態失衡一樣。從表面上看來，情況的確如此。鹿愈來愈多，植物日益稀少。習慣在灌木上築巢的鳥兒找不到築巢的地點；以壁蝨為媒介的若干疾病眼看就要在郊區的草原上蔓延。我們已經消滅了鹿的天敵：先是美國原住民，而後是狼，如今獵鹿的人也逐年減少。為了興建城鎮和各式各樣的場地，我們已經把林地弄得支離破碎，創造出許多吸引鹿群前往覓食的邊緣棲地。此外，我們也訂定了各項周密的禁獵法案，限定狩獵的季節，以盡可能降低對鹿群數量的影響。在這種種因素的影響下，森林的生態豈非岌岌可危？

情況或許如此。但如果我們從更長遠的眼光來看，鹿在美東森林裡所扮演的角色或許就不是如此黑白分明了。事實上，我們對於所謂「森林的常態」的認知，是建立在歷史上一個非常特殊的時期。當時，鹿已經從森林中絕跡，而這是一千年來不曾有過的現象。十九世紀末期，大規模的商業捕獵使得鹿群瀕臨滅絕。田納西州的大部分地區（包括這塊曼荼羅地）都看不到鹿的蹤影。在一九〇〇到一九五〇年代期間，這塊曼荼羅地上不曾有任何一隻鹿現身。後來，由於人們在此處放生來自其他地方的鹿隻，再加上此地山貓和野狗的數量日益減少，才使得鹿群數量逐漸增加。到了一九八〇年代時，鹿就隨處可見了。美東的森林也有類似的現象。

這一段歷史使得科學家們對森林有著錯誤的認知，因為到了二十世紀，當他們開始研究北美洲東部的森林生態時，這裡的森林已經很少見到鹿的蹤影了，尤其在早期更是如此。而這些早期的研究成果就成了我們如今藉以評估生態變化的基準。問題是，這樣的基準並不正確，因為當時這些森林中已經看不到反芻動物和其他大型草食性動物，而這是歷史上前所未有的現象。因此，我們印象中「森林的常態」其實並不正常。

回顧這段歷史，我們或許會憂心森林中的野花和那些喜歡築巢在灌木上的鶯鳥，今後可能無法再過得像從前那麼安逸了。鹿群「過度覓食」的結果，可能會使得森林恢復到稀疏、空曠的面貌，但事實上這才是它的常態。早期來自歐洲的移民所留下的一些日記和信函也多少證實了這個觀點。一五八〇年時，湯瑪斯・哈瑞特（Thomas Harriot）在維吉尼亞州所寫的一封信函中表示：「有些地方有許多鹿。」一六八二年時，湯瑪思・艾許（Thomas Ashe）也指出：「鹿多得數不清，整個鄉村似乎成了一座大公園。」一六八七年時，拉罕騰男爵（Baron de La Hanton）也提到類似的現象：「在這一帶的森林裡，鹿和火雞簡直多到難以形容。」

這些歐洲移民的書信可供參考，但並不一定做得了準。他們可能會因為支持殖民地開拓計畫而有一些誇大不實的描述，更何況當時美國原住民（其中大多數以狩獵維生）的人口已經因為疾病和種族戰爭而大量減少。不過根據當年種族戰爭倖存人士的描述以及他們的祖先所留下的證據，早在那些歐洲移民到來之前，美國地區的鹿群數量已經很多了。此外，當時的美國原住民經常砍伐和焚燒森林，以利草木的幼苗生長，藉此讓鹿群更加繁衍。他們仰賴鹿肉和鹿皮度過寒冬，他們的神話裡也充斥著與鹿有關的傳說。因此，無論歷史文獻或考古資料在在都指向同一個結論：在十九世紀鹿群被射殺殆盡之前，我們在森林中處處可見牠們的影蹤。二十世紀初期和中期在森林裡看不到鹿的現象，並非常態。

當我們回顧人類來到北美大陸之前的情況時，應該就更能了解目前鹿群數量激增的現象並不足為懼。北美洲東部的溫帶林早在五千萬年前就已經存在了。當時亞洲、北美洲和歐洲各地都遍布溫帶林，形成一個溫帶林帶。但後來由於地球的氣候逐漸變冷，甚至幾度進入冰河期，迫使各地的溫帶林逐漸南移，於是這個溫帶林帶就變成東一塊、西一塊的，殘缺不全。但在冰河期結束後，各地的溫帶林又再度北移。如今，這些溫帶林稀稀落落的散布在中國東部、日本、歐洲、墨西哥高原，和北美洲東部等地。這些溫帶林都具有一個共通的特色：它們都有草食性哺乳動物，而且數量往往很多。

從前，北美溫帶林裡的草食性動物種類比現在多很多，昨晚在這塊曼荼羅地上覓食的鹿，只不過是至今仍然存活的一種。在古時的溫帶林裡，可以看到巨型地懶（giant ground sloth）拖著牠們那大如犀牛般的笨重身軀，在森林裡尋找可吃的幼枝嫩葉。除此之外，還有林地麝牛（woodland musk oxen）、草食性的巨熊、長鼻貘、野豬、美洲犎牛（woodland bison），以及好幾種如今已經絕跡的鹿和羚羊。其中最戲劇化的便是乳齒象（mastodon）。牠們是現代象的親戚，有兩根長牙和一顆額低而寬闊的頭。牠們的肩膀離地有三公尺高，在美東森林的北端覓食。牠們就像其他許多大型草食性動物一樣，在最後一次冰河時期結束時（大約一萬一千年前）絕種了。這些大型草食動物雖歷經前幾次冰河時期，依舊能夠生生不息，但在最後一次冰河期結束後，牠們面臨了一個新的威脅：人類。在人類來到北美洲後不久，大多數的大型草食動物都不見了。不過，體型較小的哺乳動物並未受到什麼影響。消失的只是那些多肉的大型動物。

今天，我們在美東各地的洞穴和沼澤裡，都可以看到許多大型草食動物的化石。這些化石的存在，使得十九世紀時有關演化的辯論更形激烈。達爾文認為，這些動物化石更進一步證明自然一直處於不斷變遷的狀態。他表示：「當我們想到美洲大陸的情況時，總是不免感到驚訝。那裡從前必然曾有許多體型龐大的動物，但現在我們卻只能看到一些小型生物。牠們和之前的同類相比，簡直像是侏儒。」但湯瑪斯．傑佛遜（Thomas Jefferson）卻持不同的看法。他相信巨型地懶等生物必然還活在世上，因為上帝總不至於在創造了牠們之後，又任由牠們滅絕。他認為上帝所創造的宇宙是一幅完美無瑕的圖象，如果任由其中幾片拼圖消失，整個大自然將會解體。因此，當探險家路易士（Lewis）和克拉克（Clark）前往太平洋沿岸探勘時，傑佛遜便指示他們調查這些生物的行蹤並寫成報告，但後者並未發現任何一隻乳齒象、地懶，或其他已絕種動物仍然存活的證據。達爾文說得沒錯：有些造物是有可能被消滅的。

正如同鹿兒走過曼荼羅地時留下了足印，這些已經絕種的草食性動物也在某些本地植物的身上留下了痕跡。皂莢樹和冬青樹的莖葉上都有尖刺。這些刺分布的部位達三公尺高，是現存草食動物身高的兩倍，但這樣的高度卻正好可以嚇阻那些已經滅絕的巨型草食動物。此外，皂莢樹的種子莢有兩英尺長，沒有一種現存的本地草食性動物可以把它們全部吃下去，並將其種子散布出去，但對於乳齒象和地懶這類已經滅絕的大型草食性動物來說，這樣的長度卻很合適。除了皂莢樹之外，果實乳白色、大如壘球的柘橙樹也喪失了可以為它散布種子的夥伴。這類果實在其他各洲乃是大象、貘等大型草食動物的糧食，但這些大型草食動物如今在北美洲卻只剩下化石了。從這些已經失去合作夥伴的植物身上，我們可以看到生態的變遷，一窺整座森林的損失。

我們永遠無法得知古代森林的結構，但從已絕種的草食動物的骸骨和美國原住民的敘述中，我們可以推斷當時森林中的灌木和幼木並不容易長大。有五千萬年的時間，北美洲的森林一直有草食動物出沒。在之後的一萬年間，草食性哺乳動物的數量銳減，其後的一百年甚至出現完全沒有草食性哺乳動物覓食的奇特現象。在草食動物成群覓食的情況下，古代的森林是否會因此顯得稀疏零落呢？事實上，這些草食性動物也有天敵，只是牠們如今有些已經消失，有些則幾近滅絕。其中劍齒虎和懼狼（譯注：dire wolf，或譯「恐狼」）已經絕跡，灰狼、美洲獅和山貓則非常罕見。在美國西部，體型巨大的美洲獅和印度豹都以草食動物為食。這許多種大型肉食動物的存在，更證明從前草食動物數量之多。大型貓科動物和狼都需要大量的食物才能生存。目前世上少數幾個可以讓大量肉食動物存活的地方，都有許多草食動物。畢竟在食物網中，肉食動物身上的肉是由植物的枝葉間接變成的。因此，大型肉食動物的化石數量之多，正充分證明草食動物的繁盛。

我們雖然消滅了鹿的若干天敵，但近年來卻又使得牠們面臨三種新的威脅：家狗、自西部入侵的郊狼，以及汽車的擋泥板。前兩者非常擅於獵捕幼鹿，後者則是郊區成鹿喪命的主要禍首。所以，我們目前所面臨的是一種極端不對等的情況。一方面，我們已經失去了幾十種草食動物；另一方面，一種肉食動物消失之後，另一種便接踵而來。在我們的森林裡，草食動物要多到什麼程度才算是正常、自然、可以接受的？這類問題並不容易回答，但我們可以確定的是：在二十世紀，森林裡的草食動物數量可說少得出奇。

一座沒有大型草食動物的森林，就像一個沒有小提琴手的交響樂團。但由於我們已經聽慣了那些不完整的樂曲，當我們再度聽見小提琴的聲音不斷響起時，便不由得畏怯猶疑，並因此更緊緊抓住那些我們比較熟悉的樂器。事實上，從歷史的角度來看，我們並沒有理由害怕草食動物回到森林。我們可能需要以更長遠的眼光，聆聽完整的交響樂曲，並讚美這些動物幾百萬年來一直和微生物攜手合作，以細枝嫩葉為食。再見了，灌木，哈囉，壁蝨。歡迎回到更新世（譯注：Pleistocene，地質時代第四紀早期，此時期絕大多數的動植物屬種與現代相似）。

February 16

二月十六日

地衣

雨珠子有如槍炮般從天上的雲朵降下，停歇了一會兒之後，火力變得更猛，使得曼荼羅地上劈哩啪啦的水花四濺。這一整個禮拜，來自墨西哥灣的雨水一陣又一陣的襲擊著這座森林。整個世界似乎是由流動、爆炸的水所組成的。

在這潮溼的天氣中，地衣卻顯得歡欣鼓舞。它們在雨水的滋潤下顯得飽滿鼓脹，綠意盎然，變化非常明顯。上個星期它們還懾服於寒冬的淫威之下，乾枯蒼白的躺在曼荼羅地的岩石表面。但這樣的情景已經不復可見。如今它們的軀體已經汲取了來自雲朵的能量。

在乾燥的冬天裡，我渴望看到萬物在雨水中甦活的景象，於是便趨前看個仔細。我躺在曼荼羅地的邊緣，側頭看著這些地衣。它們散發出泥土和生命的氣息，近觀之下益發美麗。我想看得更清楚一些，於是便把身體挪過去，並拿出一柄放大鏡，把一隻眼睛湊到放大鏡上，仔細

the forest unseen.

的看了起來。

岩石表面有兩種地衣交錯生長。我無法將它們拿到實驗室去，用顯微鏡來檢視它們的細胞形狀，因此難以確認它們的物種，只好進行籠統的觀察。其中一種像一根根粗大的繩索一般橫躺在那兒，每一根繩索表面都包覆著間距甚密的小葉子。隔著一段距離看過去，這些莖像是有生命的細髮辮，細看之下才發現這些小葉子以優雅的螺旋形反覆排列在莖上，像是不斷重複的綠色花瓣。另一種則是直立的，它們的莖上岔出許多分枝，像是一株株迷你的雲杉。這兩種地衣的生長點（growing tip）都像嫩萵苣一般鮮綠。生長點後面的部分顏色愈來愈深，逐漸成了有如成熟橡樹葉般的橄欖綠色。這是一個充滿了光的世界。每一片葉子只有一層細胞那麼厚，因此光線穿透這些地衣，在其中舞動流淌，使它們彷彿從內部發出光來。雨水、陽光和生命已經攜手努力，掙脫了冬天的枷鎖。

這些地衣雖然青翠鮮綠，生機盎然，卻很少受到重視。在教科書上，它們不過是頑固守舊、從古到今不曾演化的原始生物罷了，不像羊齒植物和開花植物那般先進。但這樣的觀點在好幾個方面都站不住腳。首先，如果地衣是發展遲緩、已經逐漸式微的落後生物，我們應該可以看到一些化石顯示地衣在早期時曾經昌盛繁茂，後來才逐漸衰微沒落。但根據現有的化石資料（這類化石非常稀少），情況正好相反。其次，原始的地衣化石看起來和現代的地衣很不一樣，並沒有排列細密的小葉，也沒有精巧的、會結果實的莖。

基因比對的結果證明，情況的確如化石所顯示：地衣這個家族共有四個主要分支，而且彼此已經分開了將近五億年。它們各自從大家族裡分離出來的先後順序至今仍有爭議，但蔓生在溪岸和潮溼的岩石表面、形狀像鱷魚皮的葉苔可能是第一個，其次是這些地衣的祖先，接下來則是與羊齒植物、開花植物以及類似植物血緣最近的金魚藻。地衣目前的狀態是經過演化而成的。它們絕不只是一種尚未演化到「較高」形式的生物。

透過放大鏡，我看到雨水被保存在地衣的各個部位。當水積存在葉片與莖之間的夾縫中時，由於表面張力的關係，會形成一顆顆弧形的銀色小水滴。這些小水滴並不流動，只是像水蛇般緊緊攀附著表面往上爬，似乎不受地心引力的影響。這是一個屬於凹面（meniscus）的世界。玻璃杯裡的水滴會吸附著杯壁往上走，形成所謂的「凹面」。而地衣全身都像是玻璃杯的杯壁一樣，會把水吸引過來，並讓這些水停留在它錯綜複雜的內部。

我們很難理解地衣和水之間的關係。我們人體的水管（血管）都埋藏在身體內部，樹的導水管也同樣位於樹皮內部，連我們房屋的水管都配置在屋內。但哺乳類動物、樹木和房屋的體積都很大，像地衣這般微小的生物則以不同的方式運作。水和植物細胞表面之間的「電子引力」（electrical attraction）在近距離時會變得非常強大，而地衣的構造和形狀則使這種吸引力發揮到極致，因此它們能夠使水在它們那複雜的表面移動並停留。

地衣的莖外皮上有一條條有如皺紋般的溝槽，可以透過毛細孔作用，把地衣內部所蘊含的水吸到它們乾燥的生長點，就像我們拿面紙去吸乾灑在地上的水一樣。這些微細的莖表面包著一層可以吸住水的捲曲絨毛，葉子上則散布著凸起的小點，增加了可以吸附水的表面積。葉子和莖所形成的角度正好可以托住一些水，形成一顆顆新月形的水滴。這些水滴透過莖上的捲毛以及溝槽裡所留住的水互相連結。因此，地衣的身軀就像是一個小小的、直立的沼澤狀三角洲。水從泥潭緩緩流到潟湖，再流到小河，把整株地衣都包裹在溼氣中。等到雨停時，地衣體表所捕捉的水分將是它細胞含水量的五到十倍。可以說，地衣就像是植物裡的駱駝，身上有一個駝峰，可以讓它度過漫長而艱辛的乾旱期。

地衣的構造原理和樹木不同，但複雜的程度或許不亞於樹木，在延續物種的生存上顯然也一樣成功。但除了水的運輸與貯存之外，地衣其他方面的構造也很精密。在一個星期之前，剛剛開始下雨之際，雨水就引發了地衣內部一連串的生理反應，才使得它們今天看起來如此綠意盎然，生機蓬勃。地衣的細胞都有一層薄薄的木質細胞壁，雨水在浸透乾燥的地衣後，會滲入每一個細胞的細胞壁，使得裡面那些乾燥缺水、皺巴巴的「葡萄乾」表面變得光滑潤澤。這些圓球狀的「葡萄乾」事實上都是正在冬眠的活細胞，而且每一個細胞的表皮都可以充分吸收水。吸飽了雨水之後，這些細胞便會脹大，抵住那層木質細胞壁，這時地衣便回春了。

當幾千幾萬個細胞一起脹大時，整株地衣看起來就顯得堅挺飽滿，不再是冬日裡委靡不振的模樣。它每片葉子的角落都有大大的弧形細胞，在吸飽水之後就會像氣球一樣鼓起來，把葉片推離葉莖的軸，騰出空間來留住水，並使得葉面朝向天空。如此這般，葉子內側的凹面負責留住水，葉子外側的凸面則負責吸收陽光和空氣的能量，用來製造養分。這種因雨水而導致的細胞腫脹現象，使得每一片葉子既能涵養水，也能吸收陽光，等於是同時扮演了根部和枝幹的角色。

然而，此時細胞裡面的情況卻是一團混亂。由於滲進來的水使得細胞內部變大，因此細胞膜很快就變得非常鬆弛，以致裡面的若干成分滲到細胞外。這些糖分和礦物質一旦滲漏出去，就再也回不來了。這是地衣為了保持細胞的彈性所付出的代價。不過，這種混亂的情況並不會一直持續下去。在變乾之前，地衣已經先在細胞裡貯存了一些具有修復作用的化學物質。細胞變大後，這些化學物質便會讓細胞的機制重新回到穩定的狀態。等到充滿水的細胞恢復平衡後，便會補充這些具有修復作用的化學物質，並且取得糖與蛋白質，以便在乾旱時保護細胞內部的機制。

如此這般，地衣無時無刻不在準備應付乾旱或多雨的季節。相較之下，其他植物大多比較沒有憂患意識。它們通常都是等到情況不妙時才開始採取應變措施，但這些措施都需要花一些時間才能完成。因此，這些懶散的植物一旦遇到突如其來的乾旱或雨澇時就無法存活了，但地衣可不一樣。

地衣之所以能夠克服乾旱，並不光是靠著細心的準備。當天氣變得極度乾燥時，其他植物的細胞可能會變脆並因而破裂，但地衣卻照舊可以忍受。這是因為它們的細胞裡充滿糖分，在天氣乾旱時會變成像冰糖或玻璃那般透明而堅硬的結晶，藉以保護細胞內部的物質。如果不是因為地衣細胞表層的纖維以及糖化細胞的苦澀味，乾燥的地衣吃起來應該挺美味的。

地衣在陸地上生活了五億年之後，已經成了調度水和化學作用的專家。它在曼荼羅地的岩石上生長得如此青翠繁茂，顯示它那柔軟的身軀和靈活的生理機制確實有過人之處。當四周的喬木、灌木和草本植物仍然為冬天所困時，地衣卻已經掙脫了桎梏，開始自由自在的生長。在這冰雪初融的時節，樹木還無法及時因應天候的改變，但到了夏天時，情勢就會逆轉。屆時，樹木將會利用它們的根系和體內的輸水系統在曼荼羅地稱雄，庇護樹下那些無根的地衣。但在此刻，它們由於身軀龐大的緣故，還來不及有所作為。

在這晚冬時節，地衣如此急切的反應除了有利於自身的成長之外，還有其他好處。它們保住了水，使得曼荼羅地下游的生物得以受惠。大雨雖然嘩啦啦的沖刷著山坡，但從曼荼羅地流出來的水卻很清澈，並未含有來自四周城鎮和各種場地的泥沙。地衣和林地上厚厚的落葉層會吸收溼氣，減輕雨水沖刷土壤的力道，把無情的砲火變成輕柔的撫摸。當雨水沿著山坡流下時，草本植物、灌木和喬木交織緊密的根系會使土壤不致受到沖刷與侵蝕。這是成千上百種植物共同努力的結果。它們合力操作著一台紡織機，將一條條經緯線交織在一起，紡出一匹堅韌、充滿纖維的厚棉布，一匹雨水無法撕裂的布。相形之下，麥田和郊區草坪上的植物則根系稀疏，交織得也不夠緊密，無法留住土壤。

地衣是防止土壤被雨水沖蝕的第一線，但它們的貢獻不僅止於此。它們因為沒有根，必須從空氣中吸收水和養分。它們會利用粗糙的表面截下灰塵，並且能從一陣微風中抓取足夠的礦物質。當風帶著車輛所排出的酸性廢氣或發電廠所排放的有毒金屬吹過來時，地衣會張開它們潮溼的手臂加以歡迎，並將這些污染物吸進它們體內。同樣的，在下雨的時候，曼荼羅地上的地衣也可以吸納雨水中來自車輛和燃煤電廠的廢氣和重金屬，發揮淨化雨水的作用。

雨停之後，地衣會像海綿一般留住雨水，然後慢慢釋放。因此，森林可以滋養下游的生物，使得河水不致在下雨時變濁並且暴漲，在乾季時也能維持一定的流量。潮溼的森林所蒸發的水氣可以形成雲朵，如果森林面積夠大的話，甚至可以製造雨水。我們雖然受惠於森林，但通常並未意識到自己對森林的依賴，但有時出於經濟上的需要，我們也會被迫認清這個事實。之前，紐約市就做了一項決定：與其斥資興建一座人工淨水廠，還不如設法保護卡茨基爾山脈（Catskill Mountains），因為保護該山脈幾百萬塊曼荼羅地上的地衣，會比訴諸科技解決水質問題來得更便宜。在哥斯大黎加的某些流域，河流下游的用水人必須付錢給上游的森林擁有人，因為他們受惠於那些林地。這樣的經濟模式所根據的是大自然的實際狀況。這使得人們比較沒有破壞森林的動機。

此刻，在曼荼羅地上，大雨依舊滂沱。我坐在石頭上，聽見曼荼羅地兩端的溪水嘩然奔流的聲音。這兩條溪相距至少一百公尺，平常只是安安靜靜的流著，但此刻由於雨量極大，已經變得洶湧湍急，發出了雷霆般的怒吼。我裹著我的防水衣，在這連綿不絕的大雨中坐了一小時，就已經有些無法消受了，但那些地衣卻顯得更加自在。看來五億年的演化，已經使得它們很有辦法應付下雨天了。

February 28
二月二十八日

蠑螈

我看到一隻腳閃電般的掠過落葉層中的一個隙縫，接著便出現了一截尾巴，然後就完全消失在一層層的潮溼落葉中。我很想把那些落葉扒開，看個清楚，但終究還是按捺住了，乖乖在原地等著，希望那隻蠑螈再度現身。過了好幾分鐘後，牠終於探出了牠光亮的頭，從落葉層裡跑了出來。但接著牠又鑽進另一個洞，然後再度冒出來，飛奔而去。途中牠被一根葉柄絆倒，不甚優雅的翻了一個觔斗後，便掉進一處窪地。雖然受到了驚嚇，牠還是很快就調整姿勢，爬出了那處窪地，最後終於把頭一低，鑽到一片枯葉底下。儘管天氣寒冷，霧氣瀰漫，能見度只有幾英尺，但這隻蠑螈渾身閃閃發亮，彷彿有一道明亮的陽光正照耀著牠。牠那烏黑光滑的皮膚上布滿銀色的斑點，背上有一道道細小的紅色條紋。牠的皮膚溼潤得不可思議，彷彿是由雲朵凝聚而成。

the forest unseen.

蠑螈就像地衣一樣，遇水則發，但牠們無法採用地衣的策略，任由自己變乾，等待下一場雨的來臨。牠們就像游牧民族一樣，逐涼爽潮溼的空氣而居，並視溼度的變化進出土壤。冬天時，牠們為了避開冰雪，會爬進山岩或巨石之間的縫隙中，像史前時期的穴居人一般，住在黑暗的地下洞穴裡，有時甚至深入地下達七公尺。春天和秋天時，牠們會爬出來，在落葉層上穿梭，追逐著螞蟻、白蟻和小蒼蠅。到了夏天時，由於熱氣會使牠們的身體變乾，牠們只好再度遁入地下。不過，在潮溼的夏夜，牠們的身體沒有脫水之虞時，牠們就會回到地面上覓食。

眼前這隻蠑螈的體長是我的拇指甲的兩倍。脖子和腿又細又長，顯示牠是無肺螈屬（*Plethodon*）的一員，可能是背蜒無肺螈（zigzag salamander）或南方的灰紅背無肺蠑螈（southern redback）。但由於無肺螈屬的成員擁有許多不同的膚色，而且相關的研究很少，因此我無法確認。不過，話說回來，沒有人能夠確定蠑螈究竟是屬於哪一「種」動物。這顯示大自然的生物有時很難被清楚的界定。

這隻蠑螈體型不大，很可能尚未成年，或許是在去年夏末時才孵化的。在之前的那個春天裡，牠的父母親曾經踩著靈巧的步伐，彼此溫柔的以臉頰互相摩擦，進行求偶的過程。蠑螈的皮膚上布滿會分泌氣味的腺體，因此當牠們彼此摩擦臉頰時，就像是用化學物質悄悄的互訴衷情，並用費洛蒙寫著情詩。當公蠑螈和母蠑螈彼此熟悉後，母蠑螈就會抬起頭，而公蠑螈則會趁機滑到她的胸膛底下，開始邁步向前，母蠑螈則跨坐在他的尾巴上，亦步亦趨，共同跳起一支雙人的康加舞。公蠑螈走了幾步之後，會分泌出一顆質地有如果凍、頂端有一小包精子的錐形小囊，然後便搖著尾巴再度前進，母蠑螈也會繼續跟在後面。走到精子所在之處時，母蠑螈便會停下腳步，用她身上那個肌肉發達的小孔把精子撿起來。至此，這支雙人舞便宣告結束，兩隻蠑螈從此分道揚鑣，不再往來。

其後，母蠑螈會找一處石頭縫隙或一截空心的木材，在裡面產卵，然後用自己的身體把這些卵裹住，在洞穴裡待六個星期，孵卵的時間比大多數鳴禽都更長。這段期間，她會不時的轉動那些卵，以免卵裡正在成形的胚胎黏在卵殼上。此外，她也會把死掉的卵吃掉，以免它們發霉，危及整窩卵的性命。這段期間，可能會有其他蠑螈前來，想吃掉那些卵，但母蠑螈會把牠們趕走。如果沒有母親看管，這些卵一定會被黴菌感染或被掠食者吃掉，因此這樣的守望是必要的。卵孵化之後，母蠑螈照顧孩子的責任就結束了。之後她會跑到落葉層裡覓食，以補充已經耗盡的體能。小蠑螈看起來就像是媽媽的迷你版。牠們會自行在林地上覓食。因此，這隻飛奔過曼荼羅地的無肺蠑螈從出生到現在，都不曾涉足溪流、水窪或池塘。

這樣的孵化過程推翻了兩個迷思。第一個迷思是：兩棲動物要靠水才能繁殖。無肺蠑螈雖是兩棲動物，卻沒有兩棲類的特性，因此就像牠們滑溜溜的皮膚，讓人抓不緊一樣，你也很難將牠們歸類。第二個迷思是：兩棲類是「原始」動物，因此不會照顧自己的孩子。這樣的錯誤觀念是根據那些有關大腦演化的理論建構而成的。這類理論聲稱：照顧孩子的行為屬於生物的

「高等」功能，只有哺乳類和鳥類等「高等」動物才會具備。但這隻母蠑螈細心守護下一代的表現，顯示會照顧孩子的動物比那些主張大腦有高下之分的科學家所想像的更多。事實上，有許多兩棲類動物都會照顧牠們的卵或孩子，魚類、爬蟲類、蜜蜂、甲蟲和各式各樣的「原始」生物也是如此。

曼荼羅地上的這隻小蠑螈未來這一、兩年內仍會在落葉層中覓食，直到牠長大並且性成熟為止。說到食物，無肺蠑螈性喜肉食。事實上，蠑螈可說是落葉層裡的大鯊魚，會在牠們的海域裡四處巡航，吞食較小的無脊椎動物。為了讓牠們的嘴巴能更有效的發揮捕食的功能，無肺蠑螈的肺部和氣管已經在演化過程中消失了。如今，牠們是透過皮膚呼吸。唯有如此，牠們才能專心的用嘴巴與獵物搏鬥，不必中途停下來換氣。猶如莎劇《威尼斯商人》(*The Merchant of Venice*)中的情節一般，這是無肺蠑螈和演化之神所達成的協議：牠們願意用幾公克的肺來換取更好用的舌頭。事實上，牠們也確實充分利用了這項優勢，並以此稱霸美東森林的落葉層。如目前看來，這樣的交易對牠們而言確實非常划算，但日後牠們或許要為此付出沉重的代價。如果因為污染或地球暖化的緣故，落葉層中的情況有了變化，無肺蠑螈將會很難適應。事實上，有多項預測顯示，全球暖化所造成的改變，將使得山區蠑螈所居住的溼涼棲地逐漸消失，並因而使得牠們的數量大幅減少。

沒有人知道無肺蠑螈的肺部究竟是如何消失的。其他種蠑螈全都有肺，只是居住在山區溪流裡的蠑螈肺部都很小。這是因為寒冷的溪流裡有充足的氧氣，因此那裡的蠑螈可以用皮膚來呼吸。那麼，陸棲的無肺蠑螈有沒有可能是由這些住在溪流裡的蠑螈演化而成的？生物學家一度都持這種看法，但在研究人員更進一步檢視地質資料後，這個可能性便被推翻了，因為他們發現在無肺蠑螈演化期間，美東的山脈起伏平緩，不可能形成小肺蠑螈喜歡棲息的那種寒冷而湍急的溪流。因此，我們目前仍不明白無肺蠑螈的肺是如何消失的。

對眼前這隻蠑螈來說，整個世界約莫就像這塊曼荼羅地一樣大。成年的無肺蠑螈棲息在陸地上，活動範圍很少超過幾公尺。有些無肺蠑螈潛入地下的深度，會超過牠們在落葉層表面活動的廣度。這種安土重遷的習性，使得森林地帶的蠑螈種類繁多。居住在山脈或山谷一端的蠑螈由於甚少遠遊，不太可能和另一端的蠑螈互相交配，而各地的蠑螈又必須為了適應棲地的特殊狀況而做出改變。時間久了之後，不同地區的族群外型可能會變得不太相同，彼此的基因特徵也相異。根據各個時期的分類法，有些甚至可能會被歸類為不同的「物種」。曼荼羅地所在的阿帕拉契山脈南端，岩層非常古老，但迄今從不曾遭冰河時期毀滅性的冰河所覆蓋，因此這裡的蠑螈有時間得以演化成許多不同的形態，其多樣性位居世界各地之冠。這也是蠑螈何以如此難以分類的原因之一。

此區古老、潮溼、溫暖的森林固然培育了種類繁多的蠑螈，但不幸的是其中也有許多高經濟價值的大樹。如果這些樹木遭到大面積的砍伐，那些原本有樹林可以遮蔭的落葉層就會被太陽曬乾，屆時裡面的蠑螈都將難以活命。假使遭到砍伐的林地四周有成熟的森林，而且有好幾十年的時間不曾受到人為的干擾，則蠑螈們便會逐漸回來，只是數量再也無法像從前那麼多了。箇中原因無人知曉，或許是因為大面積的砍伐使得本地的蠑螈無法進行基因上的微調。此外，林木遭到砍伐後，林地上就不可能會有因為枯死而倒下的樹木，但這些倒木上的潮溼縫隙原本是蠑螈所賴以棲息、遮蔭的場所。學界把這些倒木稱為「粗殘材」（coarse woody debris）但相較於它們在森林生態中所扮演的護生角色，這樣的名稱似乎過於輕慢。

曼荼羅地上的這隻小蠑螈在這一小方倒木橫陳的老生林地上過得如魚得水，好不快活。儘管此處的森林不太可能遭到砍伐，卻並非毫無風險。從牠尾巴少了一截的情況看來，我們可以推測牠或許曾經遭遇老鼠、鳥兒或環頸蛇（ringneck snake）的攻擊。蠑螈在遭受攻擊時會甩動尾巴以轉移敵人的注意力。必要時，牠的尾巴甚至會自動脫落並且劇烈的扭動，以便令敵人分神，好讓牠藉機逃脫。無肺蠑螈尾巴根部的血管和肌肉構造特殊，會在尾巴脫落後自動鉗緊，使得傷口閉合。此外，牠的尾巴根部不僅皮膚較為鬆軟，外觀也顯得緊縮，可能是為了讓身體的其他部位在尾巴脫落時不致受傷的緣故。由此看來，演化之神顯然已經和這些蠑螈達成了兩項肉體交易：第一，用肺來換取更好用的嘴巴；第二，用可以脫落的尾巴來換取更長的壽命。前者是一個不可逆的過程，後者則只是暫時的手段，因為牠們的尾巴具有神祕的再生能力，脫落之後還會再長回來。

無肺蠑螈當真是一朵雲，因為牠變幻莫測。牠的求偶和繁殖方式讓我們無從將牠歸類；牠用自己的肺換來一個更厲害的嘴巴；牠的身體部位是可以拆卸的；牠雖然喜歡潮溼的場所，卻從不進入任何水體。此外，牠也像所有的雲朵一樣，禁不起強風的吹襲。

March 13
三月十三日

獐耳細辛

這一整個星期當中，天氣一直頗為溫暖，彷彿五月已經提早來到，雖然不符節令，倒也令人心曠神怡。早春的野花已經嗅到了改變的氣息，從落葉層底下奮力探出頭來，露出了枝葉和花苞，使得原先有如席子般平坦的地面開始出現一處處隆起。

在前往曼荼羅地的路上，我脫下鞋子，赤腳走在步道上，感受地面微微的暖意。嚴寒的冬日已經過去。我走在黎明前灰濛濛的天光中時，聽見眾鳥爭鳴。燕雀在岩石形成的斷崖上粗嗄的叫著，山雀在低處的枝頭囀鳴，啄木鳥則在步道下方的大樹上發出「咯咯」的聲音。無論在地上或地下，季節都已經轉變。

到了曼荼羅地後，我發現落葉層上終於有一個花苞鑽了出來。那是獐耳細辛（*Hepatica*）的花。它挺立在一根大約手指長的花莖上。一個星期之前，它看起來還像是一隻細瘦的爪了，外

the forest unseen.

面包覆著銀色的絨毛。隨著氣溫升高，這爪子也逐漸變得厚實飽滿，個頭也抽高了。今天早上，它的花莖形狀像是一個優雅的問號，表面仍然包覆著一層絨毛，那緊緊閉合的花苞便懸吊在圓弧頂端，嫻靜的垂著頭，被萼片包住，以防止夜間有小賊來偷採花粉。

黎明後一個小時，這花苞就綻放了。它的三個萼片已經展開，露出了裡面另外三個萼片的邊緣。獐耳細辛雖然沒有真正的花瓣，但這些紫色的萼片事實上便具有花瓣的形狀與功能，負責在夜間保護花朵，在日間吸引昆蟲。這朵花綻放的過程太過緩慢，我無法直接用肉眼察覺，只有先移開視線，再回頭觀察，才能看出它的改變。我試著屏住呼吸，跟著它放慢速度，但我的心思太快，以致無法捕捉到它那緩慢而優雅的動作。

又過了一個小時之後，那花莖已經挺直了，從問號變成了驚歎號。萼片張得很開，煥發著濃豔的紫色，邀請蜜蜂來探訪它們中央那一蓬凌亂的花藥。一個小時之後，那驚歎號看起來有些潦草，微微的往後仰，使得花朵的正面直接朝著我。這是今年曼荼羅地上所開的第一朵花。它的花莖歡快的仰望著天空，似乎正在慶祝春日的解放。

獐耳細辛這個名字由來已久，可以追溯至起碼兩千年前。當時西歐地區的人就已經開始用

一種跟它近似且與它同名的植物入藥了。它的學名hepatica和俗名liverleaf（譯注：即「肝草」之意）都與它傳說中的藥性有關，而它的葉子長得也像三片肝葉。

這世界上有許多不同的文化都習慣根據植物的外型來推斷其藥效，並以此為它們命名。在西方地區，這種做法被一個半路出家的學者賦予了神學上的意義。一六〇〇年的某一天，德國一位名叫雅可布．伯麥（Jakob Böhme）的鞋匠突然受到啟發，洞悉了上帝與萬物的關係。他因為深受感召，便放棄了製鞋的行當，拿起羽毛筆來，撰寫了一本書，向世人說明啟示的內容。伯麥相信上帝創造萬物的意旨都顯現在事物的外觀上。形體的樣貌蘊含形而上的意涵。他寫道：「一切事物的外觀都標記著它內在的本質……（並）代表它可能具有的效用。」因此，凡人皆可從萬物的外觀來推斷其用途，在受造之物的形狀、顏色和習性上看出造物主的心意。

伯麥寫了這本書之後，就被他的家鄉格爾立茨市（Görlitz）驅逐出境了，因為當地的政府和教會無法接受未經認可的神祕經驗。他們覺得鞋匠就應該本本分分的裁革製鞋，唯有學養豐富、家世良好的人才有資格談論啟示。後來，伯麥雖獲准返鄉，卻奉命不得再從事寫作。他嘗試了一段時間後無法做到，只好前往布拉格，在那裡繼續撰寫神學方面的文章。

伯麥的見解起先並未廣為人知，但在草藥醫生們聽說了他的理論之後，一時之間便大為風行。伯麥的理論讓草藥具有某種神聖的意義，對草藥醫生這一行大有幫助。事實上，在此之前許多醫生早已利用草藥的外觀來記住它們個別的功效，例如美洲血根草（bloodroot）的汁液鮮紅，可以用來治療血液方面的疾病；齒齡草（toothwort）的葉子呈鋸齒狀，花瓣潔白，可以治療牙痛；蛇根草的根部盤繞捲曲如蛇，可以治療蛇咬等等，總共有數十種類似的例子。有了伯麥的理論之後，草藥醫生便可據以整理並解釋他們所開的藥方。從植物的形狀、顏色和生長方式，便可看出上帝所賦予它們的醫療用途。蘋果花豔麗芬芳，可以用來治療生殖系統和臉部肌膚方面的毛病；顏色鮮紅、氣味辛辣的植物象徵血液和怒氣，可以用來促進血液循環或提振精神。獐耳細辛的紫色葉子有三個裂片，看起來很像肝臟。

這種根據植物外觀來推斷並記憶其藥效的做法，後來被稱為「形象學說」（the Doctrine of Signatures）。這個理論逐漸散播到歐洲各地，引起了科學界菁英的注意。他們嘗試將這個盛行於民間的理論納入當時摩登的占星學。他們宣稱：每一種植物的特色都反映出上帝創造它們的意旨，但要透過宇宙中行星、衛星與恆星之間的複雜關係才能顯現出來。蘋果花是由金星所管理，因此才具有如此的美感與療效；所有與肝臟相關的植物都是由木星管理；而嗆辣的胡椒與辣椒則是由火星主宰。唯有合格的「科學家」才能做出正確的診斷與治療，因為他們通曉這些星座，了解它們對植物和人體的影響。如此這般，這些所謂的科學家一方面斥責那些草藥醫生頭腦簡單，只會胡吹亂蓋，另一方面卻又把這些「鄉下郎中」的草藥用在新式的占星醫學中。

當然，醫界和草藥郎中在這方面至今仍有歧見。占星學中的形象學說如今已經過時。醫生們不再相信上帝會透過葉子的形狀或星星的排列方式，來向人們暗示某種植物的醫療用途。然而，形象學說並不只是無聊的迷信而已。它其實是一種傳播醫學知識的方式，能夠有效的幫助人們整理有關草藥的知識。比起現代醫師用來記住龐大醫療知識的方法，它的內容其實更加豐富，或許也更有條理。有鑑於從前的草藥醫生多數並不識字，有關植物的鑑定和藥效等知識有時又瑣細難懂，形象學說讓那些草藥醫生可以有個對症下藥的依據。所以，形象學說之所以能夠流傳這麼多年，並不是因為我們的祖先頭腦簡單，而是因為它非常實用。

從*Hepatica*這個名字（譯注：在英文中hepato這個字首代表「肝臟」的意思）可以看出：我們的文化習於以植物的用途為它們命名。這類的名稱不時提醒我們，人類對醫藥和食物的需求都倚賴植物來滿足。但這類具有功利主義色彩的名字，也可能會讓我們無法完整體驗大自然的真貌。舉個例子，植物其實並非為了我們而存在。獐耳細辛生存的目的並不是為了服務人類，而是要延續種族的生命，因為早在幾百萬年前人類尚未出現時，獐耳細辛就已經存在於歐洲和北美的森林裡了。同樣的，這類名稱每每將植物歸類到一個特定的族群，但這樣可能無法反映它們在血緣上的複雜性，以及它們之間互相交配的結果。現代的遺傳學研究顯示，我們所謂的「不同物種」之間的界限，其實比我們所想像的更容易跨越。

在這個早春的明亮清晨，獐耳細辛自信的迎迓溫暖的曙光和飛舞的蜜蜂。它提醒我一個事實：這塊曼荼羅地並不受任何人類學說的規範。我就像所有人一樣，因為受到了文化的影響，在這樣的時刻裡，只把一部分注意力放在這朵花上面，其他時間腦海裡縈繞的都是千百年來人類的話語。

March 13
三月十三日

蝸牛

對軟體動物而言，這曼荼羅地無異是一座非洲大草原。一群群的蝸牛在這遍布地衣和苔蘚的寬闊草原上移動。其中最大的幾隻獨自走在崎嶇不平的落葉層上，把那些布滿苔蘚的山坡地留給身手敏捷的年輕蝸牛。我趴在地上，悄悄的爬到一隻位於曼荼羅地邊緣的大蝸牛旁邊，把放大鏡湊近眼睛，再把身子挪過去一些。

透過放大鏡，我的視野完全被這蝸牛的頭占據了。牠看起來像一座用黑玻璃雕成的華美塑像。閃亮的皮膚上綴有一個個銀色的斑點，一條條細小的溝紋順著背脊延伸而下。牠顯然被我的動作弄得有些驚慌，於是收起觸角，弓起背，縮近牠的殼裡。我屏住呼吸，靜止了一會兒，牠才逐漸放鬆。不久牠從下頦處伸出兩根小小的觸角，在空氣中擺動了一下，然後才往下伸，碰到了岩石表面。這兩根觸角像橡膠般富有彈性。它們輕輕的碰觸著那塊砂岩，讀取其上的訊

the forest unseen.

息，就像盲人用手指讀著點字書一般。好幾分鐘後，牠又從頭頂上伸出第二對觸角，而且愈伸愈長，對著曼荼羅地上的樹冠揮舞著。兩根觸角的頂端都有一個乳白色的眼球。我張大眼睛隔著放大鏡看牠，但牠似乎對我這個巨大、怪異的眼球不以為意，仍舊繼續伸長牠的眼柱。此刻，這對眼柱（它們看起來好像是肉做的旗杆）已經伸得比蝸牛殼的寬度還長了，並且正猛烈的左右擺動。

這種陸棲的蝸牛與牠的親戚章魚和烏賊不同。牠們的眼球裡並沒有複雜的晶體和針孔可以形成清晰的影像。但我們無從知道牠們眼中的世界究竟有多麼模糊，因為科學家們無法詢問蝸牛看到了什麼。這種溝通上的困難，使得有關蝸牛視力的研究遲遲無法進展。在這方面，唯一成功的實驗是借用馬戲團訓練師的手法，教導蝸牛在看到某個訊號時便開始吃東西或移動。到目前為止，我們只知道這些腹足綱軟體動物表演家能夠辨識白色測試卡上的小黑點，也能分辨灰色卡片和方格卡片的差異。但據我所知，還沒有人問過蝸牛是否看得見顏色、動作，或馬戲團的火圈。

這些實驗很有意思，但它們都沒有碰觸到一個更大的問題：蝸牛「看」的是什麼？牠們是否像人類一樣，在「看見」方格卡片時，腦海中會浮現這些方格卡片的影像？牠們是否感受到光線的明暗，然後再把這些資訊交給牠們的神經處理，以便做出各種決定、形成各種偏好、得出各種意義？人類的身體和蝸牛的軀體同樣都是由潮溼的碳屑和泥土所組成，因此，如果人類的神經系統可以形成意識，我們又憑什麼認定蝸牛的心智裡不會出現影像？毫無疑問的，牠們所看到的世界必然與我們大不相同，或許像是一部前衛的電影，以各種奇怪的角度拍攝而成，畫面歪歪斜斜、搖搖晃晃。如果人類所看到的電影是由神經所形成，那麼蝸牛可能也有類似的經驗（雖然這聽起來很不可思議）。但目前大多數人還是認為蝸牛的電影院裡根本沒有觀眾，甚至連放映的螢幕也沒有。我們認為蝸牛沒有內在的主觀經驗。牠們的身體就像是一座空蕩蕩的戲院。從牠們的眼睛投射進去的光線只是刺激了牠們體內的管子和線路，使得牠們能夠移動、進食、交配，並維持有生命的外觀罷了。

我正胡亂猜想時，那蝸牛的頭突然一下子冒了出來。只見那圓頂狀的黑殼中間凸出了一團肉結。這個結向前伸出，逐漸拉長，然後這隻蝸牛的頭便正對著我。頭部的中心是一坨冒著泡泡的軟肉，兩隻觸角分別向兩側伸展，成了一個X形。牠那兩片光亮透明的嘴唇也伸了出來，形成一個縱向的口子，然後便整個往下探，用兩片嘴唇貼住地面。接著，這隻烏黑的蝸牛便在牠那細小的體毛與肌肉的起伏推動下，開始在岩石上滑行，宛如漂浮在一座地衣之海上，看得我目不轉睛。

從我趴著的地方，我看到這蝸牛停在幾片地衣和凸出於橡樹葉表面的黑色真菌之間。當我抬眼看著放大鏡上方時，一切便瞬間消失了。在比例放大之後，這世界突然變成了另一種面貌。真菌已經不復可見，蝸牛在各種較大的東西襯托下，也顯得微不足道。然而，當我把視線移回放大鏡底下的世界，又再次看到蝸牛生動的觸角以及黑底銀紋的優美體色。放大鏡讓我得以飽覽大自然令人驚嘆的美感。這些都是我們平時受限於人類的視力所無法享受到的樂趣。

當太陽從雲朵後面露臉時，我的蝸牛守望活動便宣告結束了。此刻，早晨的溼氣已經逐漸散去，眼前這隻蝸牛也朝著一塊巨岩（在人類眼中它只是一塊小石頭）爬了過去。牠抵達那兒後，便用一隻觸角碰了一下那塊岩石，然後把頭整個往後一仰，像橡皮筋一樣逐漸拉長，直到牠的脖子和頭長得像長頸鹿的一般。最後，牠的下頦碰到了石頭，並且整個攤平在上面，然後牠一用力，身體便離開了地面，彷彿吊單槓時的「引體向上」動作一般，只是牠根本不必用到手。就這樣，牠的身體無視於地心吸引力的作用，彷彿變魔術一般上升到岩石表面，然後頭下腳上的倒掛著，繼續爬行，最後終於進入了岩石中間的縫隙。我抬起頭來，看著放大鏡上方的世界，發現整座「大草原」變得空蕩蕩的。那些蝸牛已經在陽光下消失無蹤了。

March 25

三月二十五日

短命春花

在這個時節，我走到曼荼羅地時，必須要很小心才行，因為我每跨出一步，都有可能會踩爛六、七朵野花，於是我只好步步為營，以免走過之處留下滿徑落紅。放眼望去，只見山坡上處處綠葉白花，落葉層上也有一半的地方都長滿了剛剛冒出來的枝葉與花朵。

一路上，我留意著自己的腳步，但早春的蝴蝶和遷徙中的鶯鳥在我頭頂的天空中飛來飛去，每每讓我分神。一隻北美多角鉤蛺蝶（eastern comma，一種赤褐色的蝴蝶，因為後翅上有白色的螺旋圖案而得名）掠過我的頭頂，停在一株山核桃的樹幹上。牠原本躲在裂開的樹皮下冬眠，如今也被這溫暖的陽光喚醒。斷崖上傳來兩隻鶯鳥的歌聲。其中一隻是黑喉綠鶯（black-throated green warbler），另一隻則是黑白苔鶯（black-and-white warbler），兩者都剛從中美洲回來。森林裡再度洋溢著無限的生機，從四面八方洶湧而來，讓我精神為之一振。

the forest unseen.

走到曼荼羅地時，我看到了滿地繁星般的白花。上百朵花兒正在向這個世界展示它們燦爛的姿容。其中最矮的是春美草（spring beauty）。它們和紫色的獐耳細辛長在一起，花瓣是白色的，上面有著粉紅色的條紋。曼荼羅地的邊緣則有幾株剛長出來的唐松草（rue anemone）。它們開著下垂的白色花朵，距離落葉層約一根手指那麼高。最高的是齒齡草，剛剛超過我的腳踝。它的花莖硬挺，頂端長著一簇簇有著長形花瓣的白花。每一朵花下面都有一叢青翠茂盛的枝葉，從地上已經乾枯的落葉層中冒了出來，顯得生機勃勃，和曼荼羅地上方那些枯槁蕭瑟、尚未萌芽的樹木形成了強烈對比。

趁著這些樹木仍處於停滯的狀態，野花們要加緊繁殖和生長，以免樹冠長密後會遮蔽它們生長所需的陽光。儘管三月的太陽位置仍偏低，但是當我坐在那兒時，脖子後面仍然被曬得發燙。如今正是一年當中樹冠下方光線最強的時節。冬天的惡勢力已經被推翻了，花朵如繁星般綻放，昆蟲鳥獸也開始現蹤。

此刻妝點著曼荼羅地的這些植物，合稱為「短命春花類」（spring ephemerals）。這個名字充分表現出它們在春天時競相綻放，燦爛宛若流星，到了夏日則迅速凋謝的特質，但事實上，它們並不「短命」，因為它們在地下可以活得很久。這些春花都來自地下的「倉庫」，其中有些是從我們看不見的地下莖（被稱為「根莖」）長出來的，有些則是從球莖或塊莖冒出來的。它們每年都會定時長出花葉，凋謝之後便繼續在土裡保持休眠狀態。因此，它們之所以能在春天時露出地面，是因為它們在前一年已經事先貯備了養料。一直要到它們的葉子長出來以後，它們才能靠光合作用製造養分。這樣的策略使它們得以在曼荼羅地這個陽光不足的艱困環境中存活至今。有些地下莖每年橫向生長幾公分，逐漸遍及整座林地之下，至今可能已經活了好幾百年。它們靠的便是春天時從短短幾個星期的陽光中所獲取的能量。

這些短命春花在長出葉子之後，會以極快的速度吸收陽光和二氧化碳。此時，葉子上的氣孔會充分張開，葉片裡也充滿酵素，準備用空氣來製造養分。這些短命春花是森林裡的速食主義者：它們吃得很快，以便能趕在樹木把陽光擋住之前把自己餵飽。它們靠明亮的陽光來滿足自己旺盛的胃口。它們那處於亢奮狀態的身軀無法忍受陰暗的光線。

曼荼羅地上的其他植物步調就沒有這麼快了。位於獐耳細辛和春美草之間的延齡草（toadshade trillium）長出了三片有斑點的葉子，但它並不急著長大。它的葉片裡沒有多少可以用來轉化陽光能量的酵素，因此無法長得像那些短命春花一樣快。但等到樹冠層閉合時，它們這種「省吃儉用」的作風便有了報償。這是因為植物在低酵素的狀態所消耗的熱量較少，所以到了夏天陽光較少時，它們就可以一顯身手了。每年這個時節，曼荼羅地上的植物都要開始一場賽跑，以爭取這裡有限的空間。在經過演化之後，每種植物的跑步風格各不相同：卡羅來納春美草是拚命衝刺的肌肉男，而延齡草則是精瘦結實的長跑選手。

短命春花熾烈鮮豔的生命，使得森林裡的其他部分也連帶有了生機。它們那不斷茁壯的根部會吸收土壤裡原本會被春雨沖走的養分，將它們留住，使了無生氣的沉鬱土壤為之復甦。它們的根會分泌一種充滿營養的膠質，在長著鬚毛的根尖周圍形成一層保護套。在這個狹窄的護套裡，細菌、真菌和單細胞生物的數量是其他地方的一百倍，為土壤中的線蟲、小蝨子和微小的昆蟲提供了食物。但泥土裡較大的生物也會以這些線蟲、小蝨子和小昆蟲為食，例如此刻我所看到的這隻蜈蚣。牠的體色是鮮橘色的，當牠穿梭在曼荼羅地上時，身體隱隱發出微光。這隻蜈蚣的體長超過我的手掌寬，體型碩大，因此當牠爬行在花朵（牠生命的源頭）之間時，我還能看見牠腿上的每一個環節。

幾天前，當我正凝視著曼荼羅地上的短命春花時，注意力突然被一隻比蜈蚣更凶猛的生物打斷了。我看到一團約手掌大的灰色毛球從地裡竄了出來，然後便像一團被吸進吸塵器裡的塵絮一般，迅速鑽進另外一個地洞裡。幾分鐘後，我聽見曼荼羅地的彼端，傳來窸窸窣窣的聲響以及「吱吱吱」的尖銳聲音。從牠煤灰色的毛皮和又短又粗的尾巴看來，我知道那是一隻短尾鼩鼱。有「落葉層魔鬼」稱號的牠，正在這曼荼羅地上覓食。

鼩鼱的生命短暫而極端。牠們當中只有十分之一能夠存活超過一年，其餘的都因為新陳代謝速度太快而衰竭死亡。鼩鼱由於呼吸速度極快，無法在地面上待很久，因為地上乾燥的空氣會使牠們的身體脫水並因而死亡。

鼩鼱獵食時會先撲過去把獵物咬住，然後把牠有毒的唾液灌入後者體內。有時牠們會把捕捉到的動物殺死，有時則將獵物痲痹後關進一座恐怖的地牢內（裡面裝的都是一些仍然活著但卻動彈不得的獵物）。牠們非常凶猛，看到什麼就吃什麼。哺乳動物學家對牠們傷透了腦筋。如果他們所設下的陷阱同時抓到幾隻老鼠和一隻鼩鼱，那麼等他們回去察看時，陷阱裡往往只剩下一堆骨頭和一隻憤怒的鼩鼱。

我所聽到的吱吱聲，只不過是鼩鼱所發出的聲音中頻率較低的一種。其他聲音大多頻率太高，以致我的耳朵聽不見。這些高頻的叫聲是鼩鼱的「聲納」。牠們先發出超音波的「卡嗒」聲，然後再傾聽那些反射回來的聲波，利用「回聲定位法」在地道中找路或偵測獵物所在的位置。因此，鼩鼱像是一艘「地下潛艇」，主要是靠聲音來導航。牠們的眼睛很小，是否能看得見影像？還是只能看到明暗交錯的光影？在這方面，哺乳動物學家的看法不一。鼩鼱的視力就像蝸牛一樣，至今還是個謎。

在土壤裡的食物網中，鼩鼱高居最頂端的位置，只有貓頭鷹才會吃牠們。其他生物都忌憚牠們那凶猛的牙齒和氣味刺激的臭腺，看到牠們都退避三舍。

事實上，鼩鼱和人類有些血緣關係，因為人類的祖先（也就是最早的哺乳動物）就是像鼩鼱一般、讓當時（中生代）的蝸牛和蜈蚣聞之色變的生物。牠們會發出尖銳的聲音而且非常凶猛，居住在黑暗的地道裡過著步調極快的生活。事實上，我們人類目前的處境何嘗不也是如此。幸好，我們的毒牙和臭腺已經退化。

短命春花影響的範圍不只是地下而已。它們也引發了地面上植物的盎然生機。小黑蜂穿梭在卡羅來納春美草的花朵之間（牠們對其他的花沒有興趣），不時埋頭狂飲那些被我們稱為「花蜜」的濃糖水，然後便擺動著腳穿過那些裝滿花粉的粉紅色花藥，出來時牠們的後腳下方都會沾上一粒粒粉紅色的花粉，使牠們看起來像是一顆顆灑著粉紅色糖霜的巧克力糖球。然後牠們就帶著這些花粉飛走了。

這些飛來飛去的巧克力糖球都是雌蜂。牠們剛從冬天的藏身處出來，各自忙著在柔軟的土壤或老舊的木材上尋找新的築巢地點。找到之後，便開始在新家挖掘通道，並分泌出一種有光澤的物質，用來塗抹蜂房的牆壁。這種分泌物可以鞏固牆壁，並具有防水的功能，使得嬌弱的幼蜂不致被水弄溼。母蜂會先把花粉和花蜜混合起來，形成一顆球，然後在球上產下一個卵，再把它封入一間用泥土隔間的小巢室。蜜蜂的幼蟲孵化便以這個花粉球為食，直到好幾個星期之後才離開巢室。因此，我們可以說牠的全身都是用花做成的，而且此後也將繼續依賴花粉與花蜜維生，不吃任何別的食物。所以，蜜蜂是道道地地「花的力量」的產物。

在生長於森林地帶的蜜蜂當中，有些種在離開自己生長的蜂巢後會飛到別的地方去獨立繁殖。但有許多種的林地蜂會選擇放棄產卵的機會，留在家中成為母親的助手，扛起尋找食物的責任，讓母蜂可以專心產卵。這種「共同性」（communality）的表現是受到兩種力量的影響，一個是外在的因素，一個則與蜜蜂的基因有關。

當環境很擁擠時，蜜蜂留在家中的意願會增強。這是因為大多數林地都有太多石頭，要不就是太過潮溼或是落葉層太厚，令蜜蜂難以築巢，因此牠們之間爭奪新築巢地點的情況非常激烈。那些想要自行成家的雌蜂必須面臨很高的失敗風險。因此，留在家裡是比較安全的選擇。畢竟，牠們既然能在這裡出生，就表示這個家是良好的築巢地點。

除了環境方面的因素外，牠們之所以會選擇留下來擔任母親的幫手，也是受到基因的影響。由於雌蜂是由受精卵孵化而成（母蜂在秋天與公蜂交配時會將精子儲存起來，之後再讓自己的卵子受精），因此牠們就像人類一樣，擁有兩組染色體，一組來自母系，一組來自父系。反觀雄蜂則是由未受精的卵孵化而成，因此身上只有一組來自母親的染色體。所以蜜蜂所有的精子細胞都一模一樣。這種奇特的基因系統造就了更為奇特的親緣關係。同一個蜂群裡的姊妹彼此的血緣非常緊密，可以說是一個超強的「染色體姊妹會」。人類的手足之間平均有一半的基因是相同的，但蜜蜂姊妹所共享的基因卻遠甚於此。牠們得自父親的那一半ＤＮＡ都是一樣的，至於遺傳自母親的那一半則是大家均分。因此，牠們得自父母的基因平均有四分之三是相同的。如果母蜂交配的對象超過一個，則牠們的基因相似度會略微下降，但仍然高得足以影響演化的過程。

一般來說，那些照顧自己的近親而非遠親的動物才會有演化的機會。這通常意味著：養育屬於自己的下一代才是最佳的策略。但雌蜂的基因使得她們除了離家自行繁殖下一代之外，也願意留在家裡擔任母親的幫手。因此，當母蜂在蜂巢裡產下一窩受精卵時，她等於是生下了一群認為離家獨立會有風險、寧可選擇待在家裡的女兒。但她的兒子們（雄蜂）由於受到不同驅力的影響，並不會因為基因的緣故而產生待在家裡的意願，於是他們便像公子哥兒一般在蜂巢附近閒晃，悠哉游哉的尋找花蜜，並將所有精力用來追求處后蜂（virgin queen）。但他們的姊妹們對他們可沒什麼耐性，有時會將他們趕出蜂巢。

事實上，蜂巢裡的衝突並不只存在於兄弟姊妹之間。工蜂有時也會偷偷在蜂房裡產卵。這時后蜂就會吃掉那些卵，並分泌出一些氣味，抑制女兒們目無尊長的行為，讓她們不再產卵。如此便更加強化了基因對雌蜂的影響。冬天時，有些雌蜂會合力建造一座蜂巢，然後彼此競賽，看誰能產下最多的卵。勝利者通常會成為后蜂，但其他雌蜂仍會繼續試圖產下自己的卵。

除了家人間的衝突之外，蜂巢還可能面臨其他災難。巢中那些無力自衛的幼蟲和集中存放的花粉和蜂蜜，往往會成為掠奪者覬覦的對象。今天我在曼荼羅地的花叢上方，就看到許多會掠奪蜂巢的動物。其中最「專業」、最有效率的，莫過於蜂虻了。成年的蜂虻是無害的，甚至看起來頗有喜感。牠們會擺動牠們那有如雞毛撢子一般蓬鬆的橘色身軀，在花間穿梭，用一根堅硬的口器吸食花蜜，模樣既滑稽又可愛。但是當蜂虻媽媽把她的卵產在一座蜂巢前面時，情況就完全改觀了。這個卵孵化成幼蟲後，會爬進蜂巢裡，大啖裡面的花粉和蜂蜜，然後蛻變成一隻肉食性的小蟲，霸占幼蜂的巢室，並且把幼蜂吃掉。當牠吃飽喝足之後，就會把自己包裹起來，在地底下耐心的等待。等到第二年春天，那些短命春花引爆曼荼羅地的生機時，牠們就會從地下的蛹裡爬出來，由「掠奪者」搖身一變，成為可愛的小丑。

我觀察著曼荼羅地上的蜜蜂和蜂虻，發現牠們的行為都有個固定的模式。成年的蜂虻看到每一朵花，都會停下來吸花蜜、吃花粉，並不在意花的種類，但蜜蜂就比較挑剔了。牠們特別偏愛春美草，不喜歡唐松草和獐耳細辛，因為後者的花朵裡沒有花蜜。事實上，昆蟲和花之間存在著各式各樣複雜的關係，這只不過是其中一小部分而已。每年春天，這座森林裡有成千上百種昆蟲和花草都在進行互動，個個都試圖為自己的後代爭取存活的機會，有的以蜜糖來賄賂他人，有的收取別人的津貼，幫忙搬運花粉。有些雖然頻繁光顧，但在傳粉時卻常有失誤，例如蜂虻。有些儘管不常上門，卻能有效傳粉，例如那些挑剔的蜜蜂。

花與昆蟲之間相互依存的緻密網絡，是在一億二千五百萬年前開始形成的。當時最早的花剛剛出現。目前科學家所發現最古老的花化石，被稱為古果（*Archaefructus*）。這朵花並沒有花瓣，但花藥頂端卻有類似旗子的東西。描述這個化石形狀的植物學家認為，這種旗子狀的延伸構造可能是用來吸引傳粉媒介的。其他一些古代的花似乎也是靠著昆蟲傳粉。這更加證明早在史上最初的花出現時，昆蟲和花就已經形成了夥伴關係。沒有人知道這樣的夥伴關係是如何形成的，只知道開花植物有可能是由一些類似蕨類的植物演化而成。後者所製造的孢子吸引了那些喜歡揀現成的昆蟲前來覓食。這原本會是一場災難，但這些植物把昆蟲的掠奪轉化成一股助力。它們先用顯眼的裝置吸引昆蟲，然後再大量製造孢子，使得昆蟲在進食時身上不免會沾上一些孢子。如此這些昆蟲便有可能在無意間把一部分孢子傳播到下一朵花上，提高了孢子母株的繁殖機率。最後，這些孢子被包覆起來，形成了花粉粒。於是，一朵真正的花便誕生了。曼荼羅地上的蜜蜂和春美草之間所上演的，便是這齣古老的戲碼。這些蜜蜂（應該說是蜜蜂幼蟲才對）把牠們所採集來的花粉吃掉大半，真正傳播成功的花粉只占其中一小部分而已。

時至今日，花與昆蟲間的關係本質依舊，但細節和形式則變得繁複許多。如今，當昆蟲們飛過曼荼羅地時，想必會有眼花撩亂、目不暇給的感覺：各式各樣的氣味、「廣告看板」與誘惑物，都試圖將牠們吸引到花兒的「店面」裡。其中，蜂虻是屬於來者不拒、見花就採的那一型。但大多數蜜蜂都比較挑剔。有時，這種挑剔的行為會造成生物的「特化」（specialization）現象，使得花兒們會為了迎合某一種昆蟲的喜好而做出改變，或讓昆蟲獨鍾某一種花。其中最極端的例子便是蘭花。它們的花朵無論氣味或外型都很像一隻雌蜂，藉此誘使雄蜂前來交配，讓那些興致勃勃前來追求佳偶的雄蜂都變成替它們運送花粉的郵差。

曼荼羅地上就有一些已經出現特化現象的花，例如齒齡草。它的花朵呈細管狀，使得體型較小的蜜蜂不得其門而入。只有那些舌頭較長的蜜蜂和蜂虻，才能把口器伸進那狹窄的管子裡吸食花蜜。有些種的蜜蜂只吃春美草的花粉和花蜜，而牠們之所以獨沽一味，是為了想要提高採花的效率。但這樣明顯的特化例子並不普遍。曼荼羅地上的植物和傳粉昆蟲大多還是喜歡「雜交」。這是因為春天非常短暫：早春時，天氣太冷，傳粉的昆蟲無法飛行；等到森林的樹冠層長密後又會遮蔽陽光，使得花兒無法獲取能量用以生長和製造種子。因此，它們沒有挑剔的本錢。只要能夠幫助它們傳粉的昆蟲，無論是專情的蜜蜂還是花心的蜂虻，它們都很歡迎。因此，除了齒齡草之外，曼荼羅地上所有植物的花朵都呈杯型，讓各種昆蟲都得以一親芳澤。此刻，這些短命春花正競相盛開，演出一場繽紛絢爛的歌舞秀，歡迎林地上的所有傳粉昆蟲前往觀賞。

April 02
四月二日

鏈鋸

我坐在曼荼羅地上，突然聽見森林的彼端響起「嘎嘎嘎」的機器聲，感覺煞是刺耳，顯然有人正在林地東邊的某個地方用鏈鋸切割木材。然而，這一片老生林是保護區，應該沒有人會做這種事才對。於是我離開曼荼羅地，前去看個究竟。在手腳並用的穿過一座堆滿石塊的山坡，爬上一條溪流的堤岸後，我終於找到了聲音的來源：一組高爾夫球場的維修人員正在砍伐森林上方一座斷崖邊緣的一株枯木。這座高爾夫球場一直延伸到斷崖邊，而枯死的樹木顯然不符合他們的審美標準。這些維修人員把枯木鋸倒後，便用推土機將它推下斷崖，然後便去幹別的活了。

眼看一座斷崖被用來當成丟棄廢料的滑槽，真是讓人氣憤，不過這棵被丟棄的枯樹倒是可以為蠑螈提供更多的棲地。幸好那些人砍的不是斷崖下方的老生林。曼荼羅地上的野花之所以

the forest unseen.

能夠如此得天獨厚的盛放，是因為這座山坡從未遭遇鏈鋸的毒手。此外，蠑螈、真菌和非群居的蜜蜂，也在那橫一根、豎一根的巨大倒木和厚厚的落葉層中如魚得水。砍伐林木，尤其是大面積的砍伐，會使得這些棲息在林中的生物大量滅絕，要花好幾十年甚至好幾百年的時間才能逐漸恢復原有的數量。

山坡上的樹木被砍光後，森林裡原本堆滿腐爛落葉的潮溼土壤變得像磚塊一般乾硬，使得那些在土裡築巢的蜜蜂、溼背蠑螈（wet-backed salamander）和短命春花的地下莖因脫水而死亡。唯有森林裡再度出現落葉層、樹冠和枯木時，這些生物才會逐漸回來，但這個過程非常緩慢，因為這段期間森林裡缺少老朽的枯木可供這些生物棲居，而且花兒和蠑螈散布的速度原本就慢。

但這又如何？我們有必要為了保存春天時森林裡的生物多樣性，而節制自己對木料和紙張與日俱增的需求嗎？難道花兒們不能自謀生路嗎？畢竟，森林受到擾動是很正常的事。所謂「大自然的平衡」已經是一個老掉牙的觀念，早在幾十年前就過時了。如今，我們把森林視為一個「動態的體系」，不時被風、火和人類所擾動，恆常處於變動不居的狀態。事實上，我們可以反過來問：從前往往有大片的林地在森林火災中付之一炬，但在人為的抑制下，近一百年來森林火災已經鮮少發生。在這種情況下，我們是否「有必要」去砍伐一些林地，以取代從前森林大火所扮演的角色呢？

針對這些問題，目前各種學術會議、政府報告和報紙社論中相關的論戰愈來愈多。我們是否有必要砍伐森林？還是要禁止砍伐，讓我們的森林有時間可以慢慢復原？我們喜歡以大自然為師，但大自然就像「三一冰淇淋」一樣提供我們各式各樣的選擇：關於森林的生命週期，你要的是什麼口味？是像冰河時期一般全面受到摧毀？還是像古代的山林一樣寧靜不受打攪？或是像夏天的龍捲風一樣一掃而過？

這回，大自然照例沒有提供我們答案。其實應該說：大自然反問了我們一個道德上的問題：我們想要仿效大自然的哪一個部分？我們是否想如冰河一樣，全面管制、毫不放鬆，然後每隔十萬年才退卻一次，讓森林可以慢慢的恢復原狀？還是我們想效法火和風，每隔一段時間便找個地方來砍伐一番？我們「需要」多少木材？我們「想要」的又是多少？這些都是「時間」和「程度」的問題。我們可以每二十年進行一次砍伐，也可以每兩百年進行一次砍伐；我們可以有特定的目標，也可以漫無目的；我們可以把森林裡的樹木都砍光，也可以只取其中數棵。

我們社會對這個問題的答案取決於數百萬地主的價值觀，同時也受到經濟情勢和政府政策（這是操控我們社會的兩隻笨拙的手）的影響。目前我們的森林已經被土地測量線切割得支離破碎，有如一面爆裂的擋風玻璃，因此全國各地的做法不同。不過，情況雖然混亂，大體上還是有一些模式可循。可以說，目前我們對森林的做法既不同於冰河時期，也不同於暴風，而是一種全新的模式。我們對森林造成的改變規模直逼冰河時期，只是速度快了一千倍。

十九世紀時期，在我們的砍伐之下，森林裡的樹木減少的數量更勝於十萬年的冰河期所造成的結果。當時，我們用斧頭和手鋸砍伐林木，把砍下的木材用騾子和軌道車運走。那些遭到砍伐的森林在經過這般大規模的人為擾動後，雖然後來樹木又逐漸長了出來，但已經失去原有的豐富多樣性。這種砍伐方式好比一場具有冰河期規模的暴風，但就手法的粗糙與混亂程度而言，與颶風倒有幾分相似。

如今，由於石油價格低廉再加上我們擁有昂貴的現代科技設備，我們和森林的關係已經進入了第二個階段。我們不再以人工的方式砍伐，也不再以動物或蒸汽火車載送木材，而是以汽油引擎來進行所有的工作。這更加速了我們對森林的壓榨，增強了我們對它的控制。此外，靠著石油的力量和人類的聰明才智，我們現在又有了一個新的工具：除草劑。在過去，森林的再生能力使得我們無法完全決定林地的未來，因為林木被砍伐之後會再度長回來，準備承受千百萬年風災和火災的洗禮。但現在，我們手上有了「化學抑制劑」這項利器，可以讓樹木再也長不出來。我們先用各種機器砍伐森林，然後再用推土機清除剩餘的「碎屑」，接著我們便以直升機在殘餘的林地上噴灑除草劑，防止草木再生。我曾經站在一些砍伐後的林地中央，放眼望去，周遭幾乎看不到一點綠意。在田納西州草木蓊蘢的夏日裡，這是一個很特別的經驗。

我們的這一切作為都是為了建造一種新形態的森林，專門種植那些生長快速的樹木，然後再根據樹種和土壤的性質，用肥料噴灑那些樹木，以補充它們離開老式的森林之後所缺乏的養分。以這種方式培育的林場乍看之下有點像森林，但裡面的花鳥樹木種類已經大減，其生物多樣性甚至還不如郊區人家的後院，所以根本不能算是真正的森林。

這類林場能夠變成真正的森林嗎？根據我們從冰河時期所學到的經驗，這種規模的滅絕是可以被逆轉的，但無法在數十年間達成，而是需要幾千年的時光。但現在還不到提出這個問題的時候，因為我們以人為方式造成的冰河期效應依然持續進行。美國東南部每一種主要的原生林都在日益縮減當中，只有林場的面積與日俱增。

這種改變前所未見，而且規模大、強度高，無疑已經對森林的生物多樣性構成了威脅。我們是否要針對這個問題採取對策？又該採取什麼樣的對策？這是一個道德性的議題。在這方面，大自然似乎沒有為我們提供任何答案，因為大規模的滅絕原本就是它慣用的手段之一。此外，與道德有關的議題也無法靠我們的社會所慣用的政策智庫、科學報告或法律訴訟等方式來解決。我相信唯有透過對個別曼荼羅地的觀察，對森林生態進行全盤的了解，我們才能找到答案。我們唯有仔細的探究人類所賴以生存並繁衍的大自然結構，才能看出自己所在的位置，並因而明瞭自己該負的責任。當我們親自接觸、體驗森林時，會變得比較謙卑，並且會從一個更寬廣的角度來看待自己的生命和慾望，而這樣的觀點正是所有偉大道德傳統的起源。

曼荼羅地上的花朵和蜜蜂能夠回答以上這些問題嗎？我想，它們雖然無法提供直接的答案，但是當我凝視著一座生態豐富的森林（這種森林存在的意義超越了個人的價值）時，腦海中浮現兩個直覺。第一，破壞自然就等於拒絕、甚至摧毀生命所賜予我們的禮物。這樣 份禮物即便在那些實事求是的科學家眼中都顯得無比珍貴，但我們卻為了創造一個不協調而且無法永續的世界而拋棄了它。其次，把森林變成工廠是一種非常短視近利的做法。即便是那些贊成採用化學藥品來大幅改變森林形貌的人士也不得不承認：我們把地力耗盡後再棄之不顧的做法，已經逐漸敗光了自然的資本。然而，有鑑於人們對廉價木材的消耗量急速增加，我們便在「經濟必要性」的口號下，堂而皇之的採取了這種輕率鹵莽、不知感恩的做法。這正顯示我們內心的傲慢與迷失。

問題並不在於木材或木材製品（例如紙張）。木材可以幫我們遮風避雨，紙張可以為我們的心靈提供滋養。這些無疑都為我們帶來了好處。更何況，木製品遠比鋼鐵、電腦和塑膠等替代物更加永續（後者必須使用大量的能源與無法再生的大自然產物）。事實上，我們目前森林經濟的問題在於，我們取用木材的方式並不平衡。我們的法律和經濟活動只重視短期的開採利益，忽略了其他的價值，但我們不一定非這樣不可。我們可以設法重回過去審慎管理的模式，以維護人類和森林長期的福祉。但要做到這點，我們必須保持安靜、謙虛的姿態。在曼荼羅地這樣的地方凝視自然，會讓我們遠離混亂，並且多多少少恢復道德視野的清明。

April 02

四月二日

花

the forest unseen.

曼荼羅地上百花怒放，數量多得出奇。我試著加以計算，但數著數著就糊塗了：究竟是二百八十朵，還是三百二十朵？總之，這一平方公尺的土地上滿滿的都是花，而它們的僕從也隨侍在側，身穿毛茸茸的帥氣服裝，「嗡嗡嗡」的飛來飛去，忙著伺候「花兒女王」。我加入了牠們的儀式，屈膝跪下，然後便趴在地上，把放大鏡湊近眼前。

有一朵繁縷花（Chickweed）已經盛開了。它的花蘗有如噴泉一般從花朵中伸展開來。位於花朵中央的子房呈圓頂狀，周圍鑲著一圈奶油色的細長花絲，花絲的頂端便是一坨坨黃褐色的花粉粒。這些花絲從子房處往外伸展，使得花粉遠離這朵花的柱頭（花粉著床的地方）。繁縷花共有三個柱頭，位於洋蔥狀的子房頂端，每個柱頭都等著被一隻身上沾有花粉的蜜蜂拂過。

柱頭的表面布滿密密麻麻、只能從顯微鏡裡看到的小手指，一根根向上伸展著，預備擁抱花粉粒。如果花瓣有足夠的本事招來蜜蜂，這些黏搭搭的柱頭就可以留住那些表面粗糙的花粉粒。一旦花粉粒被黏住了，柱頭就會開始加以評估，把不同物種的花粉剔除。此外，它也不接受自家或近親的花粉，以免出現自體受精或近親繁殖的現象。但如果一直碰不到合適的花粉，有些物種的花在別無選擇的情況下，也會破例進行自體受精，例如那些在早春開花的獐耳細辛。對這些花草而言，在天氣異常寒冷、傳播花粉的昆蟲無法飛行的時候，自己愛自己總勝過沒有人愛。

如果媒合的過程進行順利，柱頭的細胞便會分泌汁液和養分，將花粉粒的堅硬外殼加以溶化。這時，花粉粒內的一對細胞會開始膨脹，將花粉粒的外殼撐裂。較大的那個細胞會像阿米巴變形蟲一樣，從裂開的花粉殼中伸出來，鑽進底下的柱頭細胞中間，形成一根管子。每個柱頭都位於一根柱子（被稱為「花柱」）的頂端。花粉管會穿過花柱的細胞一路往下延伸。如果花柱是中空的，它就會像一滴油一樣，沿著花柱的內壁往下流淌。花粉粒內另一個較小的細胞則會開始分裂，形成兩個精子細胞，然後便像河裡的筏子一樣，沿著花粉管往下漂流。但和動物、地衣和蕨類的精蟲細胞不同的是：這些筏子並沒有槳。它們的移動方式完全是被動的。

花柱之所以要有一定的長度，是因為它需要把柱頭高舉到蜜蜂碰得到的地方。這樣的長度對花粉管形成了很大的挑戰，也剛好讓植物可以藉此評估追求者的實力。落在每一個柱頭上的花粉粒有許多個，因此花柱裡可能同時有好幾根花粉管在生長。在這種情況下，花柱就成了這些「花粉馬」的賽馬場。各個花粉的精子細胞會騎著它們的花粉管競相奔向胚珠（裡面有這株植物的卵子），萬一比賽輸了，它們的基因就滅絕了。有若干證據顯示，健康的植物所製造的花粉管長得比較快，因此花柱的長度讓花兒得以選出那些身家比較雄厚的配偶。如果純粹是為了攔截蜜蜂，花柱或許不需要這麼長。但它之所以長得較長，可能就是為了讓那些「花粉馬」不得不賣力的跑上一回吧！

花粉管抵達花柱的基部時，就會鑽進那個多肉的胚珠，然後把兩個精子細胞都釋放出來。其中一個精子細胞會和卵子結合，形成一個胚芽。另一個精子細胞則會與其他兩個小小的植物細胞的ＤＮＡ結合，形成一個有著三組ＤＮＡ的較大細胞。這個細胞會開始分裂、變大，成為一個儲存食物的區域，以供應成長中的種子所需。這也就是被人類用來做成麵粉或玉米粉的東西。這種雙重受精的方式是開花植物獨具的特色。其他生物的生殖過程都只需要一個精子細胞和一個卵子細胞。

在我放大鏡前的這株繁縷是雌雄同株的植物，每一朵花裡都有花粉（雄性）和卵子（雌性），並具備所有必要的生殖器官，包括花粉粒、負責製造和儲存花粉粒的花藥、負責把花藥舉高的花絲、柱頭、花柱，和一個包含卵子的子房。這些器官全都擠在一個花杯內，旁邊則環繞著用來吸引昆蟲目光的有色花瓣。如此小巧、複雜而井然有序的設計，讓花朵具有引人注目的效果。

曼荼羅地上的短命春花都是雌雄同株的植物。這樣的生殖策略很適合像它們這樣在一個時間短暫、氣候多變的季節裡只開幾朵花的小小植物。由於它們的花裡同時有雄性和雌性的生殖器官，因此它們在必要時可以進行自體繁殖。此外，它們也可以藉此分散投資風險，提高繁殖的機率，確保它們的基因至少有一部分可以傳給下一代。其他植物，例如橡樹、胡桃樹和榆樹等許多靠風力傳粉的樹木，則是採用不同的策略：製造大量的單性花朵。在這種情況下，每一朵花都負有特殊的任務，要不就是散布花粉，要不就是從風中捕獲花粉。

曼荼羅地上的植物雖然都是雌雄同株，但每一個物種的花朵構造卻有明顯的不同。獐耳細辛的花中央有一簇柱子狀的花柱，花藥則密密的環繞著這些花柱。裂葉紅毛七（blue cohosh）的花朵呈淡淡的象牙色，子房像個球根，上面長著細小的柱頭，但花藥卻是球形的，蹲踞在子房的周圍。齒齡草的的花瓣閉合成鞘狀，把花藥藏在中間。只有春美草的花朵和繁縷有些相像。它有三根垂著頭的花柱，頂端分別有三個柱頭，周圍環繞著五根有著粉紅色花藥的花絲。

每一種花朵形狀都反映了該種植物的傳粉昆蟲的口味，但也受到其他因素的影響，只是這些因素較不明顯。舉例來說，那些會偷盜花蜜的昆蟲對植物花朵的形狀就有很大的影響。此刻，我眼前就有一隻螞蟻正把頭埋進春美草的一朵花裡面。我用放大鏡觀察牠，看到牠繞過花粉和柱頭後，便把身體倒掛著，開始偷取那些甜甜的花蜜。這是花朵把花杯敞開、歡迎各種傳粉昆蟲前來時所必須付出的代價：一旦你太好客了，就會有人想來揩油吃白食。春美草的花所採取的是最開放的策略——它把花蜜放在敞開的花杯內，任何昆蟲都能進來享用，因此它也最容易遭殃。獐耳細辛和唐松草雖然也有開放式的花杯，但它們都沒有花蜜。這些無蜜的花朵沒有遭竊之虞，不致平白損失自己的能量，但也比較無法吸引蜜蜂。齒齡草把花蜜放在一根細細長長的管子裡，使得螞蟻不得其門而入，但也因此限制了上門蜜蜂的數量，因為不是每一種蜜蜂都可以把口器伸到它的花杯深處去吸取花蜜。

花的形狀也會受到植物和其花朵壽命的影響。開了幾天就凋謝的花（例如春美草的花）會急著吸引傳粉的昆蟲，因此它們傾向採取波西米亞式的作風：為了得到蜜蜂的一吻，它們會不顧任何風險。如果在獲得蜜蜂眷顧之際，同時也有一些混混上門，那也只有隨它去了。相形之下，壽命較長的花朵就有本錢表現得端莊拘謹一些。它們可以不供應花蜜，也可以把花杯閉合起來，因為它們知道早晚會有適合的對象前來求親。此外，開花植物本身的壽命也是「開花經濟學」所考量的因素之一。所有的短命春花都是從地下根或地下莖冒出來的多年生植物。如果某一個地下莖已經活了三十年，它當然比較有本錢，可以不那麼急著尋找傳粉者。但壽命較短的地下根可能就會比較願意容忍一些前來白吃白喝的食客。這兩個因素（開花期的長短與植物本身的壽命）說明了同一件事情：愈是短暫的生命愈要活得燦爛。

因此，花兒們必須精打細算，在傳粉的需求與遭竊的風險之間取得平衡。最終的結果不僅取決於那些在曼荼羅地上飛來飛去的昆蟲，也取決於植物本身的血統。物競天擇的過程會逐漸改變植物的基因，因此每一朵花的形狀都是由它的血統所決定。不同的植物家族有不同的配備，使得它們往特定的方向發展。

獐耳細辛和唐松草都是毛茛屬（*Ranunculus*）的植物。所有毛茛屬的花都沒有花蜜，而且花型是敞開的。大繁縷則屬於石竹科（the pink family）。石竹屬（*Dianthus*）是一種氣味香甜的庭園花卉，英文俗名為pink，但此字也有「粉紅色」的意思。由於它的花瓣邊緣呈鋸齒狀，因此裁縫師用來把布料的邊緣剪成鋸齒狀的剪刀也叫做鋸齒剪（pinking shears）。石竹科植物指的是那些花瓣邊緣為鋸齒狀的植物，而非花朵為粉紅色的植物。大繁縷的花瓣就是鋸齒狀的。乍看之下，它那十片細長的白色花瓣上似乎沒有鋸齒，但近看就會發現它的花其實只有五片花瓣，但每一片花瓣中間都有很深的裂縫，以致乍看之下數量彷彿多了一倍。因此，繁縷已經把石竹科植物喜愛花俏造型的天性發揮到極致，以致創造出花瓣變多的假象。

開花植物就像其他所有生物（包括人類在內）一樣，在繼承過往傳統的同時也需要適應環境的變遷，因此會面臨多元性和一致性、個體特性和固有傳統之間的拉扯。這也是曼荼羅地上的野花如此多采多姿的原因。

April 08

四月八日

木質部

the forest unseen.

最近天氣不太穩定，昨天才下起冰珠，今天或許就豔陽高照。曼荼羅地上的生活步調也隨著天氣而改變。在潮溼的日子裡，葉子都垂了下來，森林裡也一片寂靜，只聽見啄木鳥的聲音。今天，太陽出來了，萬物復甦了，森林裡的草木也顯得生機盎然，有十幾種鳥在林間唱歌，一小群一小群的昆蟲飛來飛去，還有一隻提早現身的樹蛙在低矮的樹枝上叫著。

上星期，森林裡滿地落葉，堆得足足有腳踝那麼高。如今，楓樹已經開始長出新葉，枝椏上也懸垂著綠色的花朵。耀眼的綠意就像逐漸高漲的潮水一樣，從地面往上漫溢，淹沒了整座森林，使得整座山坡都充滿了新生的氣息。

楓樹的枝椏籠罩著曼荼羅地。它們新生的葉子擋住了陽光，使得樹下的草木不見天日。原本多達數百種的春花如今只剩下十餘種了。楓樹已經扼殺了它們乍現的生機。但有些樹木至今尚未長出葉子。佇立在曼荼羅地彼端的那株光葉山核桃看起來就陰鬱黯淡、了無生氣。它那根巨大而挺直的灰色樹幹頂端仍舊是一片光禿禿的灰暗枝條，與枝葉繁茂的楓樹成了鮮明的對比。

楓樹和山核桃之間的對比，呈現了樹木內在的掙扎。生長中的樹木必須把葉片上的氣孔張得大大的，好讓空氣能夠流經潮溼的葉片細胞表面。這時空氣中的二氧化碳會溶解在細胞表面的水中，然後被植物細胞轉變為糖。樹木利用這種方式把空氣變成食物，藉此維持自己的生命，但它們也必須為此付出代價。因為在這個過程中，水氣也會從葉片張開的氣孔中散發出來。曼荼羅地上的這棵楓樹每分鐘排放到空氣中的水氣多達好幾品脫。如果天氣炎熱，曼荼羅地上這七、八棵樹從葉片中所排出的水氣，一天便多達好幾百加侖，如同一座上下顛倒的瀑布。這會使得土壤迅速變乾。因此，當水源枯竭時，樹木便必須關閉它的氣孔，停止生長。

既要生長，又擔心把水用完。這是所有植物都必須面臨的兩難。但除此之外，樹木還有一個更大的難題。它們的葉片長在樹的頂端，必須受制於管線系統的物理法則，因為每一根樹幹中都有著管線。這些管線連結著天與地、土壤裡的水和太陽的火，與樹木的生存息息相關，但這些管線受到嚴苛的法則所支配。

陽光會使得樹木葉片中的水從細胞表面蒸發，並透過氣孔排放出去。當水氣從潮溼的細胞壁逸散出去時，細胞裡剩餘的水的表面張力便會變大，尤其在細胞與細胞之間狹窄的隙縫中更是如此。這股張力會把葉片深處的水吸出來，然後形成一股引力，進入葉脈，沿著樹幹中負責傳導水的細胞一路傳到根部。水分子個別蒸發時所形成的引力，就像一陣微風吹動一條絲線般微不足道，但千百萬個水分子一起蒸發時所形成的力量就非常強大，足以把一根粗如繩索的水柱從地下吸到地上。

這個運送水的系統運作得很有效率，而且一點也不耗費能量，只要運用太陽的熱力就可以把地下的水經由樹幹吸上來。如果人類要設計一種機械裝置，把好幾百加侖的水從樹根送到樹冠，那森林裡可能會堆滿一具具的幫浦，空氣中會充滿嗆人的柴油味，地上也可能到處都是電線。但推動演化的那隻手把算盤打得很精，不會允許如此浪費的行徑，因此水便以這種方式安安靜靜、輕輕鬆鬆在樹木裡流動。

然而，這個高效率的汲水系統有其要害。上升的水流有時會被氣泡擋住，形成拴塞現象，使得水流受阻。這種現象在冬天時尤其容易發生。這是因為當傳導細胞中的水結冰時，就會形成氣泡。冰箱冷凍庫裡的冰塊之所以看起來霧霧的，就是因為有這類氣泡的緣故。因此，當氣溫低到零度以下時，樹幹裡就會有許多這類氣泡。這會破壞樹木的輸水系統。針對這項挑戰，楓樹和山核桃分別採取了兩種不同的策略。

曼荼羅地上的這株山核桃枝椏光禿，看起來了無生氣，似乎尚未掙脫冬天的桎梏。但這只是假象。事實上，它正在樹裡建造一個全新的輸水系統，為兩、三個星期後即將冒出的花朵和葉子預做準備。去年的輸水系統在被氣泡阻斷之後，已經不能用了。因此，山核桃必須利用四月上半月的時間長出新的水管。在它的樹皮底下，有一層薄薄的活細胞包覆住整根樹幹，這些細胞會逐漸分裂，形成這一季的新導管。外層的細胞（介於樹皮和會分裂的細胞中間的那一層細胞）會形成樹木的韌皮部。這是一層活的組織，負責把糖和其他養分往上下運送。在內層形成的那些新細胞將會死掉，只留下它們的細胞壁，形成木質部（就是木頭的部分），負責把水沿著樹幹往上運送。

山核桃的木質部管線又長又寬。這些導管內沒什麼阻力，因此當山核桃終於開始長出葉子時，它們能夠運送大量的水。但是這些管子的寬度讓它們特別容易被氣泡堵塞。一旦被堵住，它們就失去了作用。由於這些寬管子的數量不多，因此只要有幾個管子被堵住，水流量就會大幅減少。這種構造使得山核桃必須延遲長出新葉子的時間，直到霜凍的危險過去為止。它們雖然會錯過早春時陽光普照的溫暖日子，但這些損失在稍後它們的管線張開時便會得到彌補。因此，山核桃就像是一台跑車——它們雖然因為路上結冰而必須等到春末才能上路，但到了溫暖的夏天時，它們便會一舉超過所有對手。

除了管線栓塞的現象之外，山核桃的樹幹還有另外一個問題。它們那又寬又長的木質管就像薄薄的吸管那麼脆弱，無法支撐沉重的枝幹，也無法承受風吹樹葉的力量。所以，當春天的木質部已經成形後，到了夏天時，山核桃便會開始長出管壁較厚、口徑較小的木質管。這種在夏天成形的木質部可以把整根樹木撐起來，而這是那些專門運送水的管線所無法做到的。在一截被砍下來的山核桃木上，我們可以看到這種季節交替的痕跡：寬大的管孔細胞和較緻密的木質層層相間，形成「環孔」（ring porous）狀的圖案。

如果說山核桃是跑車，那麼楓樹就是四輪驅動的小客車。它們的木質部不會結冰，因此它們可以比山核桃早好幾個星期長出葉子。但到了夏天時，楓樹運送水藉以利用陽光製造養分的能力就比不上山核桃了。楓樹的木質細胞比山核桃更多、更短也更窄，而且這些細胞都被梳子狀的板子隔開。這樣的設計使得拴塞的現象只會發生在小細胞裡。這是楓樹和山核桃不同的地方。由於楓樹的樹幹裡有著許許多多的小管子，因此每一處拴塞只會擋住樹幹裡一小部分的水流。它們的木材切面不像山核桃那樣呈「環孔」狀，而是比較均勻的「散孔」（diffuse porous）狀圖案。這種差異可以在家具和其他木製品上看到：楓樹的紋理比較平坦光滑，山核桃則有一排排規則的小孔。

楓樹還有一招可以幫助自己因應拴塞的問題。它那些含糖的樹液在經過冬天的凍結之後，到了早春時會沿著樹幹強勁的往上流動，把空氣沖出去，恢復木質部原本的健康狀態。因此，楓樹可以運用這些舊有的木質部來增加水的輸送量，而山核桃則只能靠今年長出來的部分。春天時，楓樹樹液之所以會往上流動，是因為小樹枝裡的樹液夜晚結冰，白天解凍，這樣週而復始，形成了一股動能。這也是為何楓樹的樹液有些年會大量流動，有些年則幾乎不流動的原因。當日夜溫差持續懸殊，白天日照溫暖，到了晚上便急速結冰時，樹液便會大量流動。當天氣穩定，一直保持在溫暖狀態時，樹液便停止流動了。

楓樹和山核桃之所以一個滿樹綠葉，一個光禿灰暗，關鍵在於輸水系統。乍看之下，這些樹似乎完全受制於不變的物理法則，因為受到水的蒸發、流動與結冰等因素的影響而無法任意生長。但樹木也很擅於利用這些法則。水的蒸發固然是它們要張開葉片所必須付出的代價，但這樣的蒸發也會形成一股力量，可以安安靜靜、輕輕鬆鬆的把幾百加侖的水沿著樹幹往上輸送。同樣的，冰雪在春天時是木質部的大敵，但冰雪也可以推動早春時楓樹樹液的流動，而且這種流動對楓樹而言同樣毫不費力。所以，楓樹和山核桃各自以不同的方式扭轉了自己所受到的侷限，把逆境變成了順境。

April 14

四月十四日

蛾

一隻蛾拖著牠黃褐色的腳在我的皮膚上爬行，用幾千個化學探測器辨識我的味道。牠的六隻腳等於是六個舌頭，每走一步都會有新的感覺。當牠在一隻手或一片葉子上走過時，牠的感覺想必像是張著嘴巴在酒裡泅泳一樣。這隻蛾顯然對我的「風味」頗為滿意，於是牠長長的口器便從牠那豔綠色的眼睛中間慢慢往下伸出，像一枝箭一般，筆直的朝著我的肌膚射過來。碰觸到我的皮膚後，牠那原本堅硬的口器頓時變得柔軟，頂端朝著腳中央的方向往回捲。當這隻蛾甩動口器的頂端，四處探伸，彷彿在尋找什麼東西時，我感覺肌膚上溼溼涼涼的，於是便趕緊低下頭用放大鏡觀察我的手指，正好看見牠把口器尖端伸進我的指紋溝槽內，然後就停住了。這時牠那灰白色的口器管開始有液體不停的上下流動。這種溼溼的感覺一直持續著。

我看著這隻蛾進食，看了足足半個小時。然後我發現自己根本趕不走這個客人。起初我

the forest unseen.

只敢小心翼翼的轉動我的頭，讓那根手指留在原地不動。但過了好幾分鐘後，我的身體開始無法忍受這種僵硬的姿勢，於是我便動了一下那根手指，但那蛾毫無反應。接著，我開始搖動手指，又對著那隻蛾吹氣，但牠仍逕自忙著牠的工作。我用鉛筆的尖端戳牠，牠還是不為所動。這時，一隻大蒼蠅也飛了過來，用牠那曾經碰過馬桶的溼嘴巴親吻著我的手。但是當我俯身靠近時，牠就立刻逃走了。就昆蟲而言，這樣的反應是比較正常的。但眼前這隻蛾卻像壁蝨一般黏著我不放。

這隻蛾為何如此眷戀我的手指？從牠的觸角便可以看出端倪。牠的兩根觸角從頭部往外伸，呈圓弧狀，長度幾乎和牠的身體相當。每根觸角的主幹兩旁都有一排密密麻麻、像肋骨一樣的東西，使牠的頭上好像豎著兩根破破爛爛的羽毛。這兩根羽毛上面覆滿絨毛。每一根絨毛上都布滿小洞，通往潮溼的絨毛中心。每個絨毛中心都有一個神經末梢。當有合適的分子黏在絨毛表面時，這個神經末梢便會產生反應。但只有雄蛾才具備這麼誇張的觸角。牠們會在空氣中搜尋雌蛾所分泌的氣味，然後在這個巨大的「羽毛鼻子」的引導下，迎風飛到雌蛾所在之處。然而，光是找到交配的對象是不夠的。牠們必須送給對方一份結婚禮物。我的手指上就有牠用來製造禮物的一項必要原料。

男人求愛時的最佳禮物或許是鑽石，但蛾類要尋找的卻是另外一種遠比鑽石更加實用的礦物——鹽。雄蛾在交配時會交給對方一個包裹，裡面有一個精子球和一袋食物。這份食物裡含有大量的鈉，是為下一代所預備的珍貴禮物。雌蛾收到後，會把這些鹽傳給她的卵子以及毛毛蟲。由於葉子裡面缺乏鈉，因此以葉子為食的毛毛蟲很需要這份來自父親的饋贈。這隻蛾如此費勁的黏住我的手指不放，就是為了要準備交配，並使他的後代得以生存。我汗水裡面的鹽分，可以補充毛毛蟲的膳食裡所缺乏的物質。

今天早上天氣晴朗，氣溫暖和而舒適。這個時節尚未真正進入炎夏，因此我幾乎沒出什麼汗。如此一來，這隻蛾工作起來便更加辛苦，而且找不到足夠的化學物質來製造牠的禮物。如果我大量出汗的話，情況就會好很多。人類的汗水是用血液做成的，只是少了血中的大分子，就像是被濾過的湯汁一般。血中的液體流出我們的血管，滲入細胞中間的空隙，然後進入汗腺管底部一根蜷曲的管子。當這些液體沿著汗腺管往上走時，我們的身體細胞便會吸收其中的鈉，取回這珍貴的礦物質。我們的汗水流得愈快，身體能夠回收鈉的時間便愈少。因此，當我們汗如雨下時，我們汗水中的礦物質成分其實就和血液差不多。這時，流汗就等於是在流血，只不過少了血中的那些大分子罷了。當我們流汗流得很慢時，汗水裡的鈉含量就比較少，相對的鉀就多了。這是因為我們的身體不太會把鉀吸收回去。植物的葉子含有許多鉀，因此雄蛾對鉀並不感興趣，會把牠連同鈉一起吸收進去的鉀排泄掉。因此，牠從我的皮膚上吸收的鉀有一部分會進入牠的糞便，然後再回到土壤裡。

對這隻蛾而言，我雖然只提供了一點點不甚合牠口味的汗水，但還是一個值得緊抓不放的對象，因為人類是少數會以排汗作為降溫機制的動物之一，所以含有鹽分的皮膚在這曼荼羅地上並不多見，含有鹽分又裸露在外的皮膚則更加希罕。熊和馬都會流汗，但牠們的汗水都被一層毛髮蓋住了，更何況曼荼羅地上從未出現過馬，也很少看到熊（此地的山洞裡倒是有一些熊的殘骸，可見在槍砲彈藥入侵之前，這裡曾經有過許多熊）。其他的哺乳類動物則大多只有腳掌上的肉墊或嘴唇的邊緣會流汗。至於齧齒目動物則根本不流汗。這可能是因為牠們的體型小，身體特別容易脫水的緣故。

因此，在這曼荼羅地上，從毛孔裡滲出的血液可是難得的美食。在森林中普遍缺乏鈉的情況下，我的汗水雖然少得可憐，但對這隻蛾而言已經算是一頓盛宴了。地上的水窪有時也是牠們吸吮的對象，但其中的鈉含量通常都不高。動物的糞便和尿液所含的鹽分較多，但它們很快就會乾掉。所以，我是這隻蛾今天最佳的選擇。當我結束今天在曼荼羅地的觀察活動時，這隻蛾仍然緊抓著我不放。我不想把牠帶出森林，於是只好硬把牠的腳從我的皮膚上撬開，然後便趕緊跑走了。

April 16

四月十六日

日出之鳥

the forest unseen.

東方的地平線上黑暗中泛著一抹桃紅，然後整個天空便開始變亮。墨色逐漸褪去，露出了淡淡的曙光。空中響起一個聲音，由兩個音符所組成，節奏快速，且不斷反覆。前面的音符清亮高亢，後面的音符低沉有力。這是簇絨山雀的叫聲。在此同時，一隻卡羅來納山雀也開始囀鳴，四個音符彷彿點頭一般起起落落。當地平線上的那抹桃紅逐漸往上擴散之際，一隻燕雀也開始叫了起來，聲音沙啞，彷彿喝了太多威士忌，抽了太多菸。牠反覆的呼喊著「非—比」、「非—比」，聽起來粗嘎刺耳，宛如一個壞了嗓子的藍調歌手。

當天色愈來愈亮時，一隻食蟲的鶯鳥開始發出「嘎嘎嘎」、有如響板一般的亢奮叫聲，聽起來雖然枯燥，卻引起了四面八方鳥兒的唱和。一時之間，眾鳥齊鳴，各種節拍和音色都有。一隻黑白苔鶯倒掛在樹枝上，以氣音慵懶的唱著：「灰—塔，灰—塔。」站在小樹上的一隻黑枕威爾遜森鶯（hooded warbler）則將每個音符都唱個兩遍，逐漸加快，然後再驟然拔高：「威—啊，威—啊，灰—涕—喔。」還有一個更響亮的歌聲從西邊傳來，由三個深沉的音所組成，音色類似六孔小笛。這聲音有如一波波潮水般漫過整座森林，然後就化為陣陣漣漪。這是路易斯安納水鶇（Louisiana water thrush）的叫聲。這種鳥棲居在溪流沿岸，歌聲中也有著溪水潺潺的感覺，但牠的音量和抑揚頓挫的節奏卻蓋過了溪水流動的聲音。

天空中的桃紅逐漸變成了粉紅，並進一步在地平線上擴散。此時，天色已經明亮得足以讓人看清曼荼羅地上那些半開的繁縷花，以及位於這塊地邊緣的大小岩石了。當眼前的一切逐漸變得清晰時，卡羅來納鷦鷯開始吟唱起來，和水鶇一較長短，看誰的音量最大。鷦鷯一年到頭都在唱歌，但今天在各色各樣的鳥鳴中，牠的歌聲顯得和往常不同。除了此時已經不在的冬鷦鷯之外，沒有一種鳥的叫聲比牠們更有氣勢和活力。

鷦鷯一叫，山坡下的一隻肯塔基鶯（Kentucky warbler）也開始出聲應和。後者的旋律和音色與前者雷同，但比較放不開，像是一個在板子上不停跳呀跳但卻始終不敢縱身一躍的跳水選手。接著，樹冠處傳來了另外一個聲音，像黑白苔鶯般咬著舌兒、口齒不清，但唱著唱著曲調就變了，節奏也加快，然後便開始發出顫音。我不知道這是哪一種鳥。更令人沮喪的是，我在望遠鏡裡也看不到牠。或許這是某一隻鶯鳥在黎明時所唱的「飛行之歌」（flight song）？這類飛行之歌是鳥兒們高飛在森林上空時所表演的美妙獨唱，與牠們平日的叫聲不同。這一類歌聲很少被錄下來，而且根據我個人有限的經驗，它們的風格非常多變。我們不知道這種歌聲在鳥兒的生活中扮演什麼樣的角色，但對那些成天不斷重複發出同樣幾個音節的鳥兒而言，這想必是牠們可以發揮創意、自由抒發的一個管道。

繼那不知名的歌手之後，啄木鳥也以牠們喧囂的聲音加入了這場合唱。起初是一隻紅腹啄木鳥自曼荼羅地的彼端發出了顫抖般的叫聲，接著一隻北美大啄木鳥便報以一陣瘋狂的笑聲。其間夾雜著冠藍鴉（blue jay）時而粗嘎、時而呼哨的啼叫。當天色更加明亮時，我看到六隻金翅雀（gold finch）往東方飛去。牠們沿著樹冠層的上方一會兒高、一會兒低的飛著，像是打水漂時掠過水面的石子。每次往上飛時，牠們都會發出「踢—踢，踢—踢—踢」的叫聲。

有一會兒，整個天空都閃耀著粉紅色的光彩，接著東邊便出現黃光，照亮了曼荼羅地。色彩沒入了地平線，留下一片乳白色的光。一隻紅眼綠鵑（red-eyed vireo）開始用牠那一陣一陣規律的呼哨聲迎接這光明的到來。牠的叫聲有時上揚，像是在詢問森林「我在哪裡？」，有時則下沉，像是在回答「你在那裡……」，如此反覆不已。一直到炎熱的正午時分，當其他鳥兒都已經退場時，牠仍像個教授一般站在講台上滔滔不絕。這種綠鵑鳥多半棲息在樹冠層的高處，很少飛下來（這點倒很符合牠的教授性格），因此通常只有透過牠那嘹亮而重複的聲音才能發現牠的存在。此刻，除了綠鵑之外，我也聽到一隻棕頭牛鸝（brown-headed cowbird）的叫聲。牛鸝是鳥窩裡的寄生蟲，會把蛋下在其他鳥的窩巢裡。牠們因為無須養兒育女，所以可以自由自在的追尋求偶的樂趣。這隻公鳥是花了兩、三年的時間練習後才能唱出這般的歌聲，聽起來像是黃金融化後往下流淌，凝結後撞到石頭，發出了鈴鈴的聲響，結合了好聽的液體流動聲以及金屬的鏗鏘聲。

此刻，天空湛藍而明亮。日出時的色彩已經褪去，只剩下東邊一層粉色的帶狀雲。曼荼羅地下方的山坡上傳來一隻北美紅雀（northern cardinal）響亮的叫聲。每一個音符都像是在摩擦打火石的聲音。這清脆的叫聲正好和底下山谷裡傳來的火雞咯咯聲，形成了鮮明的對比。那火雞聲從遠處傳到這森林裡來，經過林中草木的反射和擠壓後，多了一種被梭羅（Thoreau）稱為「林中仙子的聲音」，因此顯得較為低沉。由於現在正是獵火雞的季節，因此那咯咯聲有可能是真正的火雞在求偶的聲音，也有可能是獵火雞的人模仿火雞求偶所發出的聲音。

有一會兒的工夫，已經逐漸淡去的曙色又變得鮮明起來。天空中閃耀著紫丁香和黃水仙的色彩，一層一層的鋪在雲朵上，像是堆疊在床上的褥子。清晨的空氣中響起了更多的鳥語：曼荼羅地的枝頭傳來五十雀（nuthatch）的嗡嗡聲、烏鴉的呱呱聲，以及一隻黑喉綠鶯的低吟。正當所有的色彩終於在太陽狂熱的視線下褪去時，一隻黃褐森鶇（wood thrush）突然異軍凸起，用牠那驚人的嗓音技壓群雄。牠的歌聲彷彿是從另外一個世界穿透進來，清澈自在而優雅，霎時滌淨了我的心靈。但片刻之後，那歌聲便消逝了，舞台的帷幕降下，只留下記憶的灰燼。

黃褐森鶇的歌聲是從牠胸腔深處的鳴管發出來的。鳴管的薄膜振動時會擠壓從肺部出來的空氣。這些薄膜環繞在支氣管匯聚之處，使得黃褐森鶇呼出的空氣變成美妙的音樂，沿著氣管上升，再從口中出去。只有鳥類會用這種方式發聲，可說是結合了長笛氣流旋轉和雙簧管膜片振動的原理。鳴管被一些肌肉所包覆，鳥兒們只要調整這些肌肉的鬆緊，便可以改變自己的音質與音色。黃褐森鶇的鳴管至少有十條肌肉，每一條的長度都不及一粒稻米。

鳴管的構造和人類的喉頭不同，不太會阻擋氣流。這使得體型很小的鳥也能唱出比體型高大的人類還要響亮的歌聲。不過，儘管鳴管的效能很高，鳥兒的歌聲很少能傳到超過一箭之遙的地方，連火雞那具有爆發性的咯咯聲也會迅速被森林所吞沒。這是因為推動聲音的能量，很容易被樹木、葉子和海綿般的空氣分子所吸收，並因此而消散，而高亢的聲音又比低沉的聲音更容易被吸收，因為後者的波長較長，遇到障礙物時可以從旁邊流過去，不會彈射到別的地方。因此，鳥兒的歌聲（尤其是調子比較高的）之美，只有在近距離才能欣賞得到。

但來自太陽的光就不一樣了。形成今天黎明曙色的光子，走了一億五千萬公里才從太陽表面來到地球。但即使是光線，速度也可能會變慢或遭到過濾。這種速度變慢的現象在太陽的肚子裡最為明顯。這是因為太陽核心的原子受到壓力，彼此火熱的結合後便產生了光子，而太陽核心的密度是如此之高，以致一個光子要花一千萬年的時間才能走到太陽表面。它一路上會不斷受到質子的阻擋。這些質子會吸收光子的能量，將它留住片刻，然後再以另一個光子的形式釋放這股能量。一旦這光子從有如泥淖般、將它困住了一千萬年的太陽中脫身時，它只花八分鐘的時間便可到達地球。

光子一旦抵達我們的大氣層，一路上又會再度碰到許多分子，只是這些分子的密度只有太陽內部質量的幾百萬分之一。光子的顏色有許多種，有些顏色比較容易受到空氣阻擋。紅色光子的波長遠比多數的空氣分子大，因此它們就像森林裡的火雞叫聲一樣，可以輕易的穿透空氣，很少會被吸收。藍色光子的波長很短，比較接近空氣分子，於是就被空氣吸收了。一個空氣分子在吸收了一個光子之後，會因為接收了後者的能量而亢奮的輕輕晃動，然後便釋放出一個新的光子。這個新的光子會往另外一個方向前進，因此原本整齊行進的藍色光子會四處亂竄。紅光則由於不會被吸收和彈射，可以一路前進。所以天空才會是藍色的。我們所看到的藍天，事實上是那些已經改變方向的藍色光子，也就是數十億亢奮的空氣分子所發出的光芒。

當太陽高掛在天空中時，儘管有些藍色光子會在途中改變方向，但所有顏色的光子都會到達我們的眼睛。當太陽離地平線很近時，光子穿越空氣的路徑是斜的，因此會有更多的藍光被去除。因此，今天黎明時灑在田納西州這塊曼荼羅地上的紅光，乃是誕生於東邊的卡羅來納山脈上方的藍色天空。

瀰漫在曼荼羅地上方的這些光線與聲音，在我的意識裡交會。它們的美感令我傾心。但這兩股能量在它們的起源地（那熾熱得無法想像、被高度擠壓的太陽核心）就已經有了交會。太陽既是黎明光線的起源，也是鳥兒晨歌的源頭。地平線上的光輝是被大氣所過濾的光線；清晨的鳥語是被那些滋養鳥兒的動植物所過濾的太陽能量。四月時分的這幅日出美景，是由各種流動的能量所交織而成。這面網子的兩端分別被兩根繩索繫住：一個是在太陽中被轉化成能量的物質，另一個則是在我的意識中被轉化成美感的能量。

April 22
四月二十二日

走路的種子

the forest unseen.

百花盛放的春日時光已經結束。四月的繁華已經落盡，只剩幾株繁縷和一棵天竺葵。楓樹和山核桃的花已經凋萎，如雨絲般從枝頭飄落，光是曼荼羅地上就躺了成千上百朵，證明它們曾經如何努力的繁衍後代。這些樹花不像短命春花那般豔麗。它們的外觀樸實低調，沒有明顯的花瓣或色彩。這種極端清教徒式的裝扮風格，顯示這些樹木之間的「性事」和那些短命春花大不相同。後者必得用花蜜和色彩把自己裝扮得鮮豔嫵媚，才能招徠蜂蝶，但這些樹卻無須博取任何昆蟲的青睞。既然風兒會帶走它們的花粉，它們自然不必刻意討好昆蟲的眼睛和味蕾。因此它們的花可以回歸基本面，只要實用就好。

對較早開花的樹木而言，以風兒傳粉是一個非常有效的策略。短命春花儘管生長在一個相對溫暖且受到防護的「微氣候」（microclimate）裡，但它們還是不容易找到傳粉媒介。相形之下，樹冠層的微氣候更缺少屏障，對早春的昆蟲也更不友善，但風力卻從來不虞匱乏。因此，楓樹和山核桃已經撕毀了它們在古時與昆蟲簽訂的契約，改用物理而非生物的方法來傳播它們的花粉。這種方法雖然比較可靠，只可惜較不精準。蜜蜂會把花粉直接送到下一朵花的柱頭上，但風兒卻不負責將花粉確實送達目的地。它只是讓它吹過的東西往外飄散，讓花兒苦惱，也讓人類的鼻子遭殃。因此，以風媒傳粉的植物必須釋放大量的花粉。它們就像是那些遭到船難、被困在島上的人，因為沒有可靠的郵政系統，只好把數百萬計的瓶中信丟進水裡。

楓樹和山核桃的花和野花不同。後者是雌雄同體，前者卻是同時長出兩種花：雄花和雌花。雄花懸垂在枝條上，只要空氣稍微流動便會將它們吹起。楓樹的雄花成簇的懸在細細的花絲下端。每一根花絲約一、兩公分長，末端有一簇花藥。這些花藥是負責製造花粉的組織，看起來像是一顆顆小黃球，大小相當於這頁文章中的一個逗點。山核桃的花藥長在一個個有絨毛的花串（即「葇荑花序」）上，每個花串約一根手指長。這兩種樹的花藥都是成群長在小傘下，其目的應該是為了防止雨水把花粉沖走。相形之下，雌花由於不需要像雄花那樣把大量的花粉撒入空中，因此外觀較為矮胖。它們的柱頭會攔截風中的花粉，以便展開受精的程序。其中的空氣動力學原理，我們目前所知甚少。但這些柱頭似乎都分布在樹木最容易受風的部位，而且它們的構造似乎讓氣流更容易繞著它們盤旋，並因而形成渦流，讓氣流的速度減緩，使花粉能夠落在柱頭上。

這個時節，雄花的花粉已經落盡。在完成任務之後，它們便遭樹木拋棄，以致曼荼羅地上堆滿了黃綠色的花絲和葇荑花序。但雌花的工作卻才剛剛開始。這些花裡面的受精卵要好幾個月才能長大成熟，變成果實。成熟的山核桃堅果和楓樹的種子要到秋天才會掉落。

山核桃和楓樹可以等待好幾個月，讓夏日的陽光將它們的果實催熟。但野花可無法這麼奢侈。大多數短命春花在開花幾個星期後就開始結果了，因為它們要趕在夏天樹冠層長密、擋住陽光之前，完成這一年的繁殖工作。我沿著曼荼羅地的邊緣走動，尋找三月時我曾經看著它開花的那株獐耳細辛，後來終於在那棵山胡椒的後面找到了它。它那肝臟形的葉子張得大大的，花莖上托著一束胖胖的、魚雷狀的綠色果實，每個的大小相當於一顆小豌豆。這些果實當中有好幾顆已經掉到地上。它們的底部像個圓鈍的白色乳頭，中間膨大，到了頂端則立刻變得又尖又細。這個尖頂是花柱（撐起柱頭的那根短莖）的殘骸。那膨大的綠色部分是子房壁，裡面包著一顆已經受精的種子。

一隻螞蟻走近其中一顆果實，用觸鬚碰了碰它之後，便爬到它的頂端，接著又急急忙忙返回地面，緊抓住那果實，隨後就離開了。幾分鐘後，另外一隻螞蟻走了過來，重複著同樣的過程。牠們每做一次，那果實便會移動幾毫米，但之後牠們就離開了。半個小時後，有更多的螞蟻經過這兒，但牠們都無視於那顆果實的存在。後來，一隻大螞蟻出現了。牠用觸鬚碰了一下那果實，接著便用口器兩側外凸的鉤狀上顎抓著後者，然後緊緊咬住果實白色的那一端，一下便將這顆體積和牠一般大的果實高高舉在頭上，朝著曼荼羅地的中央走去。途中牠被楓樹的花莖絆了一跤，但很快就爬了起來。不久後，牠又掉到落葉的縫隙裡，但仍繼續向前爬行。牠的路徑迂迴曲折，一會兒為了避開落葉層中的縫隙而往後繞，一會兒又倒退著穿越一堆堆凌亂的葇荑花序，如此辛苦跋涉，看得我得目不轉睛。等到牠終於抵達落葉層裡一個大約一分錢硬幣大的小洞並且鑽了進去之後，我才大大鬆了一口氣。我往那螞蟻洞裡窺視，看到一小群螞蟻正在合力滾動那顆閃耀著綠色光澤的果實。隨著果實逐漸被泥土吞沒，那光澤也慢慢淡去。此處距離那果實掉落的地方只有一英尺。

獐耳細辛的果實流浪記，只是森林冒險故事的一環。它使得林中螞蟻和短命春花的故事有了連結。獐耳細辛果實的白色乳頭狀底部乃是所謂的「油質體」（elaiosome），富含脂肪，是獐耳細辛特別為螞蟻準備的美食。對螞蟻而言，這類營養豐富但又不費吹灰之力就可得著的食物是很少見的，因此牠們很快就會把含有油質體的果實搬回巢穴，切碎後供幼蟲食用。所以，螞蟻第二代的身體有一部分是獐耳細辛的「肉」變成的。一旦油質體被去掉後，向來講究環境整潔的蟻群便會把剩餘無法食用的種子倒入蟻窩中的堆肥裡，而這鬆散肥沃的堆肥正是種子發芽的絕佳環境。

螞蟻不僅會把種子埋在附近的土壤裡，也能讓種子得以離開母株，前往那些尚未被占據的地方。大多數螞蟻都會把短命春花的種子搬到幾英尺之外，距離母株鮮少超過一箭之遙，但已經足以讓這些種子得以避免陷入與母株競爭的局面。令人不解的是：螞蟻傳布的距離既然如此之短，短命春花分布的範圍何以擴散得如此之快？

許多短命春花的分布地遍及北美洲東部的溫帶林，從阿拉巴馬州到加拿大都可以看到它們的蹤影。然而，在一萬六千年前，這座溫帶林的面積一度縮小到只剩墨西哥灣沿岸零零星星的幾塊地，其餘地區都被上次冰河時期的冰雪所覆蓋，較南邊的地方則長滿了寒帶針葉林（如今只有在加拿大的最北邊可以看到這種森林）。可見在這一萬六千年之間，短命春花已經從佛羅里達前進到了加拿大。但如果「後冰河期」的螞蟻的行為模式和現代的螞蟻相同，則這些短命春花在冰河撤退之後應該只能移動十到二十公里，而非如今所見的兩萬公里。此中原因或許是：現代的螞蟻不像從前的螞蟻那麼會跑（這點不太可能），冰河時期的化石和地質證據並不可靠（這點更不可能），要不就是我們對種子傳布的方式還不夠了解，而短命春花可以用某種不為人知的方式進行遠距的播遷。

這個神祕的傳布者究竟是誰？之前的幾個可能人選似乎都不太成立。是否有幾場怪異的暴風把獐耳細辛的種子吹到了加拿大？這似乎不太可能。是否有候鳥把種子吃下肚後或經由鳥兒趾甲下的泥土，把它們帶到了那裡？有可能。然而，在短命春花開始結籽之前，大多數的候鳥都已經飛越了南邊的森林。延齡草甚至是在候鳥已經展開回程的時候才開始結籽，因此它的種子有可能會被帶往相反的方向。那麼，有沒有可能是齧齒目動物或其他草食動物在吃進這些種子之後，把它們帶到別的地方？我們可以斷然否決這個可能性，因為這類動物會用嘴巴把種子磨碎，並且將它們消化殆盡。

短命春花傳播種子的能力似乎很弱，但擴散速度卻如此之快。這種互相矛盾的現象被生態學家稱為「芮德悖論」（Reid's paradox）。這個名稱得自一位十九世紀的植物學家。他發現，後冰河時期橡樹在英國各地的傳布也有類似的現象。哲學家和神學家都喜歡悖論，認為它們是通往重大真理的可敬指標。但科學家的看法就沒有這麼樂觀，因為他們已經從經驗中學到：所謂「悖論」只不過是一個好聽的說法，其實意思就是「其中有某個顯而易見的事實沒有被我們看出來」罷了。等到這個悖論獲得解釋時，我們可能會很尷尬的發現自己從前所認定的某些「理所當然」的事實其實是不正確的。科學的悖論或許和哲學的悖論沒有太大的不同，差別只在於其中「錯誤的認定」到了什麼程度。在科學上，這種錯誤的認定很淺顯，很容易被根除，但在哲學上卻很深刻，難以被撼動。

芮德悖論當中的假設或許不會完全被推翻，但有可能在北美各地森林的落葉層上找到答案。我們從前一直認定鹿的糞便就像齧齒目動物的糞便一樣，不可能含有能夠發芽的種子。但這些糞便可能就是解答芮德悖論的關鍵。解答科學悖論的典型方式是：做一個簡單的實驗，之後或許就能得出一個「哇！怎麼之前都沒有人想到！」的答案。我們也如法炮製。實驗的第一步：蒐集森林裡鹿隻的糞便；第二步：找找看這些糞便裡有沒有種子；第三步：把這些種子種在土裡，看著它們長大，然後你就會得出一個結論：原來我們說短命春花的種子是「經由螞蟻傳布」其實並不正確。正確的說法或許應該是這些種子「被螞蟻傳布到近處，被鹿傳布到遠處」，因為我們發現鹿能夠把種子運送到許多公里以外的地方，但螞蟻運送的距離卻只有幾公分而已。至於其他被我們認定不可能運送種子的草食性哺乳動物又如何呢？到目前為止，還沒有人彎下腰來跟在牠們身後撿拾糞便，以便找出答案，但顯然我們未來還有很多撿拾、過濾糞便的工作需要去做。

無論我們從那些糞便中找到什麼，我們已經可以下個定論：從前我們把短命春花歸類為「靠螞蟻傳播種子」的植物，甚至為它們和螞蟻之間的關係貼了一個重量級的標籤，也就是所謂的「蟻布」（myrmecochory），但這樣的歸類言之過早。短命春花的種子散布過程其實沒那麼簡單，而且似乎會受散布規模所影響。就小規模的散布而言，螞蟻確實是主要的傳布者。牠們擅長蒐集種子並將它們播種於精華地段。鹿在這方面就漫不經心得多。因此，從種子的觀點來看，它們最好的下場就是能被螞蟻發現。然而，就較大規模的散布而言，哺乳類動物的重要性就遠高於螞蟻了。如果有一隻鹿在偶然間把一顆種子帶到很遠的地方，那麼這顆種子就可以建立一個新的族群，讓它所屬的物種能夠進入一座新的森林。因此，從整個族群的觀點來看，到處遊蕩的鹿比那些愛乾淨、走路慢吞吞的螞蟻更加重要。如果沒有鹿，這些短命春花便只能生長在墨西哥灣沿岸的一小片狹長林地。但有了鹿群可以搭便車之後，它們的生長範圍已經遍及整個北美大陸了。

在發現鹿的重要性之後，有人會問：那麼油質體的功能何在？之前我們已經假定油質體是短命春花經過演化之後所發展出來的構造，其目的在吸引螞蟻，讓種子能夠被帶到適合的土壤中。現在這個說法或許仍有一部分是成立的。畢竟螞蟻是種子的最佳播種者，而演化的過程會強化所有能將基因傳給下一代的特性。但除此之外，演化之神也偏愛那些能讓基因遠颺至四面八方的特色，畢竟祂要的不僅是「繁衍子嗣」，而是「遠走他鄉去繁衍子嗣」。就長遠的眼光來看，做母親的如果不讓孩子當中的幾個遠走高飛，將不利於整個家族的發展，對那些習於開拓廣大「殖民地」的物種而言更是如此。北美州的每一株獐耳細辛，幾乎都源自一個能夠達成遠距傳播的植株。我們應該可以在它們體內發現一些「喜愛流浪」的基因。這些基因將形成植物的若干特性，使其種子更有機會到達遙遠的地方。油質體一部分的用途或許就在於此：它能夠引誘鹿兒那柔軟的雙唇，促使牠們吃掉這顆期待遠行的果實。

歐洲人抵達北美地區之後，短命春花的傳布過程就變得更加複雜了。我們這些來自歐洲的移民把森林劃分得支離破碎，使得螞蟻搬運種子的過程更為艱辛。在同一時期，鹿群的數量突然銳減，然後又急速增加，使得來自螞蟻與鹿的影響在比例上有了改變。短命春花將如何因應這樣的改變？或者我們應該問：它們有辦法因應這樣的改變嗎？鹿群數量增加原本是件好事，可以幫忙散布更多的種子，但牠們也可能吃掉大量的草木，造成禍害。這種情況如果持續下去，將會使得短命春花完全滅絕。如此一來，我們自然也無從揣測它們會如何因應自然環境的變化了。

除此之外，還有另外一個因素必須納入考量。來自外國地區的火蟻已經入侵了美國南部的林地，並且正在往北邊擴散。這些火蟻在生態失衡的地區繁衍得很快，因此在那些已經支離破碎的林地特別常見。火蟻會撿拾含有油質體的果實，但卻不擅於傳布種子。牠們往往會把種子丟在母株旁邊，使得幼苗一生出來就得和一位體型較大的親人競爭。這樣的競爭通常會導致幼苗死亡。除此之外，火蟻也可能成為掠奪者，把整顆果實連同油質體一起吃掉。因此，火蟻的入侵有可能會破壞油質體和所有本地傳媒之間的關係，使得千百年來一直是植物「資產」的油質體頓時成了植物的「負債」。在這種情況下，短命春花將會面臨演化與滅絕之間的拔河。它們如果無法適應這個突如其來的新環境，數量就會逐漸減少乃至滅絕。

在經過冰河時期的混亂之後，短命春花仍能生存至今，顯示它們可以適應不同的生態環境。問題是，冰河時期從開始到結束一共經過成千上萬年的時間，但如今短命春花所面臨的變故卻在數十年間就發生了。因此，我們只能祈求它們未來不致滅絕。至於這個祈求是否會應驗，端看我們是否能夠保留更多類似這塊曼荼羅地的森林：一座面積相對完整、不受外力侵擾，使古老的生態法則仍然能夠如常運作的森林。這些螞蟻、花朵和樹木都蘊含著源遠流長的基因和多樣性，是構築未來生態的基礎。我們目前的自然環境就像一本被風吹得扉頁四散的書。我們能夠搶救的頁數愈多，未來演化之神的巧手在改寫大自然的傳奇時，才會有更多的材料可以運用。

April 29

四月二十九日

地震

the forest unseen.

大地的肚腹隆隆作響。裡面的石頭腸子震顫著彼此推擠，交錯移位，釋放它們的壓力，以期獲得舒緩。震央在六十英里之外，地下十二英里之處。當岩石裡蓄積的能量宣洩出來時，便會形成一股猛烈的力道。其中有一部分便透過一波又一波移動的土壤往外擴散。

首先抵達的是嘶吼的「壓縮波」（compression wave）。那轟隆隆的聲音有如好幾輛柴油火車疾馳而來，在這黎明前的時分將酣睡中的我們驚醒，讓我們一陣錯愕。這聲音從地裡傾瀉而出，將我們淹沒了數秒鐘之後便倏忽消逝。這種壓縮波在土壤裡行進的速度每秒鐘超過一公里。壓縮波過去後，隔了一會兒，「表面波」（surface wave）便接著來襲，使得我們的房子開始顛簸搖晃。這一股震波結合了水平與垂直的移動，同時進行擠壓與切變（shearing）的動作。地上的房屋就像在狂風巨浪中打轉的小船一般，在這場地質風暴裡扭動搖晃。若是土地隆起得太過厲害，房屋承受不了那股扭力，就裂開了。

但我們很幸運。土地隆起的程度不高，因此我們的房子並未倒塌，只是屋內開始發出「叮噹噹」、「匡啷匡啷」的聲響。牆壁上掛的畫框好像鐘擺一樣開始搖晃。當屋子傾斜到一邊時，沉重的畫框由於慣性的緣故，依然維持不動，但是當牆壁回到原位時，便發出了「砰！」的一聲。如此來回反覆不已。鑰匙叮噹作響，玻璃杯互相撞擊，好像在為這場地震乾杯。碗盤也跟著移位碰撞，匡啷作響。每一個與土地連結的事物都在移動，其他的東西則維持靜止或變慢的狀態。但我們的眼睛會欺騙我們，讓我們以為房子的牆壁並未移動，只是屋裡的東西在搖晃。這場地震搖晃的時間持續了大約十五秒鐘便停止了，最後只剩下一陣陣輕微的震動，然後便逐漸平息。

在測量地震的強度時，科學家們所應用的就是懸吊物品的慣性。他們在鐘擺的擺錘下方吊著一枝筆，筆尖下放著一張方格紙，用來記錄地面移動的狀況。當地震來襲時，這枝筆並不會移動，但紙和鐘擺本身則會移動，讓這筆得以記錄移動的程度。有些地震儀的鐘擺達三層樓高，可以記錄地面每個微小的震動。

用這種方式繪成的地震圖上有刻度，可以顯示「芮氏地震規模」（Richter scale）。今天早上的地震級數達四．九，強度相當於一個小型的核子武器或採石場的強力炸藥爆發時力道的一千倍。由於芮氏規模是對數，因此地震級數愈高，地震所蘊含的實際能量便以指數方式增加。三級的地震是輕微的，六級的地震會造成若干損害，九級的地震便具有毀滅性，如果到了十二級，其威力將足以使得地球裂成兩半。至少科學家是這麼說的。

天一亮，我便急忙趕往曼荼羅地，想看看這場地震對那裡的地質產生了什麼影響。山脈是一種動態的存在，因此我以為我會看到幾塊岩石滾離原位、崖壁也裂開的情景，但那裡的景物還是和我上回離開時一模一樣，絲毫沒有改變。就算有，也不在我所能察覺的範圍內。那幾塊砂岩巨石還是端坐在那兒，寂然不動，彷彿老僧入定一般。

在這方面，事實呈現斷裂的狀態。曼荼羅地的岩石四周和上空的生物，其演變過程在時間上是以秒、月或世紀為計算單位，在物質上則是以公克或公噸來衡量，但地質上的變化是以一百萬年為時間單位，並以十億公噸為重量單位。因此，我極不可能在這塊曼荼羅地上看到地質的變化，即便是在地震之後也是如此。地質變化的速度和規模，和生物的變化是無法用同一個標準來衡量的。

但我們往往很難理解這樣的事實。就拿曼荼羅地上的岩石來說，它們大約有三億年的歷史，是由東邊一座更古老的山脈那兒流過來的一條巨大沙河所形成的。在過去，地殼每數十億年就會整個拆解並重組一次。但這些變化都不在我們的經驗範圍內，也非我們的想像所能企及，因此聽起來很不可思議。

正由於地殼的變化如此緩慢，規模又如此龐大，因此它似乎是發生在另外一個世界的事情，與生命之間隔著一道鴻溝，令我們很難理解。但最讓我們難以想像的是，這道鴻溝上其實橫跨著一條線，把瞬息即逝的生命與恆久留存的岩石連結在一起。這條線是由生物持續繁衍的能力所織就，其中包含著一股股的遺傳細絲，使得生物得以代代相傳，綿延數十億年之久。這些遺傳細絲年復一年的捲繞在線軸上，有時會分出幾條新的支線（生物多樣化），有時則從此斷掉（絕種）。到目前為止，分支與斷掉的數量大致相當，使得生物仍能夠像岩石一般長存於世間。然而，這條線當中的每一根細絲都是一場介乎生殖與死亡的競賽。儘管過去千百萬年來生命的繁殖能力一直都很強大，在這場競賽中取得了贏家的地位，但這並不保證它能贏得最終的勝利。

我的曼荼羅地就位於這條線上的一個點。這裡的生物代代相傳、綿延不絕，彌補了短暫生命與恆久存在之間的落差。但這些生物都不可能真正體驗到滄海桑田的變化，因此我們很容易遺忘或忽略這些變化，誤以為我們周遭的環境是不會變動的。就以我此刻正坐在上面的曼荼羅地為例。它上方那座斷崖如今位於坎伯蘭高原（Cumberland Plateau）的西端；這裡的地質是由砂岩形成的；再往下一點的山坡地則是由石灰岩形成的。這座山坡上的水會先流入艾爾克河（Elk River），再流入墨西哥灣。從表面上看來，曼荼羅地所在的這個環境是恆久不變的，但其實不然。這裡從前曾經是一座三角洲，而這座三角洲在遠古時代曾經是一座海床，只是後來逐漸隆起並且遭到侵蝕。在不可思議的時光長河中，海洋、河流和山脈都會移位，滄海也會變成桑田。昨晚撼動曼荼羅地的那場地震，只不過是其中一個小得不能再小的變化罷了。它提醒我們，大地有著不為人知的一面。

May 07

五月七日

風

一隻糖球大小的灰色*Mesodon*屬蝸牛滑過落葉層，爬上了一根小樹枝。爬到一半時，牠的身子一歪，便掉到了地上。這是因為天氣潮溼，曼荼羅地上所有東西的表面都變得很滑溜的緣故。經過兩天的暴風雨後，雨水已經滲進此地的所有隙縫和孔洞。幼木被淋得枝葉低垂，僅餘的短命春花也被連續不斷的大雨打得垂頭喪氣。曼荼羅地西邊的一叢足葉草（mayapple）已經倒在地上，彷彿被一台巨大的壓路機碾過似的。儘管太陽已經出來了好一陣子，但天色仍舊陰沉，朦朧的光線使得天氣感覺更加潮溼。曼荼羅地上溼氣瀰漫，使得天空和森林彷彿合而為一。落葉層的表面似乎和裡層融為一體。那些腐爛的葉子滲出的汁液直接往上蒸發，成了陰暗潮溼的空氣。

這兩天的暴風雨風勢強勁，有幾次甚至演變成龍捲風。這些柱狀的龍捲風來勢洶洶，雖然

the forest unseen.

並未直接侵襲曼荼羅地，但林地上到處都是樹冠被擾動的痕跡。落葉層上遍布著剛被吹落的葉子。斷裂的枝條和掉落的樹枝凌亂的堆在樹下。風至今尚未完全止息，仍舊一陣一陣的吹過森林，把樹木吹得猛烈搖晃。由於幾百萬片葉子同時受風，以致樹冠處發出了響亮的嘶嘶聲，彷彿在抗議似的。當風的力道超過木頭纖維的忍耐極限時，森林便開始呻吟，樹木的枝幹也開始斷裂。

在靠近地面的地方，風勢較小。儘管有一陣陣的風吹來，但很輕柔，以致蚊子們依舊在我的手臂和頭部周圍盤旋，忽近忽遠，準備伺機攻擊。此刻，蚊子和我正處於一座戲劇性的物質能量梯度的中央。樹冠層的表面就像是海岸，被氣流拍打著，使得一波波的浪花濺到樹梢。但是森林裡的灌木層，也就是我此刻坐著的地方，因為有著上方樹木的緩衝，只受到一些微弱渦流的影響。曼荼羅地的地面則更加平靜。蝸牛在落葉層上覓食時幾乎感受不到風的存在。今天，樹冠層裡看不到什麼昆蟲或蝸牛，只有幾隻冒著強風在樹冠層的下方活動，但在落葉層裡，一切生態活動都照常進行。

樹木不太能夠吸收風力。樹葉的形狀使它們得以盡量吸收陽光，但不幸的是，這也讓它們非常容易受風。當風吹過來時，氣流會把狀似風帆的葉面推往背風的方向，但由於樹葉和枝條伸縮度不大，因此這股拉力便轉移到樹木的其他部位。當風勢愈來愈強勁時，樹葉就開始飄動。這時它所造成的拉力比樹葉挺直時更大。在數以萬計的葉片不斷拉扯的情況下，樹木所承受的拉力便急遽的增加。這股力道又因著樹冠的高度而強化。這時，樹幹就像是一根槓桿，而整棵樹就像是一枝巨大的鐵橇。風拉扯著樹的一端，而樹幹使得這股力道倍增，然後「啪！」一聲，這棵樹就斷成兩截或被連根拔起了。

要避免這種槓桿效應，樹木顯然應該長矮一點，盡量貼近地面，但物競天擇的法則並不容許它們這樣做，因為森林裡的植物必須爭奪陽光。任何一棵樹如果沒有高大的樹幹，將無法收集充足的陽光，也就無法成功的繁衍後代。因此，樹木只要本身的構造足以支撐，都會盡量長高，以便能在樹冠層中占得一個不受遮蔽的位置。

要解決風的問題，還有一個方法是把樹幹變硬，讓樹枝更強韌，並且把樹葉變成實心的構造。這是人類所採用的方法：我們的太陽能板和小耳朵都被牢牢的固定住，只有在出了狀況的時候才會在風中拍動。但這種方法所費不貲：堅硬結實的樹幹和葉片需要大量的木質才能形成。此外，實心的葉片由於沒有紗網狀的孔洞可以吸納空氣與陽光，因此在執行光合作用時比較沒有效率。更何況這樣的葉片需要花比較長的時間才能製造出來，因此會耽誤樹木在春天時的生長進度。所以，這並不是很好的解決方式。

樹木在與風力周旋時，就像地衣一樣，是奉行道家的哲學：不回擊、不抗拒、只是彎腰、搖晃、退讓，讓對手因此精疲力盡。但事實上，這種說法剛好顛倒了過來，因為道家的哲學最初乃是受到大自然的啟示，因此比較精確的說法應該是「道家奉行了樹木的哲學」。

在風力不大時，樹葉會往後翻飛。當風力增強時，樹葉會改變它們的行為模式，吸收一部分的風力，並運用這股力道來收攏葉片，形成一種防禦性的姿態。這時，葉片的邊緣會往中央捲起，看起來像是某種奇怪的魚，藉此運用空氣動力學的原理排除葉面上的氣流。以山核桃為例，當風力強勁時，它複葉中的每一片小葉子都會往葉柄處合攏，模樣像是一根捲得很鬆散的雪茄，以便讓氣流得以穿過其中，削減風的力道。當風力變弱時，這些樹葉就會再度展開，回復成船帆的形狀。所以，老子提醒我們：「萬物草木之生也柔脆，其死也枯槁。故堅強者死之徒，柔弱者生之徒。是以兵強則不勝，木強則共。」

在被風吹襲時，樹幹也會退讓，不會像岩石般抗拒。它會伸展並彎曲，把風的能量吸入木頭的細小纖維中。這些纖維呈線圈狀，每一個線圈就像一個彈簧。它們層層堆疊在一起，形成樹幹中運送水的管子。每一條管子都由許多線圈所組成，而每一個線圈盤繞的角度都不太一樣。因此，樹幹中充滿這類的彈簧，每一個彈簧都可以在不同的伸展角度發揮最大的拉力。當木頭剛開始被風吹得伸展開來時，比較緊的彈簧會發揮強大的阻抗力。當壓力增加，較緊的彈簧已經不管用時，較鬆的彈簧就會取而代之。

我放眼望去，森林中盡是搖晃的樹木。隨著它們的樹冠來回擺動，它們的樹幹也彎曲得厲害，彼此有如剪刀般相互交叉。它們雖然以如此優雅的方式因應風的力道，並加以閃避，但其中還是有一些很可能會被吹倒。在距離曼荼羅地不到五步的地方，就有兩棵高大的樹木倒在地上，朽壞的程度不高，可能才倒下一、兩年。靠東邊的那棵是山核桃，整株都被連根拔起。靠北邊的那棵是楓樹，它的樹幹在距地面四英尺之處攔腰折斷。這兩棵樹看起來都比周遭的樹木矮小，或許是因為它們被周遭較高大的樹木遮蔽了陽光的緣故。一旦吸收不到陽光，它們就很難長出新的木質，使得它們的樹幹和根部都比較衰弱，容易受到真菌入侵，以致它們那些線圈狀的纖維被真菌蛀空。除此之外，它們的運氣可能也不太好，被一陣特別猛烈的強風吹到，更何況那棵山核桃長在幾塊大岩石之間，它的根系很容易受到阻擋。無論這兩棵樹倒下來的原因是什麼，它們已經在這座老生林的生態系統中展開了下一階段的旅程。真菌、蠑螈和好幾千種無脊椎動物，將會在它們腐爛的樹幹內部和下方繁衍。事實上，樹木對大自然的貢獻有一半是發生在它們死掉之後。因此，要評估一座森林的生態系統是否健全，就要看其中的倒木密度有多高。如果地上到處都是枯枝倒木，讓你走在森林當中時無法直線行進，那麼這就是一座很健康的森林。如果地上空空如也，就表示這座森林生態不夠健全。

今天，森林的地面上不僅到處可見倒下的樹木和掉落的樹枝，也遍布有如綠色直升機般的楓樹落果。這些果實都尚未成熟。它們之所以掉落，有些是因為種子有缺陷，有些則是因為果柄太過脆弱。楓樹果實內部的種子是透過由風傳布的花粉粒受精，而每個果實就像是一個螺旋槳。它在風中旋轉時會產生一股浮力，降低它下降的速度，使它得以飄到更遠的地方。因此，對楓樹而言，風既是媒婆，也是它們年少時浪跡天涯的推手。

散落在曼荼羅地上的楓樹果實有許多不同的形狀。這顯示楓樹並非被動的任憑風神擺布。事實上，樹木有能力透過物競天擇的演化過程改變自己，以迎合風神的個性。果實形狀的多樣化有可能導致演化適應（evolutionary adaptation）：形狀最適合生長地風性的果實就得以生存並繁衍。就算楓樹沒有因此而演化，有了這許多不同形狀的果實，每一棵楓樹等於是在空氣動力學的樂透遊戲中買下了成千上百張的彩券。無論風勢猛烈、強大或輕微，楓樹都會有形狀適當的果實來加以因應。由此可見，楓樹在面對風時，終其一生都奉行道家的哲學。它們的樹葉會捲起，樹幹會彎曲，果實則分成各種不同的形狀，以便隨順風力，再將這股力量化為己用。

May 18
五月十八日

草食性

春天時形狀完美的葉子，如今已經破損殘缺。原本平滑完整的葉片上出現了不規則的裂口或整齊的咬痕。這有一部分要歸咎於這幾個星期以來不曾停歇的暴風雨。一棵櫟樹幼木枝椏低垂，葉子已經被冰雹打得支離破碎。楓樹的葉子情況也差不多。然而，暴風雨的威力雖然強大，卻只是曼荼羅地的葉子受損的小部分原因。主要的禍首還是蟲子。牠們日復一日「沙沙沙沙」的咬齧、吸吮、啃食著這些葉子，使得植物們的心血化為烏有。

地球上的各種昆蟲當中有一半以植物維生，而昆蟲占了地球物種的一半到四分之三。因此，植物注定要遭受這些「六腳強盜」的騷擾。小型植物（如苜蓿）必須與一、兩百種草食性昆蟲奮戰，樹木與其他大型植物則必須和一千種以上的蟲子搏鬥。這還是北方各地的統計數字。在曼荼羅地上，啃食植物或吸取其汁液的昆蟲種類可能遠多於此，在熱帶地區就更多了。

the forest unseen.

由此可見，這個世界充滿了「吃素」的盜賊；沒有任何植物可以躲過牠們的耳目。

曼荼羅地上的植物被草食性昆蟲侵擾的最明顯跡象，就是葉子上出現了小洞。美洲血根草的葉子邊緣原本有很深的鋸齒，但蟲子又啃又咬的結果已經破壞了這些鋸齒的線條。延齡草的葉片同樣出現了不規則的裂口。山胡椒的葉片上則散布著橢圓形的小洞，葉緣也有完整的半圓形缺口。禍首（或藝術家，看你從什麼角度來看）已經離開了現場。牠們很可能是毛毛蟲（蛾和蝴蝶的幼蟲）。毛毛蟲是吃草冠軍。牠們生下來的任務就是把葉子變成牠們身上的肉。但此刻我只看到一隻毛毛蟲而已。牠正在啃著一片楓葉。由於牠身上那層綠色的皮膚極薄，因此我可以看到牠的腸子正在蠕動。除了牠之外，我看不到其他毛毛蟲的蹤影。我在每片葉了的邊緣、葉柄和芽尖上搜尋，都一無所獲。牠們要不是躲在落葉層裡，就是已經到了食物網的上游，或許此刻正在某隻已經棲息的鳥兒的肚子裡。

除了毛毛蟲之外，潛葉蠅也在葉子上留下了印記。牠們吃的大多是楓樹樹苗的葉片。有些人在吃三明治或餅乾時，會把外皮掰開，只吃內餡，潛葉蠅的做法也很類似，但牠們不是把餅乾掰開，而是潛入葉子裡面，用牠們微小而扁平的身軀在葉子的上下表皮之間緩緩移動，一邊前進，一邊啃食葉子裡面的細胞，並在身後留下一道啃咬過的痕跡。北美洲共有一千多種潛葉蠅。每一種留在葉片上的瘢痕形狀都不太相同。有些潛葉蠅是繞著圈子移動，在葉片上留下棕色的斑點。有些則似乎隨意前進，沒有一定的路線，走過之處會留下一條淡淡的痕跡。有些更龜毛的物種則會來來回回移動，很有系統的進食。被牠吃過的地方看起來就像是一片剛割過的草坪。潛葉蠅是許多種飛蟲（包括蒼蠅、蛾和甲蟲）的幼蟲。這些幼蟲完成任務後，就會變成有翅膀的成蟲，並且在葉片上產卵，製造下一代的潛葉蠅。

此刻，我前面這株莢蒾的莖上，有一隻和潛葉蠅完全不同的草食性昆蟲。牠蹲踞在莢蒾叢頂端的嫩芽上，顏色和這株莢蒾一樣濃綠。牠低著頭，面向葉柄的根部，翅膀和身軀稍微抬起，狀似一隻東方拖鞋或花俏的荷蘭木屐，整體看起來幾乎就像是一個如假包換的葉芽。但牠可不像葉芽那般無害，因為牠是一隻葉蟬，一種像壁虱一樣黏附在宿主身上的昆蟲。

葉蟬的顎部有一根可以彎曲的細針，能夠刺進葉柄的纖維裡，伸入植物的導管（木質部和韌皮部）中。葉柄中的導管和樹幹裡的導管一樣，只不過新生的葉柄表皮很薄，因此這些導管離表面很近，很容易被葉蟬吸食到。由於木質部主要負責運送水，韌皮部則富含糖和其他食物分子，所以葉蟬比較喜歡後者。牠們會把尖銳的口器伸進那些導管裡，汲取韌皮部裡的養分。由於糖水從葉子流到根部時，會使得韌皮部裡充滿水的壓力，因此葉蟬只需要把牠們的口器插進那些導管裡，裡面的食物就會自動噴進牠們的嘴巴裡。正由於葉蟬（以及牠們的親戚蚜蟲）是如此擅長吸食韌皮部的養分，而牠們的口器又是如此精巧細緻，遠非人類所用的針所能及，因此有些研究植物的科學家們會利用牠們來做實驗。他們會把牠們的針狀口器剪掉。如此一來葉蟬便會死亡，但牠的口器仍會留在韌皮部的細胞裡，可以用來當作探針。

像葉蟬這類靠植物汁液維生的昆蟲，除了偶爾不幸會在人類的實驗室裡喪生之外，還面臨一個更大的問題。韌皮部是糖的絕佳來源，但它所含的氨基酸（製造蛋白質的原料）卻很少。木質部裡則幾乎沒有任何養分。韌皮部裡所含的氮只有葉子的千分之一到百分之一，而葉子本身的氮含量也只有動物肌肉的十分之一。因此，昆蟲要靠樹液維生，就像是一個人企圖靠一餐喝一箱汽水來獲得均衡的營養一樣。針對這個問題，葉蟬的解決方式是每天喝相當於牠們乾體重（dry body weight）兩百倍的樹液。這就像是一個人每天喝將近一百罐汽水一樣。這樣龐大的分量彌補了樹液裡氮濃度的不足。

不過，這種大量飲用樹液的策略也會導致另外一個問題：如何把多餘的水和糖排出去，而又不致同時損失氮？演化之神解決這個問題的手段，是為葉蟬所喝的樹液創造兩條路徑。葉蟬的腸道裡有一個過濾器，可以把不需要的水和糖送到一條分流管裡，只讓珍貴的食物分子進入腸道。這些進入分流管的水和糖會一滴滴的從牠們的肛門排出去，形成一層黏稠的「蜜露」。這也就是我們在那些被葉蟬、蚜蟲或介殼蟲寄生的植物上面所看到的東西。有些昆蟲學家認為，以色列人在《出埃及記》中所吃的「嗎哪」就是這種蜜露。這種可能性當然是存在的，但我們很難想像有人可以連續四十年只靠這種氮量不足的葉蟬分泌物維生，不過如果能配上烤鵪鶉（譯注：根據聖經中記載，當時上帝除了賜予以色列人嗎哪之外，也賜給他們許多鵪鶉），或許就行得通了。

葉蟬的腸道裡雖然有個精密的過濾系統，如果沒有細菌的幫助，牠們的飲食仍然有營養不足之虞。植物的汁液不僅含水量高，其中所含的氨基酸也不均衡，缺乏昆蟲成長所需的部分必要氨基酸。昆蟲無法平白製造出這些氨基酸。幸好葉蟬的腸道細胞具有特殊功能，可以留住那些會製造氨基酸的細菌。這是一個互惠的局面：細菌不僅有地方可待，還有源源不絕的食物可享用，而葉蟬則可以得到牠們所欠缺的養分。這些細菌不像鹿的瘤胃裡漂浮的微生物，它們是嵌在宿主的細胞裡。就像地衣當中的水藻一樣，這些細菌離開了宿主就無法生存，它們的宿主少了這些體內的小幫手也活不下去。所以，此刻我在眼前的枝葉上看到的這隻葉蟬可說是不同生命的綜合體，是曼荼羅地上的另一個俄羅斯娃娃。

從事害蟲防治工作的昆蟲學家對葉蟬依賴體內細菌的現象特別感到興趣。這是因為葉蟬和蚜蟲會使作物蒙受很大的損害，而且往往會將疾病傳播給牠們咬過的植物。如果這些昆蟲學家可以設法破壞或切斷葉蟬和牠體內細菌的關係，那麼田裡的作物或許就可以免於牠們的危害。這個想法目前尚未付諸實行，但萬一它被付諸實行，我希望我們不至於被自己的聰明所誤，看不出我們在採取這樣的行動後所可能付出的代價。如果我們用化學藥劑來切斷這些益菌和其宿主之間的關連，其影響可能遠不止於讓作物免於葉蟬的危害而已。土壤的活力和我們腸道的健康，都必須依賴這類細菌的作用。就更深的層面而言，所有的動物、植物、真菌和單細胞生物的細胞內都有古老的細菌存在，葉蟬只是冰山的一角而已。我們若拿鐵鎚敲擊這一角，可能會使得整座冰山都裂開。

曼荼羅地上有著各式各樣的草食性昆蟲。牠們對植物的任何一個部分都不放過。花朵、花粉、葉子、根部和汁液都是牠們下手的目標，所用的武器也是林林總總、五花八門。儘管如此，曼荼羅地依舊綠意盎然。草木的葉子雖然有些缺損，但仍是森林裡主要的景觀。在曼荼羅地的上方，樹葉層層交疊，遮蔽了天空。在曼荼羅地的四周，山坡上視線所及之處都是一叢叢的灌木；在曼荼羅地的下方，我的雙腳所站之處，各種幼木和草本植物形成了一面綠油油的毯子。森林似乎是草食性昆蟲的天堂，是牠們可以大快朵頤的一場饗宴，但為何曼荼羅地的草木沒有被蟲子們吃個精光？這是個很簡單的問題，卻在生態學家之間引起了很大的爭議。不過，這樣的爭議也是好的，因為草食性昆蟲和植物之間的關係，乃是森林中其他生態關係的基石。如果我們無法回答這個問題，或者回答得不正確，我們就無法真正了解森林的生態。

關於這個問題，鳥兒、蜘蛛和其他掠食者或許可以提供一部分的答案。牠們可能吃掉了一大部分的昆蟲大軍，使得草食性昆蟲的數量不至於大到毀滅森林的程度，從而對植物發揮了保護的作用。關於這個解釋，有一個現象足以佐證：草食性昆蟲很少彼此相互競爭；牠們的數量是受到掠食者（而非同類）的抑制。這點是很重要的，因為競爭是推動演化的力量。如果草食性昆蟲的數量完全是受到掠食者的抑制，則大自然的演化機制應該會更著重於幫助這些草食性昆蟲躲避掠食者，而非讓牠們在食物的競爭上取得更大的優勢。

為了了解昆蟲的數量是否真的受到掠食者的抑制，曾經有科學家在植物的四周裝設籠子。如果昆蟲的多寡取決於掠食牠們的動物，則籠裡的昆蟲數量應該會激增，籠裡的植物葉子也應該會被吃光，只剩下枝幹。但這項實驗並未有明確的結果。在掠食者被隔離的情況下，昆蟲的數量有時確有增加的現象，但增加的幅度往往並不明顯。在某些季節和某些地點，裝設籠子甚至毫無效果可言。即使昆蟲數量增加了，籠裡的植物依舊綠葉繁茂，只是它們被吃掉的葉子比籠外的植物更多罷了。因此，草食性昆蟲的數量之所以受到抑制，並非完全是受到掠食動物的影響。

我們人類也吃植物，因此我們或許可以從人類的飲食習慣來探討這個問題的答案。我居住的地方四周都是楓樹、山核桃和橡樹，但我卻從不曾吃過樹葉沙拉。我的腳下長著許許多多野生的草本植物，但我也從未把它們當成食物。我的藥草書籍告訴我：少量的野生藥草或許可以緩和病情，但吃多了就會造成心跳停止、青光眼、腸胃不適、管狀視覺（tunnel vision），或黏膜有刺激感等現象（症狀視藥草的種類而定）。人類所栽植的藥草在經過培育後毒性已經消失了，因此我們並不了解它們原本的面貌。當然，我們人類並未演化成為以葉子為食的動物，因此我們體內缺乏大多數真正的草食性動物都有的生化解毒機制，但我們之所以無法攝取周遭的大部分植物，也透露出一個很重要的事實：植物的世界並不像表面看起來那麼平和。關於這點，我們還有另外一個佐證：除了人類之外，其他草食性動物都有專門的生化機制，可以中和牠們食物當中的毒性。因此，我眼前的曼荼羅地並不是一場迎賓的盛宴，而是一場鴻門宴，其中陳列著各式各樣有毒的菜肴，而草食性動物只選擇其中毒性最輕的來食用。

有機化學專家的研究結果也證實了這一點。植物的世界其實充滿了怨毒與仇恨。它們會運用各式各樣的手段用來嚇阻敵人、擾亂其消化系統，並加以毒害。老鷹也明白這一點，因此牠們會用新鮮的綠葉鋪在窩巢的底層，藉以驅趕跳蚤和蝨子。事實上，牠們也可以考慮使用《紐約時報》。因為有科學家曾在容器裡鋪上舊報紙（他們用的是《紐約時報》），用來養殖昆蟲。他們後來發現這些昆蟲都長不大，而容器裡鋪著《倫敦時報》的蟲子後來都順利長大了。但關鍵並不在於報紙的品質，而是因為《紐約時報》的報紙是用香冷杉（balsam fir）製成的紙漿。這種香冷杉會製造一種化學物質，其成分類似其敵對昆蟲所分泌的荷爾蒙，可以阻礙後者的發育並使其無法繁殖，藉以保護香冷杉本身。但《倫敦時報》所採用的樹種就沒有這種保護性的荷爾蒙，因此以這些樹木木漿製成的紙就不具毒性，可以用來鋪在昆蟲盒子的底層。

因此，現在我們與其去問「植物如何在草食性昆蟲的進擊之下仍然得以倖存？」，不如反過來問「草食性動物是用什麼方法對付有毒植物？」。令我們疑惑的不再是植物為什麼沒有被吃光，而是草食性動物吃了有毒植物之後為什麼不會死亡？草食性昆蟲之所以能夠吃有毒植物，主要的原因當然是牠們體內具有解毒機制，但另一方面，牠們也會選擇那些最容易消化的部位，以規避植物的毒性。因此，我眼前這隻綠色毛毛蟲之所以剛好在吃楓樹的嫩葉，並不是一種巧合。楓樹就像其他許多樹種一樣，會用苦澀的丹寧酸來保護它們的葉子。丹寧酸只有在濃度很高的狀況下才具有足夠的嚇阻力，而嫩葉裡尚未累積足夠的丹寧酸，因此不具毒性。如果這隻毛毛蟲在八月孵化，牠所面臨的將是一座飽含丹寧酸的森林。但許多草食性昆蟲都在春天孵化，因此能夠避開植物的這種防禦機制。

植物和草食性昆蟲雙方刀光劍影、你來我往的局面，使得曼荼羅地的生態處於一種彼此僵持不下的緊張態勢，其中沒有任何一方可以把對手擊潰。葉子上的洞孔和咬痕，乃是雙方在今年這一回合交手的痕跡。這是一場可敬的對決，也是曼荼羅地生態的本色。

May 25

五月二十五日

漣漪

the forest unseen.

一群飢餓的母蚊在空中飛舞，接著便俯衝而下，降落在我的手臂和臉上，開始探測。牠們先前之所以迎風飛來，是因為嗅到了我身上散發的哺乳動物體味。除此之外，我裸露的肌膚對牠們也很有吸引力，因為上面沒有濃密的毛髮妨礙牠們進餐。這是多麼省事的一餐！

有隻蚊子停在我的手背上，而我也任由牠在我的皮膚上探索。牠的體色像老鼠一樣，是褐色的，體表有少許絨毛，腹部有扇貝狀的圖案，腳又細又彎，身體和我的皮膚平行，頭部下方有一根凸出的針管。牠慢慢的移動這根針管，似乎是要在我的皮膚上尋找一個適合下手的地點。之後牠便停了下來，靜止不動，然後把頭埋在兩條前腿中間，將那根針管插進我的皮膚裡，讓我感到一陣刺痛。這股刺痛感一直持續到牠的針管往裡頭戳進好幾釐米為止。此時，牠雙腿中間包覆針管的護鞘已經往外翻，露出了一小截細細的管子，介於牠的頭部和我的皮膚之間。牠的口器看起來像是一根針，實際上裡面卻有好幾種工具，其中包括兩根尖利的螫針。它們負責將皮膚割開，讓幾根唾液管和一根狀似吸管的攝食管能夠伸進去。唾液管會分泌一些化學物質，防止血液凝結，但這些化學物質也會引起過敏反應，讓我們的皮膚產生腫包。

這根口針具有彈性，因此一進入我的皮膚就開始彎曲，然後就像蟲子在找尋一塊柔軟的土壤一般，在我的皮膚裡四處探測，找出血管所在的位置。由於毛細血管太小，因此蚊子要找的是一條較大的血管，也就是小靜脈或小動脈。這兩種血管是我們血液系統裡的州內高速公路，靜脈和動脈則相當於州際高速公路。但靜脈和動脈因為管壁太硬，因此蚊子對它們並不感興趣。當蚊子的口針鎖定目標後，它那銳利的尖端便會刺穿血管壁。這時在口針上方流動的血液會刺激蚊子的末梢神經，使它傳送訊號給頭部負責吸血的部位，請它開始抽血。如果這隻蚊子無法找到一條合適的血管，牠就會拔出口針，再試一次，或者就乾脆吸食口針刺穿毛細血管時所流出來的那一小灘血。但後者進行的速度遠比前者慢，因此蚊子在找不到大條的血管時多數寧可拔出口針，前往其他部位尋找更豐富的血源。

我手上的這隻蚊子顯然已經刺進了一條血量豐富的血管。只不過幾秒鐘的時間，牠淺褐色的下腹部就脹成了一顆鮮豔的紅寶石。牠背上標示著腹節的扇貝型圖案都被撐開來了，使牠的身體看起來好像脫臼了一樣。牠一邊吸著血，一邊轉動著身體。這或許是因為牠的口針碰到了血管彎曲的地方，牠必須努力將它向前推進的緣故。當牠的肚子脹成了半球型時，牠便突然抬起頭，然後就立刻飛走了，在我手上留下一種微微的灼熱感，也讓我損失了兩毫克的鮮血。

這兩毫克的鮮血對我而言微不足道，卻是這隻蚊子體重的兩倍，使得牠飛行時姿態頗為笨重。吃飽後，牠會停在一根樹幹上休息，然後以排尿的方式排除牠所吸收的一部分水。人類血液中的鹽分遠比蚊子的身體濃，因此牠也會把這些鹽分排入尿液中，以免我的血液擾亂牠的生理平衡。在一個小時之內，牠從這頓大餐中攝取的水和鹽約有半數都會被排除。剩下來的血液細胞將會被消化，我的血液當中的蛋白質也會變成蚊子卵中的蛋黃。事實上，我血液中的養分只有一小部分會被母蚊本身吸收，其餘絕大部分都被用來製造蚊子卵。因此，每年之所以會有數以百萬計的蚊子叮咬人類，其實都是牠們為了要當母親而預做準備。我們的血液是牠們得以繁衍子嗣的要素。雄蚊和非生育期的雌蚊就像蜜蜂或蝴蝶一樣，會吸食花蜜或從腐爛的水果中攝取糖分。只有母蚊才需要從血液中獲取額外的蛋白質。

根據我眼前這隻蚊子的顏色和絨毛來判斷，牠應該屬於「家蚊」（*Culex*）。這意味著牠將會在池塘、溝渠或某一灘死水的表面，產下一個小小的「卵筏」（raft of eggs）。這種蚊子由於經常在人類住家附近的惡臭污水中繁殖，俗名才被稱為家蚊。母蚊會從牠們的繁殖區飛行到一英里之外，甚至更遠的地方，去尋找合適的「捐血人」。眼前這隻母蚊在吸了我的血之後，可能會把卵產在我後面半英里處的一座池塘中，或一英里外的城鎮裡某條加蓋的水溝或下水道裡。這些卵會在那兒孵化成水生的幼蟲，漂浮在水面下。幼蟲的尾部有一條通氣管，黏附著水面的那層薄膜，使牠們一方面得以固定，一方面也得以呼吸。幼蟲的頭部垂在水中，會從渾濁的水裡過濾出細菌和死掉的植物組織。因此，蚊子在牠們的生命週期中，相繼取用了三種對動物而言最豐富的糧食資源：豐饒的溼地生物、花蜜中濃度極高的糖分，以及脊椎動物的黏稠血液。每一種飲食都會形成一股幾乎擋不住的動力，把牠們推向生命的下一個階段。

如果我今天沒到曼茶羅地來，這隻家蚊很可能會找到另外一個捐血者供牠飽餐一頓。這類家蚊雖然很喜歡在人類聚居的處所活動，但牠們通常是以鳥血為食。這對鳥兒相當不利，因為家蚊會傳播疾病，特別是禽類瘧疾（avian malaria）和最近流行的西尼羅河病毒。在曼茶羅地上空飛行的鳥類中，大約有三分之一在血液中都有禽類瘧疾的病原蟲。大多數鳥兒被感染後似乎並未受到太大的影響，可以繼續存活，但感染了西尼羅河病毒的鳥兒死亡率就比較高。這或許是因為美洲的鳥兒對來自非洲的病毒沒有天生的抵抗力吧。

當家蚊找不到烏鴉或山雀可以吸血時，就會去叮咬人類。牠們這種頗具彈性的飲食習慣，使得鳥類血液中的寄生蟲有機會進入人體。其中有些寄生蟲（如禽類瘧疾的病原蟲）到了人體這個陌生的環境之後就會死亡，但有些（包括西尼羅河病毒）則可以落地生根，並對人體造成感染。寄生蟲要從鳥血進入人血，必須先有一隻蚊子叮咬一隻受到感染的鳥，染上了病毒，然後這些病毒會在蚊子的唾液腺裡繁殖。如果這隻蚊子接著又叮咬了某個人，則牠所分泌的唾液中可能就含有西尼羅河病毒。如此一來，西尼羅河病毒可能就會從烏鴉身上進入人體。

我剛才或許不應該一時好奇，任由這隻蚊子吸食我的鮮血，因為這樣的好奇心可能會讓我的身體被另外一種生物占據，甚至使我因此喪命。但事實上，這種風險並不高。去年在整個北美洲，只有四千人感染西尼羅河病毒，其中住在田納西州的有五十六人。這些案例當中，大約百分之十五會致命。因此，如果你感染了這種病毒，確實是很可怕的，但比起我們每天所面臨的其他風險，這其實並不算什麼。西尼羅河病毒之所以廣受媒體報導，並非因為它對我們造成了多大的威脅，而是因為它是一種新的病毒，而且它所感染的對象不分人畜，再加上我們無法預測它是否會造成更大的威脅。除此之外，這種病毒對於製造殺蟲劑的廠商、靠政府補助的研究經費維生的科學家，以及想要炒作新聞的報社編輯而言，可說是天上掉下來的禮物。於是，西尼羅河病毒就在恐懼與利潤這兩個因素的推動下，成了眾所矚目的焦點。

事實上，曼荼羅地之前一直籠罩在另一種病毒的陰影下。這種病毒對人類生命的威脅遠比西尼羅河病毒更大。它是另外一種瘧疾的原蟲，潛伏在蚊子的唾液腺裡，準備進入人類（而非鳥類）體內。在二十世紀初期，美國南部地區每年感染瘧疾的人當中平均有百分之一會死亡。在密西西比的沼澤區，死亡率是百分之三。在田納西州這一帶的山區，瘧疾的死亡率較低，但還是不可輕忽。這種可怕的疾病在美國東部地區一度非常盛行，但到了十九世紀時，由於政府實施了各種滅蚊計畫，瘧疾便自東北部絕跡了，在時間上比南部地區早了幾十年。到了二十世紀初，南部地區也開始推動一項撲滅瘧原蟲的計畫，才終於消除了瘧疾。這項運動是針對瘧原蟲生命週期中的各個階段採用不同的做法，包括：分發大量的奎寧丸，用來治療那些受到感染的人，以免他們再次傳染給蚊子；鼓勵或規定人們在門窗上加裝紗網，使得蚊子沒有機會吸食人血；將溼地和池塘裡的水排乾，使蚊子沒有地方可以繁殖；或在水裡放油，把蚊子的幼蟲悶死，或在水裡噴灑殺蟲劑，把孑孓殺死等等。經過這種種努力，儘管瘧原蟲在南方的宿主（蚊子和人類）並未死亡，但由於兩者之間的距離拉得夠遠，因此瘧原蟲便在南方絕跡了。

我在曼茶羅地被蚊子叮咬的經驗，乍看之下似乎與瘧疾毫不相干，但事實並非如此。曼茶羅地之所以能夠逃過鏈鋸的砍伐，是因為它位於南方大學（University of the South）的保留地內。我會來到此地也是因為這所大學的緣故。然則，南方大學為何會坐落於這片山坡地上？其中原因之一就是瘧疾。這所學校就像東部許多歷史較悠久的大學一樣，位於一座高地上，遠離那些可能帶來瘧疾和黃熱病的沼澤地。由於田納西州的山區天氣涼爽、較少蚊蟲，因此這所學校便成為南方仕紳子弟就讀的理想場所。夏天時，學校照常上課，讓學生們得以避開城裡的暑氣和疫病。到了冬天，亞特蘭大、紐奧良和伯明罕等地的蚊蟲暫時停止活動時，學校便開始放假，成為一座空城。這樣理想的地點正是南方大學之所以坐落於山頂，且迄今屹立不搖的原因之一，儘管它最主要的恩人之一（瘧原蟲）早已經從這塊土地上銷聲匿跡了。

既然瘧原蟲和蚊子是促使我來到曼茶羅地的因素之一，那麼我讓一隻蚊子把我血液中的部分原子帶走，並將它們重新排列組成一個卵筏，也是應該的。我們經常忽略我們的身體和自然萬物之間的關連。蚊子的一叮一咬、我們的每一次呼吸，和我們所吃的每一口食物，都讓我們和大自然連結，成為其中的一部分，但大多數人並未體認到這點。有些人在用餐時會做謝飯禱告，卻沒有人會在每次呼吸或被蚊子叮咬時這麼做。當然，我們之所以如此渾然不覺，有一部分也是為了自我防衛，因為我們所吃下肚、吸進肺裡或被蚊子帶走的分子數以百萬計，我們透過這些分子和自然所形成的連結不僅數量太多也太過複雜，已經超乎我們的理解能力。

此刻，我坐在曼荼羅地上，想著萬事萬物之間的種種連結，腦子竟有些不堪負荷，只好拉起我長袖運動衫的帽兜，把手縮進袖子裡，讓自己稍微放空一下。這時，我透過帽兜的邊緣，看見了另一種原子流動的痕跡：有隻蝸牛已經死在我身旁的那塊岩石上，只剩下幾片蜂蜜色、半透明的殼留在石頭表面，想必是某隻急於補充鈣質的鳥兒所下的手。

每到春天時，就會有大量鈣質從土壤轉移到空中。這隻蝸牛只不過是其中一小部分而已。將要產卵的母鳥會在森林中搜尋蝸牛的蹤影，覬覦後者背上那一層富含碳酸鈣的殼，而牠們之所以如此是有道理的，因為母鳥如果不增加鈣的攝取量，將無法製造出那白堊般的蛋殼。

蝸牛被鳥兒吞食後，牠的殼會先進入鳥的砂囊，被一束肌肉和一些堅硬的沙粒磨碎。這時裡面的鈣質會逐漸溶解出來，隨著糊狀的食物進入腸道，再透過腸壁進入血液中。如果鳥兒當天就下蛋，這些鈣質可能會直接進入牠的生殖器官，如果不是，就會被送到鳥兒的翅膀和雙腿的長骨中心那些專門用來儲存鈣的地方。這種「髓骨」（medullary bone）只有生育期的雌鳥才有。那些預備產卵的母鳥體內會逐漸長出這種骨頭，等到牠們下了蛋之後，這些髓骨就完全溶解消失了。整個過程只花幾個星期的時間而已。梭羅曾說他希望「吸取生命的精髓」。這些母鳥也確實奉行了這個原則：每年春天牠們都會把自己的骨頭吸乾，用來製造新的生命。

那些被母鳥吸收的鈣會經由血液運送到「殼腺」（shell gland），然後以碳酸鈣的形式離開血液，進入蛋殼中。當鳥蛋從鳥的卵巢經由一條管子遷往外面的世界時，殼腺是它的最後一站。在之前的階段，母鳥的卵子會被先裹上蛋白，然後再用兩層堅韌的薄膜包起來。最外層的薄膜上分布著許多細小疙瘩，其中含有許多複合蛋白質和糖分子。這些細小疙瘩會吸引殼腺裡的碳酸鈣結晶，並成為後者聚集的中心。這些結晶就像不斷向外擴散的城市一般，一層一層逐漸累積，最後相互結合，在卵子的表面形成一層馬賽克般的組織。其中有些地方的結晶並未密合，於是便形成一個個小洞，成為蛋的氣孔，從第一層蛋殼一直延伸到蛋的表層。第一層蛋殼形成後，碳酸鈣仍會繼續在上面聚集，形成一根根緊密相連的晶柱，共同組成第二層蛋殼。這些晶柱之間還有蛋白索相連，藉以強化蛋殼。這最厚的一層蛋殼完成後，殼腺會在上面再鋪一層扁平的晶體，最後並塗上一層具有保護作用的蛋白質。如此這般，蝸牛殼就被分解成了鳥蛋的一部分。

當雛鳥在蛋裡逐漸發育時，牠會吸收蛋殼裡的鈣質，使得蛋殼愈來愈薄，並且把那些鈣變成自己的骨頭。這些骨頭可能會飛到南美洲並且沉積在雨林的土壤裡，這些鈣質也可能在某一場導致候鳥死亡的秋日風暴中回到海裡。當然，這些骨頭也可能在下一個春天飛回這裡的森林，裡面的鈣質會在這隻鳥下蛋時被用來製造蛋殼，而這些蛋殼的殘骸可能會被一些蝸牛吃掉，使得裡面的鈣質重新回到這塊曼荼羅地。類似的過程將會不斷在其他生物的一生當中反覆，交織成生命這塊多采多姿的織錦。一隻小鳥在吃了一隻飛過牠身邊的蚊子，或被這隻蚊子叮咬後，體內可能同時會有我的血液和這隻蝸牛的殼。過了幾千年後，這兩樣東西可能會變成海底某隻螃蟹的爪子或某隻蟲子的腸子。

然而，這塊生命的織錦正被人類科技的風吹往一個不可知的方向。遠古時死在沼澤裡的植物形成了化石。這些化石當中含有許多硫原子。由於人類為了促進文明而燃燒大量的煤炭，因此現在這些硫原子都被排放到大氣中，變成了硫酸，隨著雨水降落在曼荼羅地上，使得土壤開始酸化。這些酸雨改變了土壤的化學狀態，對蝸牛造成了不利的影響，使得牠們的數量逐漸減少。母鳥也因此更難攝取到鈣質，以致牠們所下的蛋愈來愈少，甚至根本不下蛋。在鳥類的數量減少後，蚊子是否更不容易吸到血？還是牠們會少一些掠食者？鳥類變少後，像西尼羅河病毒這類生長在野鳥體內的病毒也可能會受到影響。這樣的改變就像漣漪一般，在森林裡不斷擴散，或許到了某個階段會停止，但也可能一直持續下去，在通過蚊子、病毒和人類後，不斷的往外擴散。

June 02

六月二日

探索

有隻壁蝨停在一株莢蒾的枝條頂端，距我的膝蓋只有幾英寸。我雖然很想把牠撢開，但終究還是按耐住了。不僅如此，我還把身子湊過去，想把牠看個清楚，瞧瞧這個被我認定是害蟲的小傢伙究竟是個什麼模樣。牠意識到我靠近，便慌忙抬起前面四隻腳（牠一共有八隻腳），作勢要跳走。我屏住呼吸，按兵不動，牠才恢復了原來的姿勢，把最前面的那對腳舉得高高的，彷彿一位正在向天空膜拜的先知。由於我的眼睛距牠很近，因此可以看到牠皮革般的橢圓身體邊緣的細小扇貝圖案。牠那雙高舉的腿末端有著半透明的腳，映著陽光閃閃發亮。牠的身軀是栗色的，背部中央有個白點，顯示牠是一隻成年的母孤星蜱（lone star tick）。牠身上的栗色似乎滲入了那個白點，使得這顆白色的「孤星」泛著金色的光澤。

這隻孤星蜱的頭上有著醜陋而原始的武器，抵消了牠的身體所散發的奇特美感。牠的頭很

the forest unseen.

小，小得不成比例。我透過放大鏡，看到牠頭上有兩根又短又粗的柱子往前凸出，其下隱約可以看到牠那銳利、怪誕、有如瑞士軍刀般的口器。為了看得更清楚一些，我伸出手，握住那莢莛的枝條，把牠拉了過來。那孤星蜱發現了我的手，便猛然跳了過來，並瘋狂的舞動前腳，彷彿在打著旗語。我被這突如其來的動作嚇了一跳，便趕緊鬆開枝條，把手縮回來。這想必令那孤星蜱甚為失望。

曼荼羅地上的這隻孤星蜱，正在進行動物學家所謂的「探索」（questing）行為。這使得牠在某種程度上彷彿圓桌武士一般高貴，沖淡了我們對牠吸血行徑的厭惡。這個「探索」的意象其實非常貼切，因為無論是「亞瑟王的圓桌武士」，抑或這隻「常綠林的蛛形綱動物」，所探索的都是同樣一個東西：一個裝滿血的聖杯。就這隻孤星蜱而言，這個聖杯就是一隻溫血動物。它可以是一隻鳥，也可以是一隻哺乳動物。

圓桌武士神祕的探索行動所要尋找的，是從基督的傷口流出後被亞利馬太城的約瑟（Joseph of Arimathea）以聖杯盛裝的血。但壁蝨對於血的來源就沒這麼講究，而且牠們在探索行動結束後便會開始脫皮或交配。此外，牠們的行動風格也和圓桌武士迥異。大多數壁蝨都是坐在那兒，等著「聖杯」自己送上門來，然後再發動突擊，不會跋山涉水去尋找一頓鮮血大餐。曼荼羅地上的這隻孤星蜱所表現出來的，正是典型的探索行為：牠們會爬上一株灌木或一片草葉，坐在頂端，然後伸出前腳，等著受害者擦身而過。

壁蝨的每一隻前腳都有「哈氏器」（Haller's organ）。這是幫助牠們吸血的利器。這些哈氏器是一根根鋸齒狀的刺，裡面有許多感應器和神經，可以感應二氧化碳的氣息、汗味、細微的熱氣或腳步的震動。因此，牠們那些高舉的前腳同時具有雷達和「攫握器」（grasper）的功能。只要有鳥兒或哺乳類動物經過，壁蝨一定可以透過牠們的氣味、觸覺和溫度察覺。當我把那株莢蒾的枝條拉過來時，這隻孤星蜱的哈氏器便會感應到我所呼出的氣息，然後開始痙攣，促使牠像彈簧般朝著我的手指撲過來。

壁蝨在探索時最怕的就是脫水。牠們會在戶外場所等待宿主出現，往往一坐就是好幾天，甚至好幾個星期。這段期間，風會把水氣帶走，牠們那皮革般的小小身軀也會曝曬在陽光下。牠們如果到別的地方尋找水源，就非得中斷牠們的探索行動不可，更何況在許多地方根本找不到水。因此，壁蝨發展出一種從空氣中攝取水的能力。牠們會分泌一種特殊的唾液，存放在嘴巴附近的一道溝槽裡。這種唾液就像我們用來使小型電子產品保持乾燥的矽膠一樣，會從空氣中吸收水。壁蝨吞嚥了這些吸了水的唾液之後，就能補充體內的水，以繼續牠們的探索行動。

當壁蝨的前腳牢牢扣住潛在宿主的皮膚、羽毛或頭髮時，牠的探索就告終了。此後這隻幸運的壁蝨就會在宿主的身上到處爬行，並用牠的口器探測對方的肌膚，尋找一個柔軟而多血的位置來下手。壁蝨就像那些來無影、去無聲的飛賊一般，能夠在我們的身體上到處攀爬，卻不致被我們發現。如果你拿一枝鉛筆輕輕沿著你的手臂或腿部滾動，你應該會有感覺，但如果你捉了一隻蝨子，讓牠在你的手腳上爬行，你很可能一點感覺也沒有。沒有人知道牠們是怎麼辦到的。我猜牠們可能是對我們的神經末梢施展了某種魔法，用牠們那具有催眠效果的腳步聲把我們身上那些如同眼鏡蛇一般的神經元馴服了。如果你想知道你的腿上是否有一隻蝨子，最好的方法就是留意你的腿是否突然一點都不癢了。夏天在森林中散步時，你會覺得皮膚一直都癢癢的，好像有蟲子在爬。當那種感覺消退時，你身上就有了蝨子。

壁蝨和蚊子不同，牠們在進食時是一派從容不迫、好整以暇的模樣。牠們會用口器頂住宿主的皮膚，然後慢慢的加以鋸開，等到洞開得夠大時，就把一根有刺的管子（被稱為「下口部」或「垂唇」）伸進去吸血。牠們往往一頓飯就吸個好幾天，因此會把自己牢牢的黏在宿主皮膚上，以免後者在抓癢時把牠們撣掉。這個黏附的力道比牠們本身肌肉的力道更強。這就是為什麼你用火柴棒來燒壁蝨也沒用的原因。即使牠們的屁股著了火，牠們也不會立刻放手。相較於其他幾種壁蝨，孤星蜱吸血的部位又更深，因此也特別難以拔除。

壁蝨吸血後身體會脹得很大，因此牠們只好長出新的皮膚來加以因應。牠們所吸的血量非常多，以至於牠們會面臨和先前探索時期完全不同的一個問題：不是「脫水」，而是水太多了。但牠們不會因為吃飽了而停止進食，而是把腸子裡的血液中的水抽出來，吐回宿主的體內。這種行徑當然嚴重違反了「盜亦有道」的精神，尤其是在牠攜帶了某些病菌的時候。正由於壁蝨會把牠所吸的血液加以蒸餾濃縮後儲存在肚子裡，因此一隻吃飽喝足的壁蝨體內如果有半茶匙的血，就代表牠的宿主已經被牠吸了好幾茶匙的血。

一隻母壁蝨在吸了血，體重增加了一百倍時，就會開始召喚位於宿主身上其他地方的公壁蝨。這時，牠依舊緊緊黏在宿主的皮膚上，一邊吸血，一邊開始分泌一些費洛蒙。這些化學物質透過空氣飄散出去後，那些公壁蝨就會爭先恐後的前來報到。一旦來了一隻，母壁蝨就會分泌更多的費洛蒙，然後這隻公壁蝨就會爬到母壁蝨靜止不動、豐滿巨大的身軀底下，用牠的口器把一小包精子插入母壁蝨甲殼上的一道裂縫中，然後就走開了，讓後者繼續用餐。當母壁蝨終於吃飽喝足時，牠就會把牠口器周圍的黏著物溶解，並且爬（或掉）到地上。然後，牠會待在原地，慢慢的消化那些血液，用來製作成千上萬個卵的蛋黃。所以，母壁蝨就像蚊子一樣，是用牠所吸的血來繁殖下一代。當這些卵成熟時，牠會把它們一簇簇的產在林地上。至此，牠不僅完成了探索行動，也把聖杯裡的血轉化成了蝨子卵。於是，體內已經空空如也的母壁蝨便心滿意足的死去了。

一個星期後，那些讓人害怕的小壁蝨便從卵裡面冒了出來。這些幼蟲無論外觀或行為模式都是牠們父母親的迷你翻版。牠們會成群的爬到孵化地的植物枝葉上，開始探索。由於牠們都是成群的孵化，因此會集體攻擊宿主，讓我們備感不適。但這些幼蟲當中只有十分之一可以找到宿主，其餘的大多在合適的動物經過之前就已經先餓死或乾死了。孤星蜱的幼蟲會攻擊鳥類、爬蟲類和哺乳類，對齧齒類卻似乎敬而遠之。其他種類的壁蝨幼蟲則剛好相反。牠們專門找老鼠下手。幼蟲找到宿主後，牠吸血的方式一如成蟲。吸完後就脫離宿主並且開始脫皮，蛻變成體型較大的稚蟲。這些稚蟲同樣會開始探索並吸血，然後再一次脫皮，變成成蟲。由此看來，曼荼羅地上的這隻成年壁蝨應該已經成功的完成兩次探索行動了。牠可能已經分別以幼蟲和稚蟲的形態度過了兩個冬季，所以現在應該有兩、三歲了。

看在牠如此長壽的份上，我有點想像上回對那隻蚊子一樣，送牠一點血。但後來還是打消了這個念頭。原因有二：第一，我每次被壁蝨咬了之後，免疫系統的反應都很強烈，會渾身發癢；如果被多咬幾口的話，還會失眠。其次，這隻壁蝨和那隻蚊子不同。牠很可能帶有某種可怕的疾病。由壁蝨傳染的疾病中最有名的便是萊姆病（Lyme disease）。這種病在附近這一帶相當少見，而且很少透過孤星蜱傳播。然而孤星蜱卻是其他疾病的主要帶原者，其中包括艾利希體症（Ehrlichiosis）和神祕的南方壁蝨相關皮疹（southern tick-associated rash illness）。導致後面這種疾病的病菌目前尚未能在人體之外繁殖，因此我們對牠們所知甚少，只知道牠們會引發一種類似萊姆病的疾病。除此之外，這隻孤星蜱也可能是洛磯山斑疹熱（Rocky Mountain spotted fever）和類似瘧疾的焦蟲症（babesiosis）的帶原者。想到這種種疾病，我只好趕緊打退堂鼓。

儘管這隻壁蝨的探索行動聽起來頗為高貴，我對牠的盔甲和武器也頗為欣賞，但我還是很想「啪」一聲把牠彈走，要不就是用我的指甲把牠掐死。我對壁蝨的厭惡可能不只源自過去被咬的經驗，而是許許多多世以來我們對壁蝨的恐懼已經烙印在我的神經系統裡。人類和壁蝨交手的歷史遠遠早於圓桌武士的年代，時間多了至少六萬倍。我們一邊抓癢，一邊趕蝨子的經驗可以追溯至人類出現之時，甚至到我們還是靈長類動物的時期（當時我們往往一邊吱吱叫，一邊互相梳理毛髮）。事實上，再更早一些，當我們還是食蟲動物乃至爬蟲類動物的時候，我們就已經飽受蝨子的騷擾，因為蝨子在九千萬年前就已經演化成形。在遭受幾千萬年的追逐後，「聖杯」已經累了。於是，我便繞過那株茨菰，離開了曼荼羅地。

June 10

六月十日

蕨類植物

the forest unseen.

正是盛夏時節。這兩個星期以來，天氣一天比一天更加溼熱，使得我走到曼荼羅地時不得不放慢腳步。冬天時，我往往健步如飛，以便讓身子暖和一些。但這樣的時節早已過去。相較於冬天時靜悄悄的光景，如今森林裡的動物多得令人印象深刻。四面八方都有鳥兒在歌唱。空中不時有小蠓、蚊子、黃蜂和蜜蜂飛過；螞蟻在落葉層上爬來爬去（在曼荼羅地上隨時都可以看到好幾打）；毛茸茸的跳蛛在林地上穿梭；馬陸也緩緩爬過落葉層的隙縫。在森林的上方，樹冠層層疊疊，又濃又密。那些葉子已經成熟，從春天時輕盈的淺綠變成夏日較為厚重的深綠，光合作用也全面啟動，吸收來自太陽的能源。這股能源正是森林生態得以存在的基礎。

在森林的地面層，短命春花大多已經凋謝，剩下來的都是那些很能適應暗處的植物，在陰暗的樹蔭下緩慢的生長著。其中數量最多、也最明顯的便是蕨類。我站在林地上放眼望去，只見整座山坡上幾乎每隔一公尺就長有蕨類植物。

曼茶羅地的南緣長著幾株聖誕耳蕨，葉片有我的前臂那麼長，整叢散開成弧形，像是插在帽子上的花稍羽毛。新生的葉子長得比去年的老葉高。後者雖然仍與株底相連，但已經俯伏在地，即將枯萎。這些老葉在冬天和春天時依舊綠意盎然，使株體得以行光合作用，以利今年的新葉長出。這種蕨類因為耐寒，成為當年的歐洲移民冬天時拿來裝飾慶典的素材，因此才被稱為聖誕耳蕨。曼茶羅地上這幾株耳蕨的新葉是在四月時從落葉層裡冒出來的，起先只是銀色的嫩葉，每片都緊緊的捲成一團，被稱為「捲牙」(fiddlehead)，之後才逐漸展開。這段期間，主莖拉長了，小葉也長了出來，形成優雅的錐形羽狀複葉。

這幾株聖誕耳蕨最高的幾片葉子頂端的小葉有些捲縮。它們不像一般的葉子那般，有著寬闊的葉面，以便吸收陽光，行光合作用。相反的，它們的形狀細細長長，葉子的背面還有兩排圓盤狀的東西。這些圓盤的大小相當於胡椒子，看起來像是一頂套在鬈髮上的無邊便帽。有許多棕色的捲毛從帽子的邊緣伸了出來。在我的放大鏡底下，這些捲毛看起來像是一條條深色的蛇。每一條蛇的身體都分成好幾節，顏色像土黃色，兩側有赤褐色的寬邊。每一條蛇的嘴巴裡也都銜著一大串的金色小球。這些蛇今天看起來都沒有動靜，但之前我曾經看過它們往上彈起，然後再彈回來，把那些金色的小球吐在空中。

這些小球便是蕨類植物的孢子。每一顆小球的硬皮裡面，都包著製造一株新的蕨類植物所需的材料。那些蛇則是植物自製的彈射器，用來把孢子擲向天空。蛇身上那一節一節的東西是細胞。這些細胞的細胞壁厚薄不一，因此可以產生彈射的動能。在陽光充足的日子裡，細胞內層的水會蒸發掉，使得剩餘水分的表面張力增加。由於這些細胞是如此的小，因此表面張力增加後，它們就會變彎，使得整條蛇向上拱起。這時，那蛇便會舀起許多孢子，準備發射。當更多的水蒸發後，細胞的表面張力就會繼續增加，使得那蛇愈發的彎曲，當張力到達極限後，細胞壁裡被壓抑的能量就「啪！」一聲爆發出來，把孢子彈射出去。當太陽直接照射在一片成熟的蕨葉上時，那些蛇的細胞當中的水會迅速蒸發，讓孢子像碰到熱油的爆米花一般飛濺出去，用肉眼看起來就像一陣陣煙霧。在放大鏡底下，這個動作看起來更戲劇化：那些蛇會同時彈射，砲火齊發，簡直像是在打仗一般。

由於孢子的彈射需要靠太陽把水蒸發，因此蕨類植物只能在晴朗的日子裡發射孢子。而在這樣的日子裡，孢子也比較有機會被送到遠方。今天溼氣很重，天色灰濛濛的，而且遠處雷聲隆隆，不是孢子旅行的良辰吉日（它們可能會被雨水沖刷到地上），因此那些彈射器也就毫無動靜。

每個孢子就像動物的卵子或精子細胞一樣，攜有上一代的半數基因。但它與卵子或精子不同的是：一個孢子落地之後，不需要與另外一個孢子結合就可以發芽。由此可見，植物的生命週期與人類有很大的不同。對動物而言，「性」包括兩個快速的步驟：把自己的基因分成兩半，用來製造生殖細胞，然後再讓卵子與精子結合，成為一隻新的動物。這樣的過程只有兩個步驟，形成一個簡單的循環。但蕨類植物的行徑卻很怪異。它們的孢子發芽後並不會長出葉片，而是長成一個小小的、像睡蓮葉片那般扁平的東西（原葉體）。它會不斷擴展，直到變得有如一枚小硬幣那麼大。

這個小圓葉片會自己製造食物，並且可以獨立生活。過了幾個月或幾年後，它的表皮上會出現一些疙瘩，其中有些像水泡，有些則像是小煙囪。這些水泡會逐漸變大，等到某個下雨天時，它們就會爆裂並釋放出精子細胞。這些精子細胞會在葉片表面的水中到處旋轉，搜尋煙囪底部的卵子所分泌出的化學物質的氣味。此外，每一根煙囪的核心都裝滿了化學物質，遇到來自不同物種的精子細胞時，會將它們黏住並加以摧毀。合適的精子則不受干擾，可以游到卵子那兒。兩者結合就形成了受精卵；這個受精卵會逐漸發育，成為一株新的聖誕耳蕨；而這株耳蕨長大後又會從弧狀葉片的頂端發射孢子。因此，聖誕耳蕨的生命週期包括四個階段：孢子、原葉體、卵子或精子，以及長成的蕨類。

在曼荼羅地的另一端有一株「春不見」（譯注：rattlesnake fern，亦稱「一朵雲」或「蕨萁」）。它的生命週期與聖誕耳蕨略有不同，頗為有趣。這種蕨類的葉子長得十分低矮，一片片攤在落葉層上方，像是一把蕾絲扇子，寬度大約我的手掌張開時從大拇指尖到小指尖的距離。扇面的中央長著一根尖刺，其高度為葉子的兩倍。尖刺的頂端有一些細小的側枝，上面叢生著好幾打約一毫米寬的「孢蒴」（capsule）。這些孢蒴的兩側有垂直的開口，裡面藏有孢子，搖晃時就會跑出來。這些孢子發芽後，不會變成原葉體，而是長成地下塊莖，狀似迷你馬鈴薯。這些塊莖沒有葉綠素，必須依賴一種真菌維生。經過好幾年的生長後，這些塊莖會製造精子和卵子，而這些精子和卵子則會製造出另外一株春不見。

這株春不見長大後會繼續和真菌交換養分。有些春不見甚至把這種互惠的關係發展到極致。它們的葉子終其一生都隱藏在落葉層裡面。這些植株靠著與它們共生的真菌供給養分，在地底下完成了整個生長和結孢子的過程。

曼荼羅地上的這兩種蕨類，一生中都是以兩種形式交替出現：一種是會結孢子的大型植株，另一種則是負責製造卵子和精子的小型工廠（原葉體或塊莖）。這種交替的方式是人類很難理解的。在一八五〇年代之前，蕨類植物的性生活一直是個謎團。它們明顯的生殖構造（那些像花粉或種子一樣被風吹走的孢子）和其他植物的生殖細胞都不相同。因此，植物學家在困惑之餘只得暫時把蕨類和它那同樣令人困惑的親戚苔蘚稱為「隱花植物」（cryptogam）。直到後來有人發現蕨類的精子和卵子細胞在原葉體表面的水中游泳時，謎底才終於揭曉。

這樣的繁殖方式很適合生長在受遮蔽的潮溼地點的蕨類植物，但一旦環境變得比較乾燥、嚴峻時，蕨類植物就很難存活了。如果沒有水供它們的精子游泳，蕨類植物就無法繁殖。此外，原葉體也無法提供受精卵什麼保護或滋養。但開花植物則因為改變了這樣的繁殖方式，得以掙脫這些限制。它們不像蕨類植物那樣把孢子散布到風中，而是把孢子留在花的組織裡。這些孢子會長成受到保護的迷你原葉體，然後開始製造卵子和精子。利用這樣的方式，開花植物把蕨類植物原本獨立存在的原葉體縮小成幾個細胞，並將它們藏在花裡。這使得開花植物即便在沒有水的地方也可以繁殖。無論是在沙漠、岩石磊磊的山脊或乾旱的山坡地，無論天氣乾旱或晴朗，它們的繁殖都不會受到阻礙。除此之外，把原葉體縮小並留在花裡的方式，也使得開花植物得以養育自己的下一代，提供養分給它們，將它們包在具有防護功能的種皮裡，並讓它們待在位於枝椏高處的果實中，等著風兒來把它們帶走，或被一隻剛好經過的鳥兒吃掉後再將它們散布出去。

開花植物這種創新的繁殖方式，使得它們以壓倒性的多數成為當今世上最多樣化的植物類別。目前地球上的開花植物超過二十五萬種，但蕨類植物卻只有一萬多種。當開花植物在大約一億年前演化成形時，許多古老的蕨類和其他種不開花的植物都不敵這些新來的植物，紛紛被取而代之。不過，如果你認為現代的蕨類都是「前朝遺老」，屬於很原始的植物，那你可就錯了。科學家們最近針對植物的ＤＮＡ所做的一些研究顯示：現代的蕨類在開花植物出現之後也曾經演化，並且變得更多樣化。當年那些開花植物雖然獨霸天下，以致古代的蕨類消失無蹤，但它們同時也在無意間創造了一個很適合新一代蕨類生長的環境：讓性喜陰涼的聖誕耳蕨和春不見都能繁茂生長的潮溼林地。

June 20

六月二十日

交纏

一週來，細雨霏霏，下個不停。今天終於吹來一陣強風，把天空裡的雲層驅散了，讓太陽得以露臉。久違的陽光從樹冠層的隙縫照了進來，在曼荼羅地上形成了斑駁的光影。獐耳細辛的光滑葉片在陽光下閃閃發亮。其他植物雖然沒有前者的光彩，卻也煥發著深淺不一的綠色光澤。歷經多日的陰霾後，此刻曼荼羅地上的色彩顯得特別鮮明，林中的各種聲響聽起來也更生氣勃勃。輕柔的「嗡嗡」聲從四面八方傳來。那是成千上萬隻昆蟲同時振動翅膀的聲音，聽起來像是遠方的蜂巢所發出的聲響。

現在是上午十點鐘左右，太陽已經出來好幾個小時了，但還是有兩隻蝸牛躺在潮溼的落葉層上。牠們很可能在日出之前就已經待在這裡了。兩者正纏在一起，進行交配。牠們那牛角顏色的殼面對著彼此，孔對著孔，身體彼此交纏，打成了一個灰白相間的肉結。這兩隻蝸牛正在

the forest unseen.

進行一場艱難的協商和交易。牠們不像大多數動物那樣是由雄性將精子轉移給雌性，而是彼此交換精子。每個個體既是捐精者，也是受精者，同時具有雌雄兩性的構造。

這種雌雄同體的特性會造成一個複雜的經濟問題：如何確定伴侶之間的性交換是公平的？對蝸牛和大多數生物而言，精子的製造成本很低，但卵子的成本卻很高昂。在雌雄同體的動物身上，這樣的差異通常會讓雌性仔細挑選合適的精子，而雄性則不拘對象的到處播種，尤其是雄性對下一代的養育工作毫無貢獻的物種更是如此。但就雌雄同體的動物而言，同一個個體必須同時擔負起這兩種責任。於是交配的過程就變得非常緊張，一方面既要審慎挑選對方的精子，另一方面又要試著讓對方接受自己的精子。

蝸牛若偵測到交配的對象可能有病時，會拒絕展現牠們雌性的那一面，只給予（但不接受）精子。不過，當牠們發現不曾受到感染的對象時，就會很樂意的接受對方的精子。在卵子數量有限的情況下，這樣的做法可以幫助蝸牛選出基因品質較高的精子。除此之外，雌雄同體的動物對外在的環境也頗為敏感。當牠們所居住的地區可以交配的對象很少時，牠們就會同時展現雄性和雌性的特質，但在對象較多的情況下，牠們就會抑制雌性的那面，並且表現出雄性的行為，隨意的授予精子，但把卵子保留起來，等待最適合的對象。如果對方已經交配過，並且已經接受另一隻蝸牛的精子時，情況就變得更複雜了。這時一方可能會斷然拒絕另一方，以致被拒絕的一方會試著以強迫的方式來進行交配，硬是把精子包塞進對方體內。三角戀已經夠傷腦筋了，六角戀簡直就要開戰了。

說到開戰，這可不是個隱喻。某些種類的蝸牛在劍拔弩張的求偶過程中確實會訴諸武力：殼兒撞過來撞過去，腺體分泌出化學物質，殺死不中意的精子，肌肉把精子和卵子推向戰線。連那漫長的擁抱也可能是交配化學雙方較勁的結果。蝸牛在求偶時會先用觸角試探對方，轉個圈，然後再慢慢的就位，這段期間牠們會隨時準備撤退或重新調整位置。至於牠們在每個階段用什麼標準來評估對方，我們目前尚不得而知。但牠們那漫長的求偶和交配過程很像是一場折衝樽俎的談判，雙方在婚前先就結合的條件進行協商。但這樣冗長的過程想必會讓牠們付出很高的代價。曼荼羅地上的這兩隻蝸牛已經裸露著大半的軀體在那裡躺了半小時以上，很容易成為鳥兒或其他掠食者下手的目標。

對動物而言，雌雄同體是一種很不尋常的性別形態。大多數動物都有雄性和雌性的分別，但所有的陸棲蝸牛都是雌雄同體，一部分海棲軟體動物和少數無脊椎動物也是如此。曼荼羅地上這兩隻蝸牛的性徵和鳥或蜜蜂並不相同，反而和春天的野花比較相像。曼荼羅地上的所有短命春花和樹木都是雌雄同體，而且其中有許多都是同一朵花裡兼具雄性和雌性的生殖器官。生物的性別形態如此多樣化是一個令人不解的現象。鶲鷸為何有分公的和母的，但牠們所棲居的樹木卻既是公的又是母的？鶲鷸用來餵養雛鳥的甲蟲不是公的就是母的，但同樣被牠們抓來餵小鳥的蝸牛卻全都是雌雄同體。

研究演化理論的學者認為，這個現象與自然的經濟法則有關。他們的看法是：就像一個企業的經理人必須選擇最好的方式來配置公司的資產一般，自然在演化的過程中也必須決定各種生物如何投資它們的生殖能量。公司的經理人在做決定時所憑藉的是他的遠見和判斷力，但自然演化的方式則是不斷拋出新的概念，然後揚棄那些無效的方法，選擇有助繁殖的方式。在生殖的方式上，自然一向不斷推陳出新：每一個世代的蝸牛都有一些個體是雌雄異體，同時也有一小部分的鳥類、昆蟲和哺乳動物生下來就是雌雄同體。因此，有許多原料可以用來刺激「性別角色」這個自由市場。

每個個體可以用來投注在生殖方面的能量、時間和血肉都有限。自然的生物可以像專門從事一種生意的公司一樣，把它們的資產完全投注在某個性別之上，也可以分散投資，把資產分別投注在兩家不同的公司（雄性和雌性）上。究竟哪個策略比較好？這要看每種生物所屬的生態環境而定。如果這種生物找到交配對象的機會很小，則雌雄同體對它們而言是較為有利的。單獨住在一條腸子裡的絛蟲便不得不進行自體繁殖，否則它們的基因便無法傳下去。另外一個比較不明顯的例子是：那些無法完全依賴傳粉媒介來授粉的花兒，可能也必須進行自體繁殖。春天時，曼荼羅地上到處都可見到盛開的獐耳細辛，但如果春日的天氣過於寒冷，使得傳粉的昆蟲無法飛行時，它們唯一能夠製造下一代的方式便是自體繁殖。那些生長到艱困地帶的雜草也是如此。它們的某些個體到了一處新的棲地後可能會發現那裡並沒有其他同類，因此自體繁殖便成了必要的手段。所以，對那些可能必須在找不到交配對象的情況下繁殖的物種而言，雌雄同體便成了它們偏好的生殖方式。

然而，許多雌雄同體的動物（包括大多數蝸牛在內）並非獨居一處，而且就算牠們單獨居住，也無法進行自體繁殖。因此，寂寞並非生物變成雌雄同體的唯一原因。當生物發現兼具兩種性別的方式對它們最為有利的時候，它們也會演化成雌雄同體的形態。蝸牛既不需要捍衛自己的繁殖領域，也不需要唱歌或把自己裝扮得花枝招展，而且牠們把卵產在落葉層上的淺坑後就棄之而去，完全不加以照顧。既然牠們所擔負的生殖責任相對簡單，牠們當然可以同時扮演雄性和雌性的角色，而不致影響其中任何一種性別的功能。這是那些只能擔負單一性別角色的物種（如鳥和哺乳動物）所無法辦到的事。這類動物在演化的過程中選擇專注於雄性或雌性的角色。用經濟學的術語來說，蝸牛從兼顧雌雄的混合型投資策略中得到較佳的報酬，而鳥類則將所有資金投入一種性別，以便獲取較高的利潤。

曼荼羅地上的各個物種由於各自的生態環境和生理構造不同，在經過多年的演化之後，發展出各式各樣的生殖方式。蝸牛雌雄同體的交配方式雖然在大多數人眼中顯得非常怪異，但這也提醒我們，自然的繁殖方式比我們所想像的更有彈性，也更多樣化。

July 02
七月二日

真菌

the forest unseen.

整整兩天兩夜，曼荼羅地上都下著滂沱大雨。這場風雨是從墨西哥灣吹來的。在它的連續吹襲之下，這幾個星期來一直成群在空中飛舞，並且如影隨形的跟著我的蚊蟲都消失了，讓我鬆了一口氣。風雨過後，夏天最熱的時節便降臨了。原本已經又溼又熱的空氣現在變得更不留情，而且無所不在，令人無處遁逃。稍微動個一下，都會讓人滲出一身汗。整座森林都在熱帶黏答答的懷抱中。

潮溼的林地上，閃耀著紅的、黃的、橘的斑點。那是真菌的芽苞。炎熱的天氣和雨水已經促使地下的真菌長出了子實體。今天早晨這些五顏六色的真菌中，最美的是棲身在一根腐朽枝條上的一朵盤菌（cup fungus）。它是橘紅色的，形狀像一只高腳杯，杯緣有銀色的毛，被稱為卷毛小口盤菌（shaggy scarlet cup）。儘管它的直徑不到一英寸，但它的色彩卻吸引了我的注意力，於是我跪在地上，想把它看個仔細。當我湊近地面細瞧時，發現地上到處都是小小的子實體，彷彿帆船比賽時五顏六色的船隻，停泊在那座由枯枝腐葉所形成的海洋上。

這些顏色鮮豔的船隻，全都屬於真菌王國裡最大的一個部門：子囊菌（sac fungi）。這些菌是因為它們的孢子生長在囊內而得名。曼荼羅地上的這朵卷毛小口盤菌最初只是一個孢子，直徑只有百分之二釐米，被風吹到它如今棲居的小枝上，然後便開始發芽，長出一根細細長長的絲，鑽進枝條的木頭裡。這種絲由於極其纖細，可以插入植物的細胞壁之間，沿著細胞之間的氣孔穿行。一旦進去之後，這細絲便會分泌消化液，把那看起來很堅硬的木頭加以分解，使它變成液狀，然後再從這些「木頭湯」中吸取糖分和其他營養素，用來製造更多的細絲，以便更深入這根枯枝的內部組織。對這個卷毛小口盤菌而言，能夠被關在地下的一個「木頭盒子」裡，真是一件快樂的事。

今天這些壯觀的真菌隊伍中，有些物種也和卷毛小口盤菌一樣，專門「解構」樹枝，但也有些真菌偏愛落葉堆。儘管嗜好不同，這些真菌的生長方式卻全都一樣，都是先伸出觸毛，鑽進枯死的植物組織裡，以周遭的木質為食，藉以壯大它們那網絡狀的身軀，使得那些木質被破壞殆盡。因此，真菌是一邊攝食，一邊將自己的住所沉入「遺忘之海」。它們所棲身的枯枝就像是一座正在逐漸沉沒的小島，因此它們必須不斷的派出後代前去尋找新的島嶼。它們之所以會進入我們的感官世界，也正是因為這樣的需求。在它們的地下菌絲長出子實體之前，我們是看不見這些真菌的。曼荼羅地上這一艘艘黃色、橘色和紅色的「小帆船」提醒我們，地底下其實存在著一個龐大的生命網絡。

這朵卷毛小口盤菌的菌傘內側將會長出繁殖體。這些繁殖體裡面有數百萬個狀似大砲的囊袋。每個囊袋都對準天空，裡面裝著八個微小的孢子。當這些大砲成熟時，它們的頂端會自動脫落，把孢子射入空中，到達菌傘上方好幾英寸的地方，以避開地面上那層不流動的空氣。每個孢子都很小，用肉眼無法看見，但當數百萬個孢子同時噴發時，看起來就像是一陣細微的煙霧。只要輕輕觸碰菌傘表面的任何一個部分，便可能導致孢子噴發。我因此猜想動物或許也是散播真菌孢子的重要推手，儘管教科書上都宣稱這些孢子是透過「風力傳播」。今天早上，曼荼羅上有至少有八隻馬陸和蜈蚣（其中一隻正小口小口咬著一朵卷毛小口盤菌）、好幾隻蜘蛛、一隻大甲蟲、一隻蝸牛、好幾打的螞蟻，以及一條線蟲。此外，曼荼羅地的四周也有松鼠、花栗鼠和鳥兒在走動。地面上到處都是子囊菌的子實體，動物們即便不想踩到都很難。

曼荼羅地的中央有一朵褐色的小蘑菇。它不像子囊菌那般會把孢子從地面射向空中，而是讓孢子從它那張開的菌褶處落下。科學家們認為這些孢子主要也是透過風力傳播，但依我看動物們也參與了傳布孢子的工作。這朵小蘑菇的菌傘上有著不規則的扇形咬痕，可能是一隻花栗鼠所留下來的。此刻，這隻花栗鼠說不定已經跑到許多公尺以外的地方，並且正用牠的鼻子和鬍鬚把這朵小蘑菇的孢子沾在某株植物的葉片上呢！

在所有的生物當中，子囊菌和蘑菇的生殖方式自成一格。它們的性行為是動物（包括人類在內）所無法想像的。它們並沒有性別之分（至少它們在性別上的差異不是我們能夠辨認出來的），也不製造精子或卵子，而是將雙方的菌絲融合在一起（這是名符其實的「合體」），藉此製造下一代。

我們從曼荼羅地中央的這朵蘑菇身上，可以明顯看到這種奇特的生命週期。這朵蘑菇的孢子發芽時會長出幼小的菌絲，在落葉堆中四處蔓延，尋找結合的對象。這些菌絲既非雄性也非雌性，而是分成不同的「生殖類型」（mating type）。這些生殖類型在我們看來都一樣，但真菌本身會利用一些化學訊號來辨別其中的差異。一種生殖類型只會和與它相異的生殖類型結合。有些真菌只有兩種生殖類型，有些真菌則有幾千種。

當兩根菌絲相遇時，它們會開始跳起一支精細巧妙的雙人舞，雙方輪流以化學訊號「竊竊私語」。一開始，其中一根菌絲會釋放它那種生殖類型所獨有的化學物質。如果對方屬於同一類型，這支雙人舞便宣告結束，兩根菌絲從此互不理會。但如果對方屬於不同的生殖類型，則這種化學物質便會黏在對方的菌絲表面，促使對方也釋放屬於自己的化學訊號，藉以回應。接著，兩根菌絲便會長出一些黏黏的分枝，互相緊緊抓住，使得兩根菌絲合在一起，然後它們的細胞便會協調彼此的機制，互相融合，成為一個新的個體。

這株新的真菌是它父母的綜合體，但此時兩者的結合仍未完成，因為來自它父母親的DNA在它體內仍處於分離的狀態，也就是說，這株真菌的細胞裡有著兩套DNA。從它在地下攝取養分的階段，一直到它的子實體冒出地面準備散布孢子為止，它都維持這種「既合又分」的局面。要等到幾個星期乃至幾年之後，這兩套基因才會在菌褶裡充分融合。但這樣的結合是短暫的，因為這兩套基因融合之後立刻就會分裂兩次，以製造孢子。這些孢子將會脫落並且彈射出去，各自被風兒或某隻動物帶到別的地方，展開新的生命週期。

卷毛小口盤菌和其他子囊菌的生殖模式與蘑菇類似，但它們的菌絲要等到預備製造孢子時才會融合在一起。因此，它們一生中大多數的時間都以未融合的菌絲形式在地下度過，等到成年後才會尋找另外一種生殖類型與之結合，然後再長出子實體並製造孢子。

真菌複雜的性別類型，彰顯了其他界生物在性別區分方面的奇特性質。動植物的生殖方式一律都是靠著兩種不同形式的性細胞來完成：一種是儲備了大量養分的大型細胞（卵子），另一種則是會移動的小型細胞（精子）。但真菌讓我們明白，這種二分法並非唯一的可能，因為它們的生殖類型可能多達數千種。

真菌為何沒有演化出專門的精子和卵子細胞？答案或許就在它們那相對簡單的身體構造

上。動植物的身體大而複雜，需要較長的時間來發育，因此牠／它們在生命的初期必須要有足夠的養分來讓牠／它們完成早期的發育。但真菌並不需要建造複雜的身體。它們那簡單的菌絲從孢子裡萌發出來時就已經完全發育成形了，因此它們不需要浪費精力和時間來製造卵子。這樣的概念可以用水藻的例子來證明。水藻的種類繁多，形狀不一，有的構造非常簡單，像真菌一樣，有的則像動物或植物一般複雜。正如我們所預期的，構造簡單的水藻所製造的性細胞全都一樣大小，但複雜的水藻的性細胞就特化成為精子和卵子。

真菌雖然不像其他多細胞生物那般分成精子和卵子，但它們還是有性別之分。唯有隸屬於不同生殖類型的兩個個體，才能相互結合並繁衍下一代。這似乎是一件很浪費的事。對一根正在尋找結合對象的菌絲而言，不同生殖類型的存在似乎會構成很大的阻礙，使得它在同一個物種中可以結合的對象大為減少。

為何會有不同生殖類型的存在？這個謎題迄今尚未被完全解開，但細胞內部的生物角力似乎是其中的原因之一。真菌的細胞構造就像動植物的細胞一樣，有如一個俄羅斯娃娃，裡面有可以幫助細胞燃燒養分、提供能量的粒線體。在正常的情況下，粒線體和它們的宿主細胞是相互合作的，但有時彼此之間也會產生衝突。

由於粒線體是古代細菌的後裔，因此它們仍保有自己的ＤＮＡ，並且會在細胞內部進行繁殖，就像那些獨立生存的細菌一樣。這個繁殖的過程通常會受到調節，以確保每個細胞裡的粒線體都維持在一定的數量。但萬一出了差錯，粒線體就會過度增生，對細胞造成危害。粒線體的過度增生有可能發生在以下這種情況：當來自兩種不同真菌的粒線體在同一個細胞裡相遇時，這兩種粒線體就會互相競爭，看誰分裂得最多。於是，粒線體彼此之間一時的競爭，最終就可能破壞整個細胞的健康。

真菌之所以會出現不同的生殖類型，似乎就是為了避免這種衝突。這些生殖類型必須遵守一些規則，以確保兩種生殖類型結合時，只有其中一種可以把它的粒線體傳給下一代。因此，不同生殖類型的存在，可以讓真菌的細胞避免不同的粒線體之間可能會發生的衝突。

但有關生殖類型的起源和演化過程目前並無定論，而且爭議頗多。這是因為真菌的生殖方式極其多樣化，以致我們很難提出一個一體適用的解釋。舉例來說，有些真菌具有幾乎像是卵子的構造，可能會打破「真菌並不製造卵子和精子」的說法。在另外一些真菌身上，我們也發現來自不同菌絲的粒線體有時也會互相結合，打破了有關不同生殖類型的規則。其多樣化的程度，往往讓研究真菌的學者窮於應付。不過，在各類動植物千篇一律區分雌雄的情況下，真菌在這方面的表現倒是讓我們耳目一新。

從我此刻所趴著的位置看過去，曼荼羅地的落葉堆上林立著成千上百朵小菌和蘑菇。每一根腐爛的枯枝上都至少長著一簇有色的真菌，落葉堆上則大半長著細小的褐色蘑菇。我觀察這塊林地已經好幾個月了，現在它卻一下子冒出了這麼多各式各樣的真菌。這提醒我們：森林的生態有很大一部分是我們的肉眼看不見的，即便是在我們密切觀察的狀況下。但這些看不見的部分並非不重要。真菌是啟動腐朽物質的引擎，讓森林生態系統中的養分和能量得以循環不已。在這盛夏時節，這座森林之所以能夠如此蒼翠繁茂、豐饒多產，所倚賴的正是真菌的地下網絡的生命力。

July 13
七月十三日

螢火蟲

霧氣瀰漫。我走在前往曼荼羅地的路上，一路上小心翼翼，身體也很緊繃。此刻正是黃昏，天色已經微暗。我謹慎的踩著每一步，努力的想在昏暗的暮色中看清路上是否有蛇，尤其是我最害怕的美洲銅頭蝮（Copperheads，學名*Agkistrodon contortrix*）。這種蛇在悶熱的夏夜特別活躍，況且今天晚上有成千上百隻蟬從牠們在幼蟲時期居住的地下洞穴爬出來了。這些蟬是美洲銅頭蝮在夏天時最愛的點心，因此今晚牠們勢必會出來覓食。我不想用手電筒，嫌它的反光太刺眼，於是只好在逐漸昏暗的天色中緩緩前進，感覺遍地的樹葉都可能是銅頭蝮的偽裝。

我對掠食者的恐懼，很可能是千百萬年來物競天擇的過程在我的靈魂中所留下的印記。熱帶的靈長類動物如果在夜間視力不佳但又輕忽暗處的危險，很少能活得長久。我和其他生物一樣，是當年那些倖存者的後裔，因此不免會對暗夜心懷恐懼。這種恐懼乃是我的祖先以過來人

the forest unseen.

的經驗提醒我要小心的結果。更何況動物學家把銅頭蝮說得十分可怕：牠的毒牙很長，毒液會破壞血液、令人痛苦難熬；牠的眼睛附近有一個凹洞可以感知溫度的細微變化，同時牠可以在十分之一秒內發動攻擊。我因此一路提心吊膽，一直到抵達曼荼羅地，看到那熟悉的景象時，才鬆了一口氣。這也是祖先傳下來的智慧：已知的事物比較安全。

我在石頭上坐下來時，看到一隻螢火蟲正在一閃一閃的發出亮光。忽然間，牠那綠色的光點一下子竄高了好幾英寸，然後有一、兩秒的時間停在原地不動。由於天色尚未全暗，因此除了牠的「燈籠」之外，我也看得見那隻蟲子。在光點變暗後，牠有三秒鐘的時間停在半空中，一動也不動，之後便突然往下俯衝，飛過曼荼羅地。過了一會兒之後，牠又再度表演方才的戲碼：先是一邊閃著光、一邊迅速的往上飛，然後把燈熄掉，靜止不動，最後再突然往下飛走。

如果我是螢火蟲專家，就可以根據牠特有的閃光節奏和閃光時間的長短來辨識牠的種類，但很不幸的，我還沒有這種本事。白天時，我曾經利用田野圖鑑來判斷曼荼羅地植被上方的螢火蟲是否屬於*Photuris*屬。但現在夜色已深，我實在看不出眼前這隻螢火蟲究竟是不是*Photuris*屬，但從牠在往上飛時發光這一點來看，牠應該是公的。他用閃光做為開場白，希望藉此展開他與未來伴侶之間的對話。他帶著這光飛過落葉層，期盼能得到一些回應，但這個期望往往會落空。在發光後，公螢火蟲會掃視林地，並停住不動，讓母螢火蟲有機會回應，之後他便會飛到別的地方繼續尋覓。如果有一隻母螢火蟲從藏身之處發出光芒來回應，他就會飛到她的身邊，再度發光。之後雙方會數度你來我往的發出訊號，然後再進行交配。

如果曼荼羅地上的這隻公螢火蟲屬於*Photuris*屬，則母螢火蟲在與他交配完畢後，還會變出另一種發光的把戲。這是因為母的*Photuris*螢火蟲一旦完成了引誘追求者並與之交配的例行任務，便會轉而將注意力放在其他種類的公螢火蟲身上。每一種螢火蟲都有其獨特的發光順序，其他種類的螢火蟲看到之後通常會掉頭而去。正如同我們對大猩猩所發出的求愛訊號沒有興趣一般，螢火蟲也不會理睬不同種類的螢火蟲所發出的閃光。但母的*Photuris*螢火蟲卻會模仿其他種母螢火蟲所發出的回應訊號，吸引那些一心想覓得佳偶但卻運氣不佳的公螢火蟲登門求親，然後再把他們抓起來吃掉。於是，新郎倌在結婚典禮結束後就成了婚宴上的佳肴。新娘子遠看時風情萬種，近看卻是一隻非常飢餓的大猩猩。這個心狠手辣的黑寡婦除了把獵物吃掉之外，也藉此取得防身用的化學物質。她會搶走受害者身上的有毒分子，重新配置在自己體內。萬一她哪天被某隻蜘蛛抓住時，就可以吐出這些化學物質把對方嚇跑。看來，在溫暖的夏夜裡，林地上還真是危險重重。

不過，除了危險之外，也還有別的東西。螢火蟲那一閃一閃的光芒令我們著迷，也為我們帶來不少樂趣。牠那明明滅滅的螢光就像鮮豔的花朵或歡欣的鳥語一般，為我們打開了一扇窗子，驅散我們眼前的迷霧，讓我們得以更真實的體驗這個世界。當孩子們笑著追趕螢火蟲時，他們其實不是在追蟲子，而是在追尋那令人驚奇的事物。

當最初的驚奇過去後，我們要掀開表層的經驗，找出其下所蘊含的奧妙。這是科學最高的宗旨。有關螢火蟲的故事裡，就充滿了不為人知的奧祕。牠們的光讓我們不得不讚嘆演化之神的巧手能夠把原本平凡無奇的材料變成了不起的傑作：螢火蟲腹部頂端的燈籠材質與一般昆蟲無異，但它巧妙的組合方式卻讓螢火蟲成了會發光的森林小精靈。

螢火蟲的光是由一種名叫「螢光素」（luciferin）的物質所發出來的。這種螢光素就像其他許多分子一般，會和氧氣結合，形成一個能量球。這個能量球為了緩解自己的激動狀態，會釋放一股動能。這股動能被稱為「光子」，也就是我們所看到的光。螢光素的結構和細胞裡常見的分子類似，但或許是因為經過好幾次突變的緣故，它們變得特別容易激動，也很容易回復原狀。有兩種化學物質會讓螢光素進入激動狀態。

因此，螢火蟲體內滿載著讓牠們能夠發光的化學物質。但如果光靠這些化學物質，牠們頂多也只能發出微弱的漫射光。於是螢火蟲便利用燈籠的構造把這股電位加以集中，成為牠們在求偶時可以適時調控明暗的燈光。牠們之所以能夠控制燈光的明暗，是藉著調節氧氣接觸到螢光素的流量。燈籠裡的每一個細胞中心都有螢光素分子，這些分子的外圍有一層厚厚的粒線體。一般而言，粒線體的功能是為細胞提供動力，但螢火蟲的燈籠卻用這些粒線體來吸收氧氣。在正常的情況下，任何滲入這些細胞的氧氣都會迅速在粒線體內被燃燒殆盡，根本到不了細胞的核心，當然也無法刺激那些螢光素。這一層粒線體便是螢火蟲關閉閃光的開關。當牠想要發光時，牠會透過神經傳送一個訊號到燈籠裡，使得神經末稍的細胞釋放出氧化氮。這種氣體會關閉粒線體，使得氧氣得以進入細胞內部，啟動一串化學反應，製造閃光。

粒線體和氧化氮是普遍存在於動物生理機能當中的兩種物質，但螢火蟲卻將兩者加以結合，做成精緻且獨特（就我們所知而言）的燈光開關。同樣的，牠們的燈籠構造也非常巧妙，把一些普通的細胞和呼吸管變成了一間通風的房子，讓螢光素住在裡面，而且牠們製作的手藝一點都不含糊，因為螢火蟲用來發光的能量當中有百分之九十五以上都轉換成光，而人類所設計的燈泡卻把大部分能量都變成了熱能。

此刻，我頭頂的天空已經全黑了。當我正準備離開曼荼羅地時，卻看到森林裡布滿了光點。這些螢火蟲都待在距地面不到兩、三英尺的地方。我站在那兒往下看，只見這森林彷彿成了一座波浪起伏並且綴滿發亮浮標的海洋。我拿著手電筒（這是我的燈籠）照路，一邊留神著銅頭蝮的蹤影，一邊想著手電筒和螢火蟲的對比。這兩者當中，一個是沒有效率的工業設計品，一個是生物界的奇觀。然而，把這兩種東西拿來相提並論是不公平的，因為它們一個是嬰兒，一個是智者。我們的手電筒只經過不到兩百年的沿革，而且是在石化能源不虞匱乏的情況下研發出來的。自從燈泡被發明之後，人類一直都沒花什麼力氣來改進燈泡的設計。這是因為我們的燃料取之不盡，用之不竭，因此我們自然不會想要加以改進。反觀螢火蟲的發光構造卻是牠們千百萬年不斷嘗試錯誤並且加以修正的成果。對牠們而言，能源一直都有匱乏之虞，因此牠們才會做出一盞既不浪費能量，而且是以食物（而非從地下挖出來的化學物質）做為燃料的燈。

July 27

七月二十七日

斑光

the forest unseen.

時間才下午三點左右，但整個曼荼羅地都籠罩在深濃的樹蔭下。這是一年當中這裡光線最陰暗的時節。隨著盛夏的來臨，曼荼羅地上的日照變得比其他時間更少，甚至不及冬至的時候。大部分的陽光都被楓樹、山核桃和橡樹密密層層的枝葉吸收掉了，只剩下不到百分之一的光線能夠穿透樹冠層。這對林中的草本植物而言是很辛苦的一個時期。難怪有這麼多植物會趕在春日天氣晴朗的幾個星期之內，把它們一年該做的事情做完。至於那些尚未進入休眠狀態的植物，它們已經適應了窮困的生活，會用它們構造特殊的葉片，盡量汲取稀疏的陽光。森林裡的這些草本植物一如沙漠裡放牧的山羊，吃得不多，但還是照樣長肉。

突然間，一束明亮的陽光從樹冠層的一道隙縫中斜斜的照了進來，穿過這片朦朧的陰影，像一盞聚光燈一般，照亮了曼荼羅地上一株足葉草的一片葉子，五分鐘後再緩緩移向一株楓樹樹苗，接著又照到另外一株。在一個鐘頭的時間內，這個圓形的光束緩慢的移動著，相繼照亮了獐耳細辛一片有著三瓣裂片的光亮綠葉、一株歐洲香根芹（sweet cicely）、曼荼羅地上的那株山胡椒，以及一枝黃花小苗的鋸齒狀葉片。

這個圓形的光束就像太陽的眼睛。每一株植物被注視的時間不超過十分鐘，之後便再度陷入黑暗。然而，這樣短暫的照射可能已經是它們每天光照量的整整一半。被放牧在沙漠裡的山羊在被趕回沙漠之前，通常會被帶到飼料槽前吃個幾分鐘，但牠們如果在飢餓時一下子吃得太飽，可能會出現脹氣的現象並因而死亡。同樣的，這突如其來的日照對曼荼羅地上的植物而言，也不見得是一種福氣。光線不足會讓一株植物吃盡苦頭，甚至削弱它的元氣，但如果光線一下子來得太多，也可能破壞葉子原本已經習慣的狀態，對它的功能造成永久性的損害。因此，置身於斑光中的葉子必須迅速調整自己的身體狀況，以適應這突如其來的日照。

葉子構造的目的當然是為了取得光的能量並加以運用。它們的做法是把吸收光線的分子部署在葉片表面，用來捕捉光線並將之變成激動的光子，然後再把這些光子吸收進去，用它們的能量來啟動製造養分的機制。但是，當葉子在毫無防備的情況下受到太多的光線照射時，它將來不及處理那些激動的光子，於是後者便在那些脆弱的吸光分子周遭亂竄，使得葉片因而受損。這情況就像是你把電壓一伏特的馬達插進牆壁上的插座裡一樣。已經習慣生長在陰涼處的植物，特別容易受到這些不安定光子的破壞。由於這些植物所具有的吸光分子遠比處理光子的分子多，因此一個斑光的光線很可能就會超出它們內部結構所能承受的範圍。

植物在受到斑光照射時，為了因應這些突如其來的光線，會讓一部分吸光分子暫時無法作用，以免它們吸收太多能量。此時，植物的吸光裝置當中一個必要元件會暫時離開原來的位置，等到情況穩定時再回來。這就像是把一具電動馬達內的一根電線剪斷，使得馬達熄火，暫時無法運轉，等到事後要重新啟動馬達時再把電線接回去一樣。光子不斷累積的結果，也會使得那些承載吸光分子的薄膜變得較為鬆弛，讓能量可以流到負責處理光子的細胞內部。此外，在受到斑光照射時，細胞內負責行光合作用的葉綠粒也會滾到細胞邊緣，背對著光線，以便保護它們內部所含的分子。當斑光消逝時，這些葉綠粒便會回到細胞表層，像睡蓮漂浮在水上的葉片一般，沐浴在林中微弱的光線裡。

植物明明渴求陽光，但在面對突如其來的大量光線時，卻又把「插頭」拔掉並且閃到一邊去。這種反應看起來似乎有些矛盾。但事實上，曼荼羅地上的花草在一天當中有大部分的時間都在一點一滴的啜飲極少量的光線。當光線如洪水般洶湧而來時，它們便趕緊用雨傘擋住自己的嘴巴。儘管如此，由於洪水的力道如此強大，雨水還是不免會潑進傘裡，因此植物還是能夠喝到一口生命之水。

這斑光在曼荼羅地上移動，照亮了它所經過的每一樣事物。連蜘蛛網也被照得無所遁形，在那明亮的光線底下閃著銀色的光澤。地上的落葉層被照成了明亮的黃棕色，並且因為有了陰影的緣故，顯得像浮雕一般的立體。黃蜂和蒼蠅在斑光下閃耀著虹彩，看起來像是散布在曼荼羅地上的金屬碎屑。

曼荼羅地的昆蟲似乎都被斑光所吸引，一直待在斑光照射的範圍內，並且跟著移動。其中跟得最緊的是一群（總共三隻）姬蜂（ichneumon wasp）。牠們當中的任何一隻如果不小心飛出了光圈，一定會立刻掉頭，再度飛回去。至於那些同樣在曼荼羅地上穿梭的蒼蠅則沒有那麼忠誠，有時會飛到暗處，隔一、兩分鐘後才再度出現。

這些「哈日」的黃蜂充滿活力，不停的搖著觸鬚、拍著翅膀，發狂似的從斑光的這一端飛到另外一端，用牠們那顫動的觸鬚把斑光裡每一片葉子的正反兩面都掃過一遍。每隔一、兩分鐘，牠們會把身體側過來，抖動所有的腳，以便清除腳上所沾染的蜘蛛絲。清理完畢後，牠們便恢復頭上腳下的姿勢，繼續檢視那些葉子。

這些黃蜂的狂熱行為其實有個很清楚的目標：牠們是在尋找毛毛蟲。一旦找到後，牠們便會把卵產在那些毛毛蟲的身上。隔了一段時間之後，黃蜂的幼蟲便會從卵裡爬出來，鑽進毛毛蟲的身體裡，然後開始由內而外慢慢的把整隻毛毛蟲吃掉，只把重要的器官留到最後。這些毛毛蟲儘管已經逐漸步入死亡，仍然會堅忍不拔的繼續吃著葉子並加以消化。儘管牠們的身體已經被吃得空空如也，牠們仍會繼續供應養分給寄生在牠們身上的這些盜匪，因此牠們可以說是絕佳的宿主。

當年，達爾文發現黃蜂的寄生模式時，不禁有感而發，寫下了一篇文字（這是他所發表的神學評論中較為人所知的一篇）。他認為姬蜂的行為非常殘忍，似乎不符合他在維多利亞時期劍橋的聖公會學校上課時所認知的上帝形象。他寫信給隸屬基督教長老會的哈佛大學植物學家阿薩．葛雷（Asa Gray）時表示：「我無法說服自己一個仁慈良善、無所不能的上帝會刻意創造這些姬蜂，讓牠們寄生在毛毛蟲體內，然後活生生的把牠們吃掉。」對達爾文而言，這些姬蜂無異是存在於自然中的「惡的詰難」（譯注：the problem of evil，這是質疑「上帝既為全知、全能、全善，何以世間仍然有惡？」的一種說法），顯示上帝並不一定存在。但葛雷並未被達爾文的神學理論說服。他雖然一直支持達爾文的科學理論，但也始終相信演化論和傳統的基督神學是可以兼容並存的。但那段時間，達爾文吃了不少苦頭：他的身體一直為病痛所苦，心情也因為他最疼愛的女兒早夭而悲傷沮喪。在年復一年遭受世俗的痛苦折磨之後，他終於從含糊的「自然神論者」變成懷疑神存在的「不可知論者」。姬蜂乃是他內心痛苦的一個象徵，因為維多利亞時期的人們相信自然的一切都是神的旨意，但姬蜂的存在卻是對上帝的一種嘲弄。

從那時起，神學家們一直試圖回應達爾文的質疑，但這些研究神學的哲學家對毛毛蟲的生活所知甚少（這或許並不令人意外）。他們認為毛毛蟲並沒有靈魂或知覺，因此牠們之所以受苦並非因為上帝要讓牠們的靈性有所成長，也不是牠們行使自由意志的後果。另外一批神學家則宣稱毛毛蟲並沒有感覺，就算有感覺，牠們也沒有意識，因此無法思考牠們的痛苦，所以牠們並沒有真正在受苦。

這些論點並沒有切中要害。事實上，它們根本不能算是什麼論點，因為這些說法都只不過是在重申達爾文所質疑的那些假定罷了。達爾文認為所有的生命都是由同樣的材料做成的，因此我們不能認定只有人類的神經會製造真正的痛苦，而毛毛蟲所受到的神經刺激就不算數。如果我們接受生命會不斷演化的說法，我們就不能不同理其他動物，因為我們的血肉就是牠們的血肉，我們的神經建造的模式也和昆蟲相同。既然萬物都是源自同一個祖先，則毛毛蟲的痛苦和人類的痛苦應該是類似的，正如同毛毛蟲的神經和人類的神經相似一般。當然，就像毛毛蟲的皮膚和眼睛和人類不同一般，毛毛蟲疼痛的性質和程度或許也和我們不一樣，但我們沒有理由認定動物所感受到的痛苦比人類要輕。

同樣的，我們也沒有什麼實證可以推斷人類是唯一具有意識的動物。這只不過是一個假定而已。就算這個假定是正確的，也無法解答達爾文針對姬蜂所提出的質疑。如果一個能夠思考未來的心靈感覺到痛苦，這樣的痛苦會比較難以承受嗎？或者我們應該問：如果動物沒有意識，而痛苦是牠們唯一的感受，這不是更糟糕嗎？我想這個問題或許見仁見智，但我個人認為後面那種狀況是更不堪的。

此刻，那斑光已經越過曼荼羅地，照在我的雙腿和腳上，接著它又繼續移動，照在我頭部和肩膀的正上方，彷彿《聖經》中神降啟示這一幕的搞笑版。但很不幸的，太陽女神並未給我任何啟示，讓我得以解答上述的哲學問題，而是讓汗水開始沿著我的臉頰和脖子滑落。此刻我所感受到的能量，也正是那讓黃蜂得以在林地上飛舞的能量。這些黃蜂的身軀是如此微小，因此牠們只要被太陽照個幾秒鐘，體溫就會上升好幾度。為了避免被曬乾，牠們便讓空氣流過自己的身體上方，利用對流的方式，使得進來的熱氣與排出的熱氣每分每秒都保持在平衡狀態。至於像我這樣體積龐大而笨重的哺乳動物反應就慢得多，要花好幾個鐘頭的時間才能藉著流汗的方式來平衡自己的體溫。

那斑光終於越過我的右肩，繼續往東移動。它離開曼荼羅地之後，那幾隻惱人的黃蜂也跟著飛了過去。於是，曼荼羅地又恢復了原本的陰暗狀態。在目睹這斑光移動的景象後，我發現自己的感官覺受已然變得和從前不同。此刻，當我環視這座森林，我所見到的景象不再像往日那般單調一致，而是一群群在黑暗的天空中移動的星星。

August 01
八月一日

水蜥和郊狼

雨水過後，隱居在潮溼落葉層裡的生物紛紛都冒了出來，公然在那閃著水光的落葉堆上穿梭。其中體型最大的是一隻蠑螈。牠是一隻紅色的水蜥（eft），此刻正站在一塊長滿苔蘚的岩石上，凝視著林間的霧靄。

牠的肚子和尾巴靠在石頭上，前腳張開，胸部上拱，頭部保持水平，一動也不動，一雙金珠般的眼睛定定的望向曼荼羅地的彼端。儘管林間的霧氣深濃，牠的皮膚看起來還是有些乾燥，有如緋紅色的絲絨，不像大多數蠑螈那般溼潤。

這隻水蜥的背上有兩排亮橘色的斑點，其作用是向鳥兒和其他掠食者發出警告，提醒牠們「有毒，勿近！」。水蜥的皮膚充滿毒性，能夠在遭受掠食者攻擊時自我防護。這是大多數蠑螈所沒有的特性。也因此，牠們很有自信，時常在地面上漫步，不像其他蠑螈那樣大多潛藏在地

the forest unseen.

下。這是牠們的皮膚何以會如此乾燥的原因。和那些膽小、畏光的蠑螈比起來，牠們的皮膚較厚、比較能夠防水，因此可以承受日光的照射。

這隻水蜥一直動也不動，彷彿陷入了恍神的狀態。過了兩、三分鐘後，牠才在苔蘚上前進了五步，但隨後又停了下來，再度靜止不動。牠很可能是在搜尋蚊蚋、跳尾蟲（springtail），或其他小型無脊椎動物的蹤影，而牠所採用的是「靜觀」與「突襲」輪流交替的戰術，也就是：先悄悄的接近獵物，然後再突然衝過去將牠一把抓住。這是一種很常見的捕獵手法。你只要觀察一隻停在草坪上的知更鳥，或一個正在找尋失蹤貓兒的人，就會看到同樣的行為模式。

這隻水蜥走路的樣子非常笨拙。牠是把四隻腳攤在身體兩側，在地上划行。走路時，牠先把一隻後腳抬起來往前擺，然後另一側的前腳再跨出去，接著才輪到另外一隻後腳。牠的腿移動時，脊椎會左右擺動，以便把腳伸出去並往前跨。這種水平擺動脊椎的方式，就像魚在游泳一樣。事實上，水蜥的骨骼和肌肉雖然已經適應了陸地上的生活，但就整體來看，牠們走路的方式還是像魚一樣的擺動。對那些在水裡或泥巴中游泳、身體整個被水或泥巴包住的動物而言，這種左右擺動的前進方式是很有效率的。但在只有兩度空間的地面上，這種走路方式就很沒有效率。蠑螈每次伸出一隻腳時，都必須靠另外三隻腳（或肚子）來平衡。所以，牠們在受到驚嚇，想要逃跑時，簡直是七手八腳，不聽使喚。

那些要靠速度來保命的陸棲脊椎動物，已經把這種屬於魚類的古老構造加以改進。這個改進的過程至少可以分成三個階段，分別發生在哺乳類的祖先和兩種恐龍的身上。經過這些改進後，牠們的腳移到了身體的正下方。這使得牠們的身體比較容易平衡，在跑步時也比較不會翻倒。此外，牠們的脊椎也由原本的左右搖擺變成上下彎曲。這是哺乳動物最擅長的動作。牠們能夠在跨出兩隻前腳的同時，以兩隻後腳合力一蹬，把身體推離地面，然後將脊椎往下彎，一邊把前腳收攏，一邊把後腳盪到前面，讓它們落地，準備再次蹬出。這是蠑螈所做不到的。牠們無法像老鼠那樣奔跑，更無法像印度豹一般做長距離的飛躍。然而諷刺的是，有些擁有新式脊椎的動物後來卻回到了海裡，和擁有舊式脊椎的魚類競爭。鯨魚就是其中之一。牠們的尾巴不是左右扭動，而是上下擺動，顯示牠們的祖先曾經在陸地上居住。人魚似乎也是如此。

水蜥的脊椎和四肢固然使牠在陸地上走路時姿態顯得非常笨拙，但牠的一生當中只有一段時期是在陸地上生活。事實上，「水蜥」只是美東紅點蠑螈（the eastern red-spotted newt）生命中的許多階段之一。牠屬於這種蠑螈的中期階段，介於幼體和成年期之間。幼年和成年的美東紅點蠑螈都生活在水中，這是牠們和水蜥不同的地方。美東紅點蠑螈的卵會附著在池塘或溪流裡的植物上。幼體孵化時會咬破卵殼跑出來。牠的頸部有羽狀的鰓，可以在水裡生活好幾個月，以小型的昆蟲和甲殼動物為食。夏末時，在荷爾蒙的影響之下，牠的鰓會逐漸消失，肺會長出來，原本像船槳一樣的尾巴也會變成棍狀，皮膚則變粗變紅，最後終於走上陸地，成為水蜥。可以說，水蜥乃是美東紅點蠑螈生命當中一段很誇張的青春期。

變身之後的水蜥會在岸上停留一到三年，在沒有成年蠑螈與牠們競爭的情況下享用森林裡的豐富資源。在這段時期當中，牠們就像毛毛蟲一樣，不必和其他階段的蠑螈爭奪食物，可以把自己養肥。當牠們長得夠大時，就會回到水中並再度變身，成為一隻有著橄欖色肌膚、具有生殖器官、尾部有龍骨的成年蠑螈，並且從此住在水裡，每年交配一次。有些蠑螈在這個階段可以活到十年以上。

正是由於這個複雜的生命週期，眼前這隻水蜥才會被取了「eft」這麼一個奇怪的英文名字。*Eft* 是蠑螈（newt）的古名。這個名稱之所以被保留到現在，是為了用來區分未成年的陸棲蠑螈和已成熟的水生蠑螈。由於蠑螈的一生包含卵、幼體、水蜥和成年期等階段，因此我們只好設法用不同的字眼加以稱呼。

當成年的美東紅點蠑螈回到水中繁殖時，由於牠們的皮膚有毒，大型的肉食魚類不敢加以攻擊，所以牠們能夠生活在其他較不具毒性的蠑螈所不敢居住的水域。因此，當人們在溪流上築壩、建造數以千計的池塘，並在其中畜養鱸魚和其他肉食性魚類時，他們已經在無意間讓美東紅點蠑螈在牠的同類當中占了很大的優勢。可以說，美東紅點蠑螈乃是這股「進步」風潮的受惠者。

事實上，蠑螈的生命週期有著許多不同的形態，美東紅點蠑螈的二度變身只不過是其中的一種而已。二月時經過曼荼羅地的那隻無肺蠑螈是在卵裡度過牠的幼體時期，因此牠一孵出來就已經是一隻「縮小版」的蠑螈，無須經歷變身的過程，因此也不需要到水中繁殖。住在曼荼羅地上游的斑點鈍口螈（spotted salamander）則是在春天時把卵產在很快就會乾涸的水塘裡。牠們的幼體會待在水中，拚命的進食，以便在水塘變乾之前長大。等到成年之後，牠們便進入地下生活。此外，曼荼羅地附近的幾條溪流（我在曼荼羅地上可以聽見它們潺潺流過的聲音）裡住著一種「雙帶河溪螈」（two-lined salamander）。牠們會經歷卵、幼體、成年期的階段，但成年後一直都待在溪流裡。曼荼羅地的下游還有一種名叫「泥螈」（mud puppy）的蠑螈。牠們居住在較大的溪流和小河裡，且終其一生都維持幼體的形狀，不僅有鰓，也會長出生殖器官。因此，蠑螈的數量之所以如此繁多，有很大一部分要歸功於牠們在繁殖和棲息地所展現的彈性。牠們會改變自己的生活模式以適應環境，而且牠們能夠居住在各式各樣的淡水和陸地之上。這是其他脊椎動物所比不上的。

當這隻水蜥笨拙的走出我的視線時，不遠處也開始傳來另一種動物的聲音。起先響起的是一陣高亢的吠叫和呼號聲，然後有一個較為低沉的嗥叫和狂吠聲加以回應。接著，這兩種聲音便合在一起，長嚎聲混雜著狺狺的叫聲，彼此交織，好不熱鬧。這是郊狼的聲音，而且牠們就近在咫尺。這些聲音聽起來很可能是一隻郊狼媽媽在曼荼羅地往東三十步的碎石堆裡呼叫她那些幼狼的聲音。

這些幼狼是在四月初楓樹開始長出新葉的時節誕生的。郊狼爸爸和郊狼媽媽在去年的隆冬時節進行求偶和交配。在郊狼媽媽懷孕期間，郊狼爸爸會一直待在她身邊，並在小狼出生後為牠們提供食物，持續達好幾個月之久。這在哺乳動物之間是很少見的。現在，這些幼狼已經長得夠大，可以離開牠們的窩巢了(這窩巢可能是一座洞穴、一段空心的木材，或一個地洞)。郊狼爸爸和郊狼媽媽覓食時，會把這些半大不小的幼狼留在某個地方，讓牠們在那裡遊玩，事後再去和牠們碰面。通常成年的郊狼會前往距離小狼約一英里之遙的地方覓食，到了黎明和黃昏時才在小狼歡欣的嚎叫聲中回來，和牠們的孩子一起進食、梳洗並休息。我所聽見的，很可能就是牠們一家子會合時所發出來的聲音。幼狼斷奶後，母狼會先餵牠們吃一些咀嚼過的食物，過了一段時間後再讓牠們吃一些小塊的、沒有嚼過的食物。從夏末到秋天這段時間，小狼會自行到外面遊蕩，並且愈走愈遠，到了秋末或冬天時，牠們就會離開出生地，尋找屬於自己的新家。但要找到位置適合而且尚未被占領的地盤可能並不容易，因此牠們時常需要走到距離母親巢穴幾十英里、乃至幾百英里的地方。

一直到最近，在曼荼羅地上才可以聽見郊狼的叫聲。儘管幾萬年前這裡可能就已經出現過類似郊狼的動物，但牠們早在人類到來之前就已經滅絕許久了。當人類先後從亞洲和歐、非兩洲來到美洲時，郊狼都集中在美國西部和中西部的大草原和灌木林地，野狼則聚居於東部的森林，不受體型較小的郊狼干擾。然而，在過去這兩百年間，野狼的數量急遽減少，但郊狼卻在過去這數十年當中擴散至美國東部各地。同樣是犬科動物，為何兩者的命運會有如此大的差別？為何歐洲人移民到北美洲之後，野狼的數目銳減，郊狼卻得以在東半部大量繁衍呢？

北美地區的野狼之所以大量滅絕，與牠們在歐洲文化中所具有的象徵性意義有關。當年乘坐五月花號來到「新世界」的清教徒，在抵達美國之後的第一個晚上便聽到了野狼的嗥叫。這個叫聲引發了他們在舊大陸生活期間內心深處潛藏的恐懼。由於歐洲從前也有野狼，因此這些移民聽過不少有關野狼的神話。在歐洲人心目中，野狼是一種可怕的動物，象徵著邪惡的力量以及大自然的怒氣。當歐洲的野狼被滅絕之後，人與狼之間的距離變遠了，因此野狼已經無法造成實際的危害，但人們對牠卻變得愈發恐懼。在這種情況下，當五月花號停泊在鱈魚角（Cape Cod）時，那些從歐洲來到美國的清教徒聽到野狼那令人毛骨悚然的叫聲，自然會嚇得發抖——他們終於遇上了他們印象中非常可怕，卻從未見過的那種動物。在五月花號啟航時，英國已經有超過一個世紀不曾見到野狼的蹤影，但在這個野蠻、未開化的新世界，野狼卻似乎無所不在。

這些移民對野狼的厭惡也不是毫無道理。畢竟野狼是肉食動物，專門吃大型的哺乳動物。由於牠們在獵食時總是集體行動，互助合作，因此可以輕易的撂倒體型比牠們更大的動物，包括人類在內。我們既是牠們的獵物，自然有理由害怕牠們。這種恐懼感又因著野狼的行為而變得愈發強烈：狼群在遇到落單的旅人時，會持續好幾天跟蹤著他們。儘管牠們的目的不一定是要吃掉這些旅人，但這種行為已經足以使牠們成為我們文化中的邪惡象徵了。雖然野狼其實並不是很喜歡吃人，但人們對牠們的看法還是一樣。只要發生過幾次狼攻擊人或跟蹤人的事件，牠們就成了我們的故事當中「邪惡的大野狼」了。

北美地區的野狼之所以會滅絕，有一大部分是人們用陷阱加以捕捉、對牠們施放毒餌，或用槍彈加以獵殺的結果，但也有一部分是當年的歐洲移民在無意中造成的。北美洲東部原本是鹿群繁盛的林地，但由於這些歐洲移民大量砍伐林木，並且毫無節制的獵捕鹿群，以致這裡的林地被砍伐得零零落落，成了一座座農場和城鎮，同時鹿群也消失了。在這種情況下，以大型草食動物維生的野狼自然陷入了困境，只能轉而攻擊在農場上吃草的家畜。這種行為使得那些歐洲移民對牠們更加憎恨，決心要將牠們趕盡殺絕。於是，當時甫成立的各州政府便擬定了全面撲殺野狼的政策。他們雇請獵人，提供賞金，要將野狼趕盡殺絕。有一段時期他們甚至利用這個機會順便對付印第安人（Native Americans）：要求「印第安人」（Indians）每年交付若干的狼皮給政府以充當稅金，違者將受到「嚴厲的鞭笞」。野狼高踞森林食物網的頂端，雖然威風凜凜，其實朝不保夕。當這個食物網被那些歐洲移民改造成北歐的樣式時，牠們就只好向命運低頭了。

郊狼的情況則大不相同。牠們不像野狼那般高踞食物網頂端，而是在食物網上漫遊。當時的歐洲移民用斧頭、犁子和鏈鋸，創造出一座又一座林間空地、牧草地，和長滿低矮灌木的森林邊緣地帶。這些地方不僅長有許多漿果，也有許多齧齒動物、野兔和小型的家禽與家畜出沒，正好提供了郊狼所需的食物。郊狼很有彈性，並不極端，即使少了一、兩樣食物還是能夠存活。牠們會視環境的特性改變牠們的社會架構，既可以單獨狩獵，也可以三五成群的覓食。野狼消失之後，牠們少了一個勁敵，從此便更加不受限制了。

郊狼不像野狼等高階掠食動物。牠們的數量繁多，因此特別不容易被滅絕。正如當年法國大革命的人士發現「要消滅權貴比殺掉國王還難」，美國聯邦和各州政府的肉食動物管制部門後來也發現，要滅絕郊狼比撲殺野狼還難。

除此之外，郊狼也不像野狼那般背負著文化上的包袱。牠們是北美洲土生土長的動物，不曾出現在歐洲大陸各種恐怖的傳說中。牠們雖然也會捕食家畜，但卻不會吃人。因此，儘管養羊業者會捕殺郊狼，並遊說政府採取同樣的行動，但是郊狼的叫聲並不致引起城鎮居民的厭惡，也沒有任何一個父親會因為擔心孩子在院子裡玩耍時會被郊狼咬死，而加以獵殺。

一九三〇和四〇年代，郊狼開始出現在北美洲的東北部。之後，在一九五〇年代時，牠們逐漸往南發展，到了一九八〇年代時，牠們的足跡已經遍及佛羅里達州。郊狼來到曼荼羅地是一九六〇或七〇年代之間的事。當時本地的紅狼和灰狼已經消失了大約一百年之久。郊狼趁著野狼數量日益減少之際入侵曼荼羅地以西之處，並且可能曾經從當時僅存的少數野狼那兒獲得了若干基因。這是因為在最早出現於南部的郊狼中，有許多隻的毛色出奇的紅，體型也頗大，或許是郊狼和紅狼的混血種。專家們在分析今日野狼和郊狼的DNA，以及博物館裡所收藏的野狼（就是在郊狼尚未出現之前棲居於本地的那些野狼）毛皮的DNA，也證實郊狼的確曾與灰狼和紅狼雜交。因此，在曼荼羅地旁邊嗥叫的那幾隻郊狼體內可能有些微的野狼血統。

基於「生物流動性」（biological fluidity）的法則，野狼消失後，郊狼便填補了牠們所留下來的空缺。當鹿群的數量愈來愈多時，郊狼便從灌木林地進入了森林。東部的郊狼體型比牠們在西部的祖先更大，而且北方某些地區的郊狼已經開始縮小飲食範圍，專門吃鹿肉了。郊狼一直都有獵捕幼鹿的習慣，但這些體型較大的新世代郊狼卻開始成群結隊的獵食，因此連身體健康的成鹿也不是牠們的對手。看來，野狼的精神已經藉著新一代郊狼的身軀以及一部分的野狼基因，重新回到這裡來了。

郊狼移民美東期間一直受到森林生態的影響，可以說是牠們與森林共舞的一個過程。這段期間，郊狼一直隨著東部地區的節奏而旋轉擺動，改變自己的飲食和行為模式。牠們的舞伴（森林）在這個過程中除了增加新舞步之外，也重新推出了一些幾乎已經為人所遺忘的舊舞步。對這裡的鹿而言，牠們現在除了來自疾病、野狗、汽車和槍炮的威脅之外，又多了一個天敵。此外，由於郊狼什麼都吃，因此牠們除了掠食鹿隻之外，也會對森林生態造成其他的影響。牠們的到來使得森林裡的結果植物多了一種可以幫忙傳播種子的動物，而且牠們傳播的距離可以遠達數英里之外。至於那些小型的哺乳類動物，牠們現在則必須時時刻刻提防郊狼的攻擊。不僅如此，郊狼也會獵捕浣熊、負鼠乃至家貓等小型雜食動物，讓這一帶養寵物的人士提心吊膽。不過，對鳥兒而言，郊狼的到來倒是一個出乎意料之外的好消息，因為在郊狼出沒的地方，牠們可以比較安全的築巢並養育下一代。

因此，郊狼的出現已經對森林的生態產生了廣泛而深遠的影響。牠們除了使牠們獵物的獵物比較不會受到生命的威脅之外，對森林裡的其他生物無疑也造成了若干改變。由於郊狼在食物網上游走，既吃果實，也吃那些以水果為食的齧齒動物，以及那些以水果和齧齒動物維生的浣熊，因此牠們對於生態的影響實在很難預測。究竟牠們會幫助種子傳布，還是會造成妨礙？如果老鼠減少，鳥類增加，壁蝨會受到什麼影響？這些問題的答案，或多或少都將決定森林未來的命運。

郊狼除了影響森林生態，也讓我們看到森林從前的樣貌。昔日的森林舞者（野狼）雖然已經消逝，但牠們的替身（郊狼）卻讓我們得以一窺過去森林之舞的優雅與複雜。除此之外，鹿也加入了這場森林舞蹈。牠們不僅扮演了屬於自己的角色，同時也承擔了駝鹿、貘和美洲犎牛等已絕種的草食動物的戲分。因此，郊狼和鹿在美東地區得以成功繁衍，不僅顯示出我們的文化對森林的深遠影響，也讓北美洲大陸多少回復到清教徒、槍炮和鏈鋸到來之前的狀態。

我的曼荼羅地雖然位於一座老生林內，但這裡的生態仍然受到周遭環境的巨大影響。今天郊狼之所以會出現在曼荼羅地，要歸因於當年歐洲移民來到北美地區之後所造成的一連串變化。這些變化同時也影響了水生動物的生態。如果不是人們在曼荼羅地附近幾乎每一條溪流上築壩，建造出數十座池塘和湖泊的話，今天曼荼羅地上的水蜥數量還會更少。

曼荼羅地並不像真正的曼荼羅一般，位於潔淨無瑕的禪室裡，不與外界接觸，而且無論形狀和範圍都經過精心的設計。相反的，曼荼羅地的周圍流動著一條條彩色的河流，而形成這個曼荼羅的各色沙粒會不斷的滲入，並流出它周圍的這些彩色河流。

August 08
八月八日

地星

the forest unseen.

夏天的熱氣使得另一波真菌從曼荼羅地的核心冒了出來。橘色的菌菇像節慶時拋撒的五彩紙屑一般，綴滿了細枝和落葉層；身上有條紋的支架菌（bracket fungi）從地上的枯枝探出頭來；落葉層的隙縫中也鑽出了一朵形如果凍、外皮光滑的橘色菌傘，和三種褐色的傘菌目蕈菇（gilled mushroom）。這些被稱為「死亡的花束」（death bouquet）的菌菇中，最引人注目的是一朵長在許多葉子當中的地星（earthstar）。它那有如皮革般的外層已經裂成六片，每一片都像花瓣般往外翻，看起來像是一顆褐色的星星。在這星星的中央有一顆已經略微扁平的球，球的頂端有一個黑色的孔。

我緩緩的瀏覽著這片曼荼羅地，欣喜的看著這許多真菌的子實體。最後，我的注意力被曼荼羅地邊緣一堆傾斜的腐爛落葉中所露出的兩個白色圓頂狀物品吸引住了，於是便湊了過去，以便看個清楚。一看之下，才發現原來是兩顆高爾夫球！這兩顆塑膠球出現在這兒，就像被扔棄在溪裡的啤酒罐或被黏在樹上的口香糖一般，顯得格格不入，醜陋無比。

這兩顆高爾夫球是從俯瞰曼荼羅地的那座斷崖上飛過來的。一位打高爾夫球的朋友告訴我：從那斷崖邊把球打出去，讓他有一種君臨天下的亢奮感。既然那座高爾夫球場的範圍一直延伸到斷崖邊，因此他大有機會可以沉浸在這種令人陶醉的感覺裡。大多數被打出來的高爾夫球都落在曼荼羅地的西邊。有些本地的孩童會把這些球撿起來，裝在袋子裡，賣回去給那些打高爾夫球的人。

在森林裡看到光亮的白色塑膠球，固然令人吃驚，但它們之所以如此礙眼還有另外一個原因：它們是來自一個平行的現實世界。曼荼羅地的生態是成千上萬個物種互相遷就容讓的結果，但高爾夫球場的生態卻是一個物種（人）栽培某一種外來青草的結果。在曼荼羅地，放眼望去到處都是「性」與「死亡」的痕跡，包括枯葉、花粉和鳥語等等，但高爾夫球場卻被人們以外力保持在一種過分乾淨整潔的狀態。那裡的草地有人施肥、修剪，因此得以保持在永遠青春年少的狀態，沒有枯掉的莖，也沒有花朵或種子頭（seed head）。性與死亡都被排除了。好一個奇怪的場域！

我面臨了一個兩難的局面：我應該把這兩顆球拿走，還是讓它們留在原地？如果把它們拿走，我就違反了自己所訂的「不干預曼荼羅地生態」的原則，但卻可以讓曼荼羅地恢復較為自然的狀態，或許還能騰出一些空間來，供一株野花或蕨類生長。被人棄置的高爾夫球對曼茶羅地毫無貢獻：它們不會分解並釋出養分，也不會成為生物的棲居之所，因此自然的能量與物質到了這兒之後就無法繼續循環了。

因此，我有一股衝動想要把這兩顆塑膠球拿走，讓曼荼羅地恢復「純淨」的狀態。但這樣的衝動本身是有問題的，原因有二：首先，拿走這兩顆高爾夫球並不能讓曼荼羅地從此免於工業污染。酸性物質、硫、汞和一些有機污染物，仍然會不停進入這裡。事實上，曼荼羅地的每一個生物體內或多或少都有一些外來的分子。我來到這兒之後，必然會帶來不屬於此地的細菌；我的衣物如果有磨損，也會掉落一些纖維；我呼氣時更會排放出這裡原本所沒有的分子。就連曼荼羅地生物體內的基因也都烙上了工業污染的印記。這裡的飛蟲，尤其是那些曾經與人類密切接觸的種，體內已經有了抗藥性的基因，可以對抗許多種不同的殺蟲劑。因此，把這兩顆高爾夫球拿走只是去掉這裡最顯眼的一種人工產品，使得這座森林表面上看起來純淨天然，沒有人為的污染罷了。

其次，就更深的層面而言，這種做法可能也是有問題的。如果我們認為人工產品乃是人類加諸於自然的污染物，則我們等於是在宣告人類並非自然的一部分。高爾夫球的誕生，是因為有一種來自非洲的靈長類動物既聰明又愛玩。他們喜歡發明各式各樣的遊戲來測試自己的體能和心智能力。這些遊戲大致上都是在一些經過精心設計、刻意模仿非洲大草原的地方進行。這是因為這些「大猩猩」既然來自非洲大草原，他們在下意識裡不免會渴望回到那兒。既然這些聰明的靈長類動物是這個世界的一分子，那麼或許他們所製造的東西也一樣屬於這個世界。

當這些能幹的大猩猩愈來愈擅於掌控這個世界時，他們造成了一些始料未及的副作用，其中包括一些奇奇怪怪、前所未見的化學物質，而且這些化學物質當中有一部分會毒害其他生物。對於這些不良的副作用，這些大猩猩多半不太了解。但那些比較了解的大猩猩就不樂意見到他們這個物種對整個世界所造成的衝擊，尤其是在他們所居住的地區似乎尚未受到過度破壞的情況下。我就是這樣一隻大猩猩。因此，當森林裡有一顆高爾夫球驟然映入我的眼簾時，我的心智便開始譴責那顆球、那座高爾夫球場、那些打高爾夫球的人，以及形成這種種事物的文化。

然而，如果我們愛好自然，就沒有道理憎恨人類，因為人類也是自然的一部分。我們如果真正喜愛這個世界，就應該能夠欣賞人類的聰明才智和愛玩的天性。自然當中有人工產品存在，並不一定就會變得不美或顯得突兀。我們人類確實不應該如此貪婪、率性、浪費、短視，但我們應該擔負起應有的責任，而不是憎恨自己。畢竟，人類最大的缺點就是缺乏對萬物的同情心，而所謂的「萬物」也包括我們自己。

因此，我決定把這兩顆高爾夫球留在曼荼羅地。以後我在森林裡的其他地方看到奇怪的塑膠製品時，仍會把它們撿起來，但這裡的東西我不會動。讓山林步道或庭園保持在「白然狀態」是有道理的，因為我們疲累的眼睛需要暫時擺脫工業製品的騷擾。清除森林裡的垃圾，也象徵人類想要恪盡自己做為生物界一分子的責任。然而，我們有時也需要自我克制，不去改變現狀，而這個現狀也包括兩顆被丟棄的高爾夫球。

然而，這兩顆高爾夫球完全無法被分解，對曼荼羅地的其他生物而言似乎是一種冒犯。十八和十九世紀的高爾夫球是用木頭、皮革、羽毛和樹脂製成，因此可以被細菌或真菌分解。但用強化的「熱塑性塑膠」製成的現代高爾夫球則無法如此。人類每年製造十億顆高爾夫球。這些球是否注定在草地上彈跳一段時間後就從此變成垃圾？我想情況並不一定如此。當曼荼羅地上的這兩顆高爾夫球底下的落葉逐漸腐爛時，它們就會慢慢下沉。再過幾年，它們就會觸及落葉層底下的砂岩，被嵌在石縫中，並且逐漸化為齏粉。這是因為曼荼羅地所在的這座陡坡是向東傾斜的，因此這兩顆高爾夫球將會緩緩隨著周遭的岩石往下滑動，並且逐漸被那些岩石碾碎，成為粉末。最後，這些粉末中的原子會沉積在被壓縮而成的新岩層（沉積岩），或一泓又熱又燙的岩漿中。所以，高爾夫球並不像它們表面上看起來那樣，會使物質無法循環再生。事實上，它們是由石油和礦物質所變成的一種形式，在短暫的飛翔後，便透過緩慢的地質作用讓它們的原子回歸大地。

當然，這兩顆高爾夫球也可能面臨另外一種命運：生長在它們周圍的地星和蘑菇可能會發明出一種新的方法來消化高爾夫球裡的塑膠成分，使這些成分得以循環再生。這是因為真菌是分解物質的專家，在經過演化之後有可能會出現一種能夠分解塑膠的蕈菇。塑膠裡蘊含了大量的物質和能量。一旦有某種真菌發生突變，能夠分泌出可以消化塑膠的汁液，這些原本被凍結在塑膠之內的資產便可以被釋放出來，獲得新的生命。事實上，我們已經發現，真菌和細菌能夠倚靠其他的工業產品（例如精煉油和工廠廢水）生存。高爾夫球或許就是它們下一次突破的對象。「你有在聽嗎？塑膠。塑膠。塑膠是一門很有前途的生意。」（譯注：此為電影《畢業生》〔*The Graduate*〕當中的一句對白。）

August 26

八月二十六日

螽斯

the forest unseen.

喳！喳！喳！喳！整座森林都在振動。

傍晚時分，曼荼羅地一片昏黑朦朧，光影斑駁。當光線逐漸消逝時，那合唱聲愈發響亮。喳喳！喳喳！這兩拍子的節奏，是成千上萬隻螽斯在樹上歌唱的聲音。其間偶爾會有某個歌手唱出單一的音符，但多數時間都是一個個三連音、二連音和其他螽斯的聲音融合在一起：喳！這些昆蟲彷彿正在對著森林反覆自問自答，一聲聲驚嘆互相碰撞，合成重重的一拍。這樣齊一的節奏維持了一分鐘以上，接著便開始各唱各的，一片嘈雜，但過了片刻之後，歌聲又再度齊一。

這樣的大合唱，以聲音的形式展現了森林的巨大能量。太陽的能量被轉化成樹的能量，繼而又被轉化成螽斯的能量。整個夏天，螽斯的幼蟲都以樹葉為食，在經過幾次脫皮後，體型逐漸變大，最後終於變成約拇指大小的成蟲。因此，螽斯這場壯觀的聲音秀都是由森林植物的豐沛能量所造就的。螽斯的學名*Pterophylla camellifolia*（意為「山茶葉上的翅膀」）就顯示了兩者之間的關連。不僅螽斯的身體是由葉子所做成，牠的生命也是由葉子的能量所驅動，連牠的長相看起來也很像一片葉子。

螽斯是用翅膀來唱歌。牠們的左翼基部有一條波浪狀的橫脈，被稱為「音銼」，就位在頭部後方。在右翼的相對位置上則有一個瘤塊。螽斯會以兩支翅膀的基部互相觸碰，把瘤塊當成撥子一樣在音銼上面移動，發出「嗡嗡」或「哼哼」的聲響。但你可別以為牠們只是彈奏克難樂器的業餘樂手。事實上，牠們會改變彈撥的力道、角度和時間長短，一如小提琴大師在運弓時所用的手法。同時，牠們演奏的速度甚至超過那些在音樂廳表演的名家，或鄉下地區吉他撥奏的冠軍。有些種的螽斯每秒鐘撥動音銼的次數超過一百次，再加上牠們音銼上的小齒間距很密，因此每秒鐘可以發出五萬五千個聲波。這樣的聲音已經遠遠超出人類聽力可以覺察的範圍。曼荼羅地這一帶的螽斯比較成熟，每秒鐘只發出五千到一萬個聲波。這些音比鋼琴鍵盤上的最高音還要高，但已經低得足以讓我們的耳朵聽見。

螽斯發出聲音時並非只用音銼和撥子而已。牠們的聲音之所以能夠如此響亮，是因為牠們的翅膀上有一塊皮，其作用就像班卓琴（五弦琴）上的皮一樣，可以和撥子所造成的振動共振，並且將音量放大。這塊皮繃得很緊，因此它共振後所形成的聲音，其音高不同於音銼所發出來的聲音。由於這兩種振動並不協調，因此合起來之後就形成了一種刺耳的噪音。但螽斯的近親蟋蟀就不同了。牠們的皮和音銼的共振非常協調，使得牠們那悅耳的鳴叫聲不致受到難聽的側音干擾。

螽斯的鳴叫就像人類的語言和許多種鳥兒的叫聲一樣，有地區性的差異。北部和中西部的螽斯叫聲比較徐緩，並且包含兩、三個音節：「喳—喳，喳—喳—喳，喳—喳。」南部的螽斯所發出的聲音音節較多，節奏也快得多：「喳—喳—喳—喳，喳—喳—喳，喳—喳，喳—喳—喳。」西部的螽斯唱得慢，而且只有一、兩個音節：「喳—喳，喳，喳，喳—喳。」顯然，螽斯的歌聲有許多不同的版本。這些地域性的變異究竟有何功能？它們造成了什麼樣的後果？目前仍不得而知。或許這是為了要適應各個森林不同的音響效果，也或許這是反映各地雌性螽斯的不同偏好。這些叫聲上的差異或許能夠抑制不同的族群雜交。

此刻，螽斯的叫聲間雜著短促而漸弱的蟬鳴。蟬在炎熱的下午叫得最大聲，到了黃昏時聲音就愈來愈小。牠們那拖得長長的叫聲，是發自一種比螽斯的撥子、音銼和皮膜更奇怪的器官。蟬的身體兩側各有一個圓盤，嵌在堅硬的外骨骼中，看起來像是一扇裝有許多根鐵條的舷窗。這些鐵條是一根根堅硬的支竿，可以橫向來回移動。每當有一條肌肉牽動圓盤時，這些竿子便會連續移動，發出一種顫音。當肌肉放鬆時，每一根竿子都會回到原位。而以這種方式發出來的聲音，又會被薄膜和蟬體內的一個氣囊所擴大。這兩個有波紋的圓盤被稱為「鼓膜」

（tymbal），是動物界裡獨一無二的構造。

蟬和螽斯的能量都取自植物。蟬的幼蟲居住在地下，是樹根內的寄生生物，吸取樹的汁液，有如自備針筒的鼬鼠。但牠們生長的速度不像螽斯那麼快，需要好幾年的時間才能成熟。因此，今晚的蟬鳴乃是牠們吸了四年以上的樹液之後，從牠們居住的地洞裡爬了出來，飛到樹上的結果。

雌性的螽斯和蟬會在樹梢移動，但並不出聲，只是聽著雄蟲的叫聲。螽斯的腿部有聽覺神經，蟬的耳朵則是嵌在腹部。如果雄蟲的叫聲響亮活潑，特別突出，則雌蟲便會靠近他，繼續聆聽，之後便開始與他交配。

當公螽斯與母螽斯交合時，他會交給她一個小小的精子袋以及一大包食物做為結婚禮物。這包食物的重量通常是公螽斯體重的五分之一。要製造這樣一包食物可不輕鬆，因此公螽斯的腹腔裡裝的大多是用來製造食物的腺體。至於這份結婚禮物有何功能，要看螽斯的種類而定。有些種的母螽斯會把這些食物用來製造卵子，有些則用來延長自己的壽命。

不幸的是，公螽斯在森林中唱歌時，母螽斯可不是唯一的聽眾。他的歌聲無疑會提高他被鳥兒（尤其是杜鵑）發現的風險。杜鵑特別喜歡捕食螽斯，但螽斯最普遍、最危險的敵人，卻是短角寄蠅（tachinid fly）。這些渾身毛刺的寄蠅在成蟲時期是以花蜜維生，但牠們的幼蟲卻會寄生在其他昆蟲身上。有好幾種寄生蟲專門找螽斯下手。牠們的耳朵會特別注意螽斯的叫聲。

一旦聽到了之後，寄生蠅媽媽便會飛近獵物，停在牠附近，然後把一窩蠕動的幼蟲放在那兒。這些幼蟲會成群的爬到那螽斯身上，鑽進牠的體內，然後就像寄生在毛毛蟲身體裡的姬蜂一樣，慢慢由裡到外的把螽斯吃掉。寄生蠅媽媽這種「放下就跑」的策略，完全是根據聲音來操作的，因此幾乎只有公的螽斯會受到寄生蠅的危害。

天色愈來愈黑。蟬鳴終於沉寂下來，等待明天白晝的熱氣將牠們喚醒後再繼續牠們的合唱。這時，另外幾種螽斯也加入了鳴叫的行列。體型較小的角翅螽斯（angle-wing katydid）發出了一陣陣粗嗄的聲音，聽起來像是被掛在樹上的響葫蘆。其他幾種螽斯的叫聲也清晰可辨，顯示樹上有許多不同種類的螽斯。

暮色漸深，我的視線也愈來愈模糊。夜色有如一波波浪濤襲來，終於將整座森林都吞沒了。

只剩下林中那歡欣的雷鳴：喳！喳！喳！喳！

September 21

九月二十一日

藥物

the forest unseen.

上午，豔陽高照，我滿心歡喜，因為我在前來曼荼羅地的路上看到一打候鳥在溪流裡戲水。牠們站在淺灘上，把自己蘸濕，然後又張開羽毛，抖動身子。每一隻鳥的身上都沾滿閃亮的銀色水珠，使得牠們全身都籠罩在光環中，看起來彷彿是在用陽光為自己施行洗禮。

我看著這些鳥兒盡情享受戲水之樂，內心分外欣慰，原因是這條溪流最近曾經為我帶來一些麻煩。兩天前，我從曼荼羅地返家時，發現這條溪裡的每一塊石頭都被翻開或移動了。這種情況以前也發生過。有些盜獵的人到這裡來，把他們所能找到的蠑螈都抓走，以便用牠們當作餌食。如今整條溪流都被掏空了，這座森林裡的蠑螈都將喪生於魚鉤上，或在盛裝餌食的惡臭桶子裡死去。想到這裡，我不由得怒火中燒。一路上，我的怒氣逐漸高漲，無處宣洩。在上坡時，我開始感到胸口緊緊的。當我走到斷崖下面時，這股壓力終於爆發：我的心臟狂跳了一下，開始出現心室纖維性顫動的現象，心跳快得簡直無法計算。

後來，我費力騎著腳踏車進城，在醫院裡待了幾個小時，打點滴吃藥。不到兩、三個小時，我的心臟就恢復了正常。在經過一天的休息後，我再次回到森林裡。在歷經這次風波後，今天這些鶯鳥身上沾著水珠閃閃發光的美麗景象在我眼中顯得格外動人，甚至可能為我帶來了一些救贖。

此刻，在曼荼羅地上，我開始用一種新的眼光來看待植物。它們在我眼中除了是自然界的植物之外，也是藥物。這是因為我待在醫院期間，醫生曾經讓我服用兩種藥物，而這兩種藥物都是取自植物。其中一種是阿斯匹靈。它原是來自柳樹的樹皮和繡線菊的葉子。這種藥物進入我的細胞後，會抑制血液凝結的現象，就像蚊子和壁蝨咬人時所分泌的那種化學物質一般。另外一種藥物是毛地黃。它是取自毛地黃的葉子。這種藥的成分會與我的心臟細胞結合，改變細胞內的化學平衡，使我的心跳更穩定有力。

我待在病房裡的時候，一度感覺自己已經遠離了自然，但這只是個假象。事實上，自然的手已經透過那些藥丸，穿過病房，來到我這兒。不同的植物在我體內交纏。它們的分子找到了我的分子，兩者緊密的結合在一起。此刻，在曼荼羅地上，我看到了這樣的連結：每一種植物都有可能被用來做成藥物。儘管曼荼羅地上並沒有柳樹、繡線菊或毛地黃，但這裡的植物也自有療效。

足葉草是這座山坡上比較常見的植物之一。它那傘狀的葉子在曼荼羅地上的好幾個地方都可以看到。這些葉子高及腳踝，是從它們的地下莖長出來的。這些地下莖往水平的方向生長，穿過落葉堆，不斷的分枝，面積逐漸擴大，最後便長出好幾十片葉子，其分布面積可以廣達好幾公尺。美國原住民很早就知道這種植物具有強大的藥效。低劑量的足葉草萃取物被用來做為瀉藥，也可以殺死腸子裡的寄生蟲。但如果劑量太高，人類服用之後可能會死亡，一般都用來施放在剛剛播種的玉米上面，以免玉米種子被烏鴉和昆蟲吃掉。

現代科學家針對足葉草所做的研究顯示：這種植物的化學成分可以殺死病毒及癌細胞。目前足葉草的萃取物已經被用來製成軟膏，治療病毒所造成的疣。此外，醫界也將這種萃取物的化學成分加以調整，用來做為對抗癌症的化療藥物。如果沒有足葉草，這些藥物顯然也不可能存在。但除了足葉草之外，森林群落裡的其他成員對這些藥物的誕生也有不可或缺的貢獻，只是貢獻較不明顯罷了。比方說，夏天時，大黃蜂會在足葉草的葉子下面飛來飛去，並停在它低垂的白色花朵上，幫它們傳粉。之後這些花朵會逐漸變成小小的黃色果實，每顆大小相當於一顆小型的檸檬。這些果實也就是它的英文名稱 mayapple（意為「五月蘋果」）當中的「蘋果」。箱龜（box turtle）特別喜歡吃足葉草果實。牠們會憑著嗅覺找到這些果實，把它們吃掉，然後帶著一肚子的足葉草種子離開。這些種子如果沒有經過箱龜的腸道，通常無法發芽。因此，藥學教科書裡雖然不曾討論森林大黃蜂和箱龜的生態，但醫藥界仍然需要這兩個物種的幫忙。

除了大黃蜂和箱龜之外，另一種具有極高藥用價值的本地物種便是野山藥。這種作物並未生長在曼荼羅地上，但在附近一帶卻不時可見，尤其是在森林中比較潮溼陰涼的區塊。山藥是蔓藤類作物，會把它那細細的莖纏繞在灌木或小樹上往上爬，一直爬到相當於人頭的高度為止。它的莖和心型的葉子非常嬌嫩，無法抵禦霜寒，因此冬天時便以手指狀塊莖的形式生活在落葉層底下。這些塊莖富含化學成分，其構造類似人類的荷爾蒙（包括黃體素在內）。從前的美國原住民也知道這一點，所以他們會用野山藥來緩解女人生產時的疼痛。到了一九六〇年代，醫藥界更用化學成分經過調整的山藥塊莖萃取物製成了第一批避孕丸。除此之外，山藥據說也有降低膽固醇、減少骨質疏鬆和減輕氣喘的效果，不過相關的證據仍不明確。

在這座森林裡，足葉草和山藥都很容易找到，但可惜的是，另外一種藥用作物人參就不是這麼常見了。它的命也運提醒我們不要過度採收有用的野生植物。從前北美洲東部地區的森林裡曾經有大量的人參生長，但由於它具有興奮和治療的效果，使人們趨之若鶩，因此如今大部分地區的人參都已經被挖光了。十九世紀中期，美國每年出口的人參在五十萬磅到七十五萬磅之間。使用於國內的數量可能也差不多。如今，由於這種作物已經變得稀少，因此每年出口量還不到當年的十分之一。儘管美國聯邦和各州政府已經訂定規範，管制人參的採收，但人參市場仍然蓬勃發展。在曼荼羅地幾英里以外的地方，每到產季總會有商販在主要的路口設置攤位，向本地的採掘者購買人參。乾燥的人參每磅可以賣到五百美元以上，促使許多人努力尋找這種作物。在經濟不景氣、謀生不易的情況下，人參的採掘為本地人提供了許多商機。

由於人參的數量減少，有些眼光放得較遠的商人和採掘者便開始利用在森林中尋找人參的時候播撒種子，以半人工的方式栽培人參。因此，人類現在也開始扮演種子傳布者的角色，就像箱龜運送足葉草的種子一般。從前負責擔任這項工作的是鳥兒，尤其是畫眉鳥，因為人參那有如紅寶石一般的莓果對牠們而言乃是夏末的美味點心。幸好人參的種子不像足葉草的種子那般挑剔，它們即便不經過鳥兒的腸道也會發芽。但人為的努力是否能夠讓人參的數量不致持續減少，目前仍不得而知。大多數的植物學家仍然為人參的前景感到憂心。

人參、山藥和足葉草，都是以充滿養分的地下莖或地下根的形式過冬的小型植物。這足以說明它們為何如此富含具有藥性的化學成分。這些植物由於無法移動，皮又很薄，因此很容易受到哺乳動物和昆蟲的侵害。它們用來儲存食物的地下根莖尤其容易成為掠奪的目標。由於它們既無法逃跑，也沒有可以保護自己的厚實外皮，因此它們唯一的防衛方式便是讓自己的身體充滿可以擾亂敵人的腸道、神經和荷爾蒙系統的化學物質。這些物質既然是專門用來攻擊動物的生理機能，因此人類如果謹慎的加以使用，自然可以將它們做成藥物。藥草專家只要找出正確的劑量，就可以把植物用來自衛的武器變成各式各樣、琳琅滿目的興奮劑、通便劑、抗凝血劑、荷爾蒙，或其他各種藥物。

目前，在所有的藥物當中，有四分之一都直接萃取自植物、真菌或其他生物。其餘的也有許多是以野生植物的化學成分再加以調整後製成。曼荼羅地上的藥用植物和我的血液裡的藥物，只不過其中一小部分罷了。然而，曼荼羅地上的這些植物所含的化學成分非常複雜，直到今天仍然不太為人所知。這裡的植物有二十餘種，總共含有成千上萬種分子，但其中只有一小撮曾經過詳細的科學研究。有些植物雖然被用在傳統的草藥中，但仍未經過檢驗。因此，曼荼羅地植物的藥用價值仍充滿了許多可能性，有待我們加以探索。

我在服用以植物做成的藥物後，學到了一件事情：我和曼荼羅地的生物在小小的分子層級便已經有了關連。從前我一直以為這種關連主要是基於我和它們都是由同樣的生物演化而成，在生態上也相互影響。現在我才明白，我的身體和自然的關係有多麼密切。透過自古以來植物和動物之間的生化戰爭，我體內的組成分子已經讓我和這座森林有了密切的連結。

September 23

九月二十三日

毛毛蟲

一群群遷徙中的鶯鳥飛過曼茶羅地的樹林，有如一波波的浪濤流過枝椏之間。一隻灰綠蟲森鶯（Tennessee warbler）剛從北邊森林的繁殖地飛回來，此刻正停在曼茶羅地邊緣一株低矮的小楓樹上，檢視著葉子，尋找食物。牠還要飛行兩千英里才能抵達中美洲的南部，以便在那裡過冬。因此，牠得趕緊把肚子填飽才行。

這隻鶯鳥到底在吃什麼？從曼茶羅地上樹葉的狀態就可以約略看得出來。這裡的每一片葉子都像被散彈槍打過一樣，在葉面上留下了一個個不規則的洞孔，數量至少在十個以上。大多數的葉子已經損失了將近一半的面積。曼茶羅地上的毛毛蟲已經把夏天的樹葉變成牠們身上的肉，而這些肉將為這批鶯鳥提供長途飛行的動力。

毛毛蟲的貪吃是出了名的。牠們在一生當中體重會增加兩、三千倍。如果人類的嬰兒也這

the forest unseen.

麼會吃，則他（她）成年時的體重將會高達九公噸，相當於好幾個遊行樂隊的重量。如果這個嬰兒成長的速度和毛毛蟲一樣快，那麼他（她）出生後幾個星期就會變成大人了。

毛毛蟲之所以長得這麼快，是因為牠們出生後唯一的任務就是吃樹葉。牠們不像成蟲那般，具有堅硬的外骨骼、翅膀、複雜的腳和性器官，也沒有精細的神經系統。因為這些配備會讓牠們無法專心執行任務，並使牠們的成長速度變慢。自然賦予牠們的唯一裝備，便是牠們身上的防禦性剛毛。由於牠們是吃樹葉的專家，因此在這方面幾乎沒有對手。在大多數的森林裡，毛毛蟲所吃的葉子比其他所有草食性動物加起來還要多。

此刻，一隻胖胖的毒蛾毛毛蟲爬進了曼荼羅地。牠身上有著各種鮮豔的色彩和毛，顯示牠不是隻好惹的毛毛蟲，因為牠的毛會刺人，體內也有毒液。牠的背上有四簇黃色的毛，看起來有如男人用的修面刷一般，朝天豎立。牠的每一個體節都包覆著一層看起來朦朦朧朧的銀色長毛，頭部兩側各有一束黑毛向外怒張，尾部的末端也有一簇褐色的毛刺。從那一層朦朧的毛中，隱約可以看到牠的皮膚上有黃色、黑色和灰色的條紋，顯得既華麗又可怖。

成蟲的毒蛾不會在光天化日之下吃葉子，以免讓自己暴露在外，招致風險。因此，牠們的顏色可能很不顯眼。雌蛾從隱蔽在暗處的繭裡出來後，便守在原地，等待雄蛾到來。她並不能飛，外型看起來像個毛皮睡袋。由於她無須四處遊蕩，所以不必用鮮豔的體色來警告敵人，而且還可以靠偽裝來保護自己。成年的雄蛾則很會飛。他會用那羽狀的觸鬚辨識出雌蛾所分泌的費洛蒙，並與她交配，然後就飛走了。雄蛾和雌蛾的顏色都是灰褐夾雜，很不顯眼。雌蛾是靠著靜止不動來保護自己，雄蛾則是靠他那有力的翅膀。在經過物競天擇的演化過程之後，毒蛾幼時鮮豔奔放，長大後則變得陰沉晦暗。其他許多種類的蛾也是這樣。

當我正注視著這隻豔麗的毛毛蟲時，有一隻黑色螞蟻爬到了牠背上，努力鑽過那些密密麻麻的毛往前走，就好像一個男人奮力穿越一叢竹子一般。牠把牠的大顎往下探，想咬毛毛蟲的脖子，但並沒有成功。這毛毛蟲則繼續前進，似乎對螞蟻的攻擊毫不在意。後來，螞蟻離開了脖子的部位，對著毛毛蟲背上兩簇黃毛中間的一個部位咬了下去，但仍舊無法碰到毛毛蟲的皮膚。接下來又有一隻體型較小、顏色有如蜂蜜的螞蟻爬了上來，加入攻擊的行列。但這兩隻螞蟻相遇後便開始打架，彼此在那層黃色的毛上格鬥。蜜色的螞蟻被推到地上後又爬了回去，但接著又再度掉下來，而黑色螞蟻則始終緊跟在後。毛毛蟲加快了速度，或許是想要逃開，但那兩隻螞蟻一直在繞圈圈。後來，黑蟻撲向毛毛蟲，再度發動攻擊。但牠往下咬了好幾次，就是碰不到毛毛蟲那柔軟的皮膚。等到黑蟻掉下去之後，毛毛蟲立刻爬上一片拱起的枯葉，然後便停在那兒不動。牠是不是想要騙過牠的對手呢？那兩隻螞蟻在地上不停的繞著圈子，但就是找不到牠們要下手的對象，最後終於離開那片枯葉所在之處。這時，那毛毛蟲便爬了下來，笨拙的朝著曼荼羅地外側一棵大楓樹的樹幹爬了過去。牠自由了！

但另外一隻較小的毒蛾毛毛蟲就沒有這麼幸運了。牠已經死在螞蟻們的手下，屍體也被拖回蟻窩去供其他螞蟻享用了。不知道這是不是因為牠的毛太短或逃得太慢的緣故。無論牠的死因為何，牠現在已經成了被曼荼羅地這一帶的蟻群吃掉的眾多毛毛蟲之一。有一項研究顯示，每天被拖進一座蟻窩的毛毛蟲數量超過兩萬隻。我在親眼目睹方才那隻毛毛蟲和螞蟻搏鬥的景象之前，一直以為毛毛蟲的身上之所以有那麼多毛是為了要防禦鳥兒。但如今看來，這些毛也是為了要防止螞蟻的下顎碰到牠們的皮膚。科學文獻也證實我今天所觀察到的事實：螞蟻是多數毛毛蟲的主要天敵。

不過，有一群蝴蝶卻把兩者之間的對立關係做了一百八十度的轉變。那便是灰蝶科的蝴蝶。牠們已經和螞蟻發展出一種互利共生的關係。灰蝶科的毛毛蟲沒有體毛，照說很容易受到螞蟻攻擊，但螞蟻通常不會咬牠們，反而喜歡吃牠們所分泌的甜甜的「蜜露」。這蜜露乃是毛毛蟲送給螞蟻的禮物，其性質或許有些像是人們交給黑手黨的保護費。毛毛蟲給螞蟻一些糖吃，讓後者不要傷害牠們。但螞蟻們吃了糖之後，不僅不會對這些毛毛蟲下手，還會很積極的保護牠們，幫牠們把敵人（尤其是黃蜂）趕走。因此，如果說螞蟻是這些毛毛蟲所雇用的保鏢可能還比較貼切。在螞蟻的保護之下，灰蝶科毛毛蟲的存活率比其他沒有侍衛的毛毛蟲高了十倍，而這些毛毛蟲似乎也很喜歡和螞蟻一起生活。其中有些毛毛蟲的身上甚至配備著特製的「摩擦器」，用來振動葉子，以吸引螞蟻前來。可以說牠們是用這種方式「召喚」牠們的保鏢。

我眼前這隻毒蛾毛毛蟲在逃過了螞蟻的攻擊之後，便爬上了一株楓樹。樹幹上雖然沒有螞蟻，但許多地方卻布滿了黏黏的蜘蛛絲，使得牠很難前進。此外，經過昨夜的一場雨之後，樹幹上的苔蘚看起來仍然溼溼的，也對牠形成了另外一項挑戰。後來，牠腿上的小鉤子一下子抓不穩樹皮，便往下滑了好幾英尺，但牠仍舊繼續努力往上爬。

毛毛蟲爬到樹上後，便進入了一個由鳥兒（而非螞蟻）所主宰的世界。螞蟻是透過觸覺和嗅覺尋找獵物，但鳥兒則是憑著視力。因此，毛毛蟲如果要躲過鳥兒的眼目，就必須注意自己身上的顏色和圖案。由於人類是非常依賴視覺的動物，因此毛毛蟲身上多采多姿的圖案往往令我們著迷。我們的童話故事裡時常出現毛毛蟲的身影；許多博物學家之所以喜愛自然，有一部分是因為受到毛毛蟲的吸引。相反的，我們對蒼蠅、黃蜂和甲蟲的幼蟲就不太感興趣，因為牠們為了躲過鳥兒們銳利的眼睛，身體都是蒼白色的。

我眼前這隻毒蛾毛毛蟲用牠身上醒目的黃黑對比體色，警告敵人牠很不好惹。牠那一簇簇如刷子般的黃毛和身上其餘部位的細長銀毛，在紋理上形成了明顯的對比，其作用就是要昭告其他生物：牠身上不僅多毛多刺，而且毒性很強。大多數鳥兒看到這種毛毛蟲，根本連啄都不想啄。其他有毒、多刺的毛毛蟲也有類似的圖案，只是每一種圖案的顏色和對比的程度略有差異罷了。

至於那些無刺無毒的毛毛蟲就不敢如此招搖了。為了保護自己，牠們只好佯裝成鳥糞、枯葉、小樹枝、小蛇，或有毒的蠑螈來瞞過敵人的耳目。在經過演化之後，牠們的偽裝手法愈來愈細膩。那些偽裝成小樹枝的毛毛蟲身上有著狀似葉芽的小點，偽裝成蛇的毛毛蟲身上則有看起來很像眼睛的斑點，而且這個假眼的瞳孔還會反光。此外，那些模仿樹葉的毛毛蟲身上，也有看起來像是鳥糞的小圓點。

數百萬年來，鳥兒的視線從未離開過毛毛蟲，使得毛毛蟲的身體變成了一幅幅視覺設計上的傑作。但值得注意的是：鳥兒的銳利視線所改變的不只是毛毛蟲的身體外觀而已，連毛毛蟲吃葉子的方式也受到了影響。這是因為鳥兒已經學到了一件事：葉子上如果出現參差不齊的洞孔，則那裡必然會有毛毛蟲存在。不過，即使毛毛蟲已經走了很久，葉子上還是會留下咬痕，因此鳥兒便會不斷根據牠們最近在某種樹上覓食的經驗來修正牠們的覓食模式。毛毛蟲如果在葉子上留下明顯的洞孔，然後又一直待在這些洞孔附近，那麼牠們很快就會被這些聰明的鳥兒發現。所以，只有那些裝備完善、防護齊全的毛毛蟲才有本錢可以不注意自己的吃相。那些比較容易受鳥兒攻擊的毛毛蟲，例如剛毛較少的那些，就會小心翼翼的從葉子的邊緣開始吃起，設法維持葉子原來的輪廓，以免在葉子上留下明顯的洞孔。有些偽裝成葉子的毛毛蟲甚至會把身體捲起來，用來填補葉子所缺掉的那一個角，藉此騙過敵人的眼睛。曼荼羅地裡樹葉上的咬痕參差不齊，顯示蟲子在吃的時候並不當心，因此我猜想這些葉子大部分都是被毒蛾家族的毛毛蟲吃掉的。

鳥的視線已經影響了曼荼羅地生物的形狀和色彩。無論是吃葉子的毛毛蟲或被毛毛蟲所吃的葉子，它們的形狀都反映了毛毛蟲和鳥兒在演化過程中彼此不斷你來我往、鉤心鬥角的情況。從表面上看起來，這些正在遷徙的鶯鳥只是曼荼羅地的過客，但事實上牠們離開之後，其影響力仍然繼續存在。

September 23

九月二十三日

禿鷲

the forest unseen.

我因為要端詳樹冠裡那些被蟲咬過的葉子，眼睛便朝著天空的方向看。夏天時，由於濃密的樹冠遮蔽了天空，我便很少仰頭觀看，於是我的世界就變小了。然而，此刻我從樹冠層的隙縫中看過去，發現在歷經昨天一整天猛烈的風雨洗滌後，天空已經變得澄澈潔淨，藍得透明。如今溼度已經不再像夏天時那麼高，因此天氣雖熱，感覺卻頗為舒爽。這是九月典型的氣候：大多數的日子都陽光普照，晴空萬里，但偶爾會有溫暖、狂暴的鋒面（多半是從墨西哥灣吹來的熱帶暴風雨的尾巴）來襲。

今天，有一隻紅頭美洲鷲（turkey vulture）在曼荼羅地的正上方盤旋。牠那雙寬闊的翅膀，有如鼓脹的風帆一般映著藍天。牠在空中繞了一圈後，便乘著一陣突如其來的氣流，往東邊飛了過去。

由於曼荼羅地位於南邊，因此每個月都可以看到紅頭美洲鷲的蹤影。每年此時，這裡除了本地的鳥兒之外，還可以見到從北方飛越田納西州前往墨西哥灣沿岸和佛羅里達州過冬的候鳥。有些候鳥甚至飛得更遠，在墨西哥境內或墨西哥以南的地方過冬。這些長途跋涉的候鳥飛到那裡之後，便有紅頭美洲鷲與牠們為伴，因為紅頭美洲鷲是中南美洲的留鳥，也是「新大陸」分布最廣的一種鳥類。

紅頭美洲鷲和大多數飛鳥不同。牠們很容易辨認，即便從遠處也可以看得出來。牠們會把翅膀張成淺淺的V字形，且翼尖向上，看起來好像是天空中的一個大括號「︸」。牠們飛行時會斜著身子搖搖擺擺，看起來好像喝醉了酒一般，但事實上牠們這樣做自有空氣動力學上的理由。紅頭美洲鷲很善於在天空中翱翔。牠們極少拍動翅膀，即使拍動，一次也幾乎從不超過十下。牠們之所以能夠如此輕鬆省力的御風而行，是因為牠們會用那有如船槳般的巨大翅膀捕捉每個上升氣流和漩渦，做為飛翔的動力。這使得牠們飛起來速度緩慢、姿態蹣跚，看起來不太優雅。但事實上，這種飛行方式極有效率。所以，紅頭美洲鷲雖然看起來像個醉漢，卻其實是很懂得節省力氣的天才，因為牠們並不追求機動性、優雅的姿態或速度，只是每天很悠閒的在牠們的領空中巡邏。除了睡覺之外，牠們一天有三分之一的時間是在天上翱翔。

紅頭美洲鷲除了腐肉之外不吃別的東西。牠們那輕鬆省力的飛行方式，使得牠們每天可以在空中巡邏幾萬畝土地，尋找動物的屍體，而且牠們多半在森林地區獵食。但在這些地區，牠們的視線往往被樹冠層所遮擋；即便是在視線清楚的區域，動物的屍體毛皮往往也有保護色，並不容易被發現，但紅頭美洲鷲還是能夠透過仔細的搜尋，精準的將牠們找出來。曾經有科學家故意把死雞和死老鼠放在森林裡，以測試紅頭美洲鷲尋找食物的能力，結果發現牠們通常只花不到一、兩天的工夫就可以找到，即使他們用樹葉和刷子把這些誘餌遮住也是如此。由此可見，紅頭美洲鷲是用牠們那寬大的鼻孔在森林裡憑著嗅覺辨識食物。

憑著嗅覺找到一具臭掉的死屍不算是什麼了不起的事，但禿鷲的本領遠不只如此。牠們其實不太喜歡味道過於惡臭的肉，所以紅頭美洲鷲在天空中翱翔時是在尋找那些剛死不久的動物。這些動物不像那些已經腐爛的屍體一般，會發出強烈的臭味。牠們的氣味是清淡的，由微生物和逐漸冷卻的屍體所排放出的一些特殊分子所組成。在天空中翱翔的禿鷲會捕捉到這些分子，並循著這股氣味來到地面，在廣達成千上萬畝的土地上準確找出目標物的位置。

在這個現代化的世界中，紅頭美洲鷲有時可能會被自己的嗅覺帶到「死胡同」裡。牠們往往會在屠宰場的上方盤旋，因為這些外觀有如一般倉庫的屠宰場會散發出剛剛死去動物的味道。除此之外，瓦斯公司的管線也讓牠們備感挫折。這是因為瓦斯公司在傳輸天然氣時，會在原本無臭無味的氣體中添加少量的乙硫醇。乙硫醇是一種有臭味的化學物質，一旦瓦斯閥故障或管線有了裂縫，乙硫醇便會跟著瓦斯一起滲漏出來，提醒人們有爆炸的危險。但除了人類之外，禿鷲也聞得到這些氣體，並且會群集在那些有裂縫的瓦斯管附近，無意中成了瓦斯公司搜尋管線裂縫的助手。禿鷲之所以會搞混，是因為動物在死亡後，屍體會自然散發出乙硫醇分子。由於人類非常厭惡已經臭掉的肉，所以我們的鼻子對乙硫醇極其敏感，連濃度只有阿摩尼亞（一種很臭的氣體）兩百分之一的乙硫醇都可以聞得出來。因此，瓦斯公司只要添加一點點乙硫醇到他們的管線裡就行了。不幸的是，紅頭美洲鷲也可以聞到這樣微量的臭氣，於是便經常群集在瓦斯滲漏的地方，但卻找不到屍體，讓牠們一頭霧水。

紅頭美洲鷲是森林裡的清道夫。牠們負責執行生態系統中的最後一個儀式，加速物質轉化的過程，把大型動物的屍體轉換成養分。牠們的屬名*Cathartes*（意為「清道夫」）就反映了這一點。

吃屍體的行為對人類而言似乎低下卑賤，令人厭惡。但我們所不屑一顧的動物死屍在森林中卻非常搶手。狐狸和浣熊有時會在禿鷲到來之前就先把屍體搶走；美洲黑鷲（black vulture）也會聯合起來對付體型比牠們大的紅頭美洲鷲，把牠們趕走，將屍首據為己有。此外，埋葬蟲（burying beetle）也會把小動物的屍體拖走並且埋在地下。

這些哺乳動物、鳥類和甲蟲都是紅頭美洲鷲的競爭對手，但牠們和那些吃屍體的微生物

（細菌和真菌）比起來，還是相形遜色。這些微生物在動物死亡的那一剎那便開始工作，將牠們的屍體從裡到外加以分解消化。起初，這對禿鷲頗為有利，因為屍體分解的過程會釋放臭氣，可以引導牠們從天上飛下來覓食，但牠們一旦來到屍首所在之處後，就必須和那些微生物互相搶奪屍首裡的養分。在炎熱的天氣裡，那些微生物不到幾天就可以把屍首吃個精光，因此禿鷲們如果想要吃飽，動作就必須要快。

在這樣一場競賽當中，微生物除了動作快速之外，還會使用更直接的競爭手段。大多數動物吃了腐爛的肉之後之所以會生病絕非偶然。其中一個原因就是，那些微生物會分泌毒素以捍衛自己的食物。這類毒素乃是微生物在它們的地盤周遭所築起的一道圍牆。其他生物如果翻越這道圍牆，就會招致「食物中毒」的後果。人類的味覺在演化過程中已經被這些微生物所改變，因此我們會明哲保身，避開腐爛的食物以免吃進微生物所分泌的防衛性毒素。但禿鷲就沒有這麼容易被勸退了。牠們的腸道裡有電池酸液（battery acid）和強力的消化液，可以腐蝕那些微生物。此外，牠們還有另一層防衛機制：牠們的血液裡有異常大量的白血球，會搜尋外來的細菌和其他入侵者，將牠們吞噬並加以摧毀。禿鷲的體內有一個特大的脾臟可以供應這一大群防衛細胞所需的養分。

這樣強壯的體質，使得紅頭美洲鷲有本錢可以吃那些會令其他動物作嘔或生病的食物。在這種情況下，微生物所分泌的毒素反而在某個程度上對紅頭美洲鷲有利，因為這些毒素可以嚇阻其他動物，使牠們減少一些競爭對手。這個例子再度證明，生物之間究竟是彼此「競爭」還是互相「合作」，有時並不容易區分。

禿鷲強大的消化能力，對森林中的其他生物也有影響。由於牠們的消化道能夠有效的摧毀細菌，因此牠們「清除」的對象不只是屍體而已。炭疽病和霍亂的細菌在經過禿鷲的腸道時都會被殺死，但哺乳類和昆蟲的腸道則沒有這種效果。因此，禿鷲消滅疾病的能力沒有其他動物能比得上。清道夫這個屬名對牠們而言，真是實至名歸。

目前在北美洲的大多數棲地，紅頭美洲鷲的數量都保持在穩定的狀態。這對我們這些擔心罹患炭疽病和霍亂的人而言，倒是很好的消息。在美國的東北部，禿鷲的數量甚至已經開始增加。這或許是鹿的密度愈來愈高的結果，因為所有的鹿都終將死亡，牠們的屍體必須加以處理。不過，禿鷲的數量在兩種類型的地區也有減少的現象。其中之一便是以種植大豆及其他行栽作物為主的鄉村地區。這是因為：只栽培單一作物的農耕方式使得絕大多數動物無法存活，因此自然也不太需要像紅頭美洲鷲這樣的「殯葬業者」。除此之外，牠們也面臨另外一種比較不容易察覺的威脅：那些被獵人丟棄的鹿和兔子，以及那些被射殺後逃脫的獵物。這是因為槍枝的鉛彈在射入獵物體內後會裂成許多細小的碎片，其中所含的重金屬會污染牠們的肉。這對獵人和他的家屬來說不是件好事，對禿鷲而言則更加糟糕，因為牠們所吃進去的獵物往往比獵人更多。因此，許多紅頭美洲鷲都有輕微的鉛中毒現象。所幸，這個問題還不致危害整個族群的生存。這可能是因為大多數紅頭美洲鷲所吃的動物屍體當中，有許多並不是被獵人射殺的。相形之下，牠們的近親加州兀鷹所吃的含鉛動物屍體就比較多。為了讓現存的少數野生兀鷹能夠存活下去，獸醫們必須定期把牠們抓起來，幫牠們清除體內的鉛毒。幫「清除者」清除毒素，是北美的狩獵文化所造成的一個怪現象。

但這還不是最糟糕的一個現象。在印度，現代科技的運用已經對禿鷲造成了一個更大的危機。由於當地農民普遍讓他們的牲口服用一種消炎藥，禿鷲的數量已經因此銳減。這種消炎藥在牲畜死後仍會留存在牠們體內，對禿鷲造成致命的威脅。印度的禿鷲一度數量繁多，但如今已經瀕臨絕種，以致發臭的牲畜死屍在印度各地到處可見，蒼蠅和野狗的數量也因此暴增，嚴重影響大眾的健康。如今，在印度的若干地區，炭疽病已經非常普遍；印度的人口感染狂犬病的比例也高居世界之冠，其中大多數病例都是因為被狗咬到才受到感染。根據估計，由於禿鷲數量減少以及野狗數量增加，印度人罹患狂犬病的案例每年大約增加三、四千人。

禿鷲消失之後，印度的祆教徒也受到了影響。依據祆教的習俗，死者的屍首會被放在又寬又矮、沒有屋頂的天葬塔（Tower of Silence）上，排成一圈。不出幾個小時，禿鷲就會把這些屍體變成一堆白骨。然而，現在已經沒有禿鷲來吃這些屍體，而祆教又禁止採用土葬或火葬，因此祆教徒已經因為禿鷲滅絕而陷入了宗教危機。

印度在受到這般慘痛的教訓後，已經明白這些頂上無毛的清除者的重要性。因此，印度政府已經禁用當初造成危害的那種消炎藥，但在某些地區這種藥仍然尚未禁絕，同時印度禿鷲的數量也尚未回升。更令人遺憾的是，非洲若干國家也開始使用這種消炎藥，然而那些地方的禿鷲同樣重要，也同樣容易受到傷害。

在田納西州，我們時常可以看到紅頭美洲鷲在山頂上盤旋的景象。正因為牠們如此常見，我們很容易忘記牠們是自然所給予我們的一大恩賜。

September 26
九月二十六日

候鳥

候鳥仍舊一波波飛過曼荼羅地，其中大多數來自北邊的森林。這座松林占地兩百五十萬平方英里，橫跨阿拉斯加、加拿大和緬因州，面積和亞馬遜雨林相當，是數十億隻鳴禽的繁殖地。這些候鳥飛越曼荼羅地時，驚動了本地的留鳥，使得牠們一群群的跟著一起飛行。我在曼荼羅地上坡約十公尺處的一塊岩石往下看，只見鶯鳥、山雀和毛茸茸的啄木鳥一波波的飛起。整座森林裡都充滿了牠們的啁啾聲。

這些鳥已經不像在繁殖季節時那般防備陌生人，因此離我頗近，有些甚至來到我幾乎伸手可及的地方，使我得以把牠們看個清楚。牠們的毛色精美細緻，翅膀和尾巴的羽毛清爽俐落，頭部光滑，凌空飛起時身上的羽毛閃閃發亮。牠們已經在夏末換羽，因此如今身上的每一根羽毛都處於完美的狀態。

the forest unseen.

對於這一群鳥當中的黑枕威爾遜森鶯（hooded warbler）而言，牠們身上這層新長出來的羽毛必須用上一整年。這段期間，這些羽毛會逐漸被草木和風砂所磨損，到了明年仲夏時，就會變得纖細單薄，邊緣也參差不齊。這是一個老化的過程，但黑枕威爾遜森鶯卻會利用這種方式讓自己換上繁殖季節的衣裳。此刻，牠們頭上和喉部的羽毛還是淡黃色的，但是當這些羽毛的外緣被磨損時，裡面黑色的繁殖期羽毛就露了出來。這是一個很省事的策略。大多數其他鳥兒的繁殖期羽毛都是重新長出來的，每一根都要耗費珍貴的蛋白質。

這些山雀、啄木鳥和黑枕威爾遜森鶯都是在夏天完成繁殖工作後，來到曼茶羅地這一帶，並在此長出秋天的新羽，但牠們大多數在北邊，也就是加拿大的雲杉灌林叢裡時就已經換毛。黑紋胸鶯鳥（譯注：magnolia warbler，俗稱木蘭林鶯）和灰綠蟲森鶯（譯注：俗稱田納西鶯）這兩種鳥的俗稱，其實都和牠們的生態不符。之所以如此，是因為牠們都是在遷徙的路途中經過南部的這兩個州時被人發現和命名的。當時，有一隻黑紋胸鶯鳥在密西西比州的木蘭樹上捕食昆蟲時被人射殺，另外一隻灰綠蟲森鶯則是在田納西州的昆伯蘭河沿岸遇害，從此牠們便被冠上了不符合事實的名字。其他幾種在北寒帶繁殖的鳥兒也有同樣的歷史包袱。栗頰林鶯（Cape May warbler，五月岬林鶯）、黃喉蟲森鶯（Nashville warbler，納許維爾鶯）和機敏黃喉地鶯（Connecticut warbler，康乃迪克鶯），事實上都來自大北方的廣袤森林。因此，動物學命名法的約定掩蓋了北美洲鳥兒的真實生態。極北區的寒帶針葉林才是這些「鳥中貴族」的繁殖地，因為牠們大多數都在那裡築巢。所以，這些每年飛經曼荼羅地兩次的聒噪活潑鳥兒，事實上都誕生於那屬於狼獾和山貓的大地。

此刻，在這些北方鶯鳥的清脆叫聲中，出現了一種明顯來自南方的鳥語。一隻黃嘴的杜鵑在樹冠上咯咯叫了幾下之後，便發出一連串沉悶的咕咕聲，唱出屬於牠的曲調。我在曼荼羅地的上方俯瞰這隻鳥兒，只見牠像猴子一樣，在枝椏之間跳來跳去，把牠那狀似長柄鐮刀的鳥喙伸進一簇簇的葉子裡，卻鮮少張開牠的翅膀。牠抓了一隻螽斯，咕嚕一聲就把這隻肥大的蟲子吞進肚子裡，然後便跳回那高而隱蔽的樹冠裡。

曼荼羅地這一帶的森林有許多杜鵑，但由於牠們生性怕人，而且喜歡待在很高的樹上，因此很少被看到。我眼前這隻杜鵑就像從前我所看過的那幾隻一樣，顯得頗為奇特，讓我有些驚訝。牠的動作像靈長類，叫聲像是一截空心的木材被敲擊時所發出的聲音，而且牠還會吃其他鳥兒不能吃或不願吃的昆蟲。牠的鳥喙很大，使牠能夠吞下大隻的螽斯甚或小隻的蛇。毛毛蟲身上的剛毛可以嚇阻其他鳥兒，但卻嚇不倒杜鵑。無論這些蟲子身上有沒有毛，牠們都照吃不誤。有時牠們會用鳥嘴輕輕啄個幾下，把蟲子的毛去掉以後再吃，但大多數時候牠們都是連皮帶毛，整條吞下去。牠們的胃壁和腸壁上，想必都插著一層濃密的毛刺。

除此之外，杜鵑也打破了另外一些屬於鳥類特有的行為模式。牠們並沒有固定的地盤，而是像游牧民族一般在繁殖地四處尋找食物，不久之後便開始紮營與繁殖（譯注：杜鵑不築巢也不孵蛋）。小鳥長得很快，而且當牠們的羽毛「刷！」的一聲抖開時就已經全部長好了。成鳥換羽的過程也很隨性。牠們不像其他鳥兒一般，在固定的時間依照特定的程序脫毛、長毛，而是一根一根不定期的汰換，因此無論夏天或冬天，牠們的棲地上隨處都可以看到牠們所褪下的羽毛。牠們之所以如此偏離常軌，或許是因為牠們的神經已經受到毛毛蟲的毒素影響，但更可能的原因是：這樣的換毛策略就像牠們的繁殖方式一樣，是為了要利用當時在地的豐富資源，以便之後能度過資源稀少的季節。除了換毛方式與眾不同之外，杜鵑也沒有固定的遷徙模式。南美洲的鳥類學家曾經抓到非常年幼的杜鵑，顯示有些原本應為候鳥的杜鵑會留在過冬的地方進行繁殖。

今天出現在曼荼羅地的各種鳥類中，杜鵑飛行的距離最遠，因為牠必須前往安地斯山脈東邊的亞馬遜叢林過冬。鶯鳥則多半飛到墨西哥南部、中美洲和加勒比海一帶，路程較近。此刻，曼荼羅地和將近一整個「新世界」都有連結。來自貘和巨嘴鳥之鄉的鳥兒和來自苔原邊緣的鳥兒一起振翅，在厄瓜多爾和海地攝取了礦物質的鳥兒和在加拿大的曼尼托巴（Manitoba）和魁北克攝取了糖分的鳥兒，同時在天上飛行。

今晚，這些候鳥將會帶著牠們腦海中有關星辰的知識出發，將曼荼羅地與外界連結。在經過一整天的休息、進食之後，牠們會趁著涼爽安全的暗夜振翅南飛，並在途中仰望天空，找出北極星所在的位置，用它來做為南行的指引。這樣的天文知識是牠們從小就學會的。當牠們還是小鳥時，就已經會蹲坐在鳥巢裡，看著夜空，找尋那顆不會在天空中移動的星星。這樣的記憶一直留在牠們的腦海中。因此，到了秋天時，牠們便會仰望天際，依照群星的指引前進。

候鳥能夠根據星辰辨認方向，固然令人刮目相看，但這種方法其實並不可靠，因為在陰天的夜晚，星星會被雲朵遮蔽，況且有些初次遷徙的候鳥可能是在濃密的森林或多雲的地區長大，對於星辰的認識不足。因此，候鳥們還有好幾個導航的方法。牠們會觀察日出、日落的方向，也會沿著縱向的山脈飛行，甚至能夠偵測到那些看不見的地球磁場線。

牠們向宇宙敞開自己的感官，整合太陽、星辰和土地的訊息，有如一波洶湧的潮水般往南飛去。

October 05

十月五日

示警聲波

the forest unseen.

我靜靜的坐著，一動也不動。時間緩緩的流逝。一隻花栗鼠走過曼荼羅地的彼端，距我不到一公尺。牠停下腳步，用腳掌和鼻子在落葉層裡翻尋了一會兒，便消失在一堆亂石之間。這樣的邂逅是很罕見的。這座山腰上的花栗鼠不像我們在郊區或露營地上所看到的那些。牠們非常神經質。這隻花栗鼠在我寂然不動的坐了很久之後，才敢靠近我。眼見我的靜止工夫有了成效，我頗為振奮，於是便再度端坐不動，讓自己成為岩石的一部分。

風很輕，遠處鳥語啁啾，森林裡的溪水靜靜的流著。一個小時過去了。

然後，我聽見背後一、兩英尺處傳來一個高亢、嘶啞的呼氣聲。是一隻鹿。我繼續坐著不動。那鹿又發出了示警的聲音，接著又連續兩聲。我看到一個白色的影子一閃而過，接著那鹿便噴著鼻息，飛奔而去。牠所發出的示警聲衝擊著曼荼羅地上寧靜平緩的空氣，激盪出強大的能量。

一瞬間，三隻松鼠開始吱吱吱的叫了起來，並發出哀鳴。然後有八隻花栗鼠加入，發出「喊！喊！喊！」的叫聲。接著，這波浪濤傳到了曼荼羅地以外的地方。山坡下的一隻黃褐森鶇開始豎起頭上的羽毛，「威帕—威啵—哇」的叫著，遠處的幾隻花栗鼠也加入了這場斷音合唱，將示警聲傳到我聽覺範圍的盡頭。

就這樣，這隻鹿因為突然遇見一個靜止不動的人而發出的示警聲，傳到了幾百公尺以外的地方。這一陣騷動，特別是那些花栗鼠的驚慌，要一個多小時才能平息。

曼荼羅地的鳥兒和哺乳動物都生活在一個聲音網絡裡，彼此透過聲音連結。森林裡的新聞像漣漪一般在這個網絡裡擴散，傳達「哪裡有麻煩人物，他們在做什麼」的消息。我們這些已經被都市化的人類必須費點力氣才能察覺這些訊號。我們已經習慣忽視所謂的「背景噪音」，並且習於從我們的心智所發出的聲音中尋求線索。我自己就是一個例子。當我在森林中靜坐或漫步時，往往忙著聆聽腦海裡的聲音，想著過去或未來的事。我猜這是一個共同的現象。我們需要刻意的反覆練習，才能回到當下，重新注意我們的感官。

當我們的注意力回到當下的聲響時，會發現森林「播音室」裡所播報的新聞主題居然是我們人類（想不到吧！）。我們體型魁梧，聲音很大，動作很快。許多動物都曾經見過我們當中那些比較有掠奪性的「版本」。那些不曾親身體驗過我們的槍炮、陷阱和鋸子的動物，也很快就從那些比較有經驗的同類身上得知我們的厲害。畢竟，動物如果能夠注意那些讓其他動物害怕的東西，對牠們自身是比較有利的。我們就像老鷹、貓頭鷹和狐狸一般，很少能夠在不引發一波新聞熱潮的情況下，觀察森林新聞網絡的運作。唯一能夠混進去的方式便是坐在低處，一動也不動，靜靜的等待時機，然後我們才能體驗到新聞被傳遞時，森林裡一會兒安靜、一會兒喧譁的情況。舉個例子，當一群人在森林裡健行時，他們的一舉一動所發出的聲波會比他們的笑語聲提早幾分鐘傳到附近。比較細微的動靜，例如有一根樹枝掉了下來或有一隻烏鴉飛過頭上，會發出音量較小也較為短暫的聲波，傳遍森林網路。但像這隻鹿在無意間撞見我時所發出的示警聲，就像是一波聲浪或是一則字體斗大的頭條新聞了。

對森林裡的動物而言，注意收聽這個網絡裡的消息顯然是有好處的。如果牠們能夠事先察覺可能即將到來的危險，就可以有更充裕的時間決定該如何因應。但積極主動的散布消息會帶給牠們什麼好處？答案就沒有這麼明顯了。你看到掠奪者的時候為什麼要呼叫呢？為什麼不聽聽別人在說什麼就好，自己不要出聲？當獵食者靠近你時，你卻發出很大的聲音引人注意，這種做法好像沒什麼道理。

如果這隻動物當時有親屬在附近，牠之所以冒險出聲示警，可能是為了要保護牠們。現在雖然已經是秋天的尾聲了，但曼荼羅地一帶的一些花栗鼠和松鼠仍帶著孩子，因此牠們會透過叫聲警告家人。但許多動物即便沒有家人在場也會發出警報，因此牠們這麼做必然還有其他原因。有些動物之所以在危險的時刻發出示警訊號，其實是在主動和掠食者溝通，引起對方的注意，讓掠食者知道牠們的身分和所在的位置。這種做法聽起來好像有些矛盾，但其實它有一個好處：從掠食者的觀點來看，如果獵物已經看到牠過來，而且已經準備要逃跑，那牠得手的機率可能會比較小，因此牠還不如另外去找一個毫無防備的獵物。所以，動物出聲示警對牠們自己有一個切身的好處：讓對方明白發動攻擊是無效的，以期藉此倖免於難。「我已經看見你了——你抓不到我的！去找別人吧！」

白尾鹿更將這個策略做了進一步的發揮。牠們逃離掠食者時會上下擺動尾巴，讓對方看到牠們白色的臀部和下尾。同時，牠們在奔跑時每隔一會兒便會做一次長距離的跳躍，但這樣做很費時，反而會讓牠無法快速前進。因此，這些甩尾巴和跳躍的動作應該不是為了告訴掠食者牠們已經看到牠了（牠們既然已經開始逃跑，對方就應該明白這點了），而是有別的功能。或許白尾鹿想要傳達的訊息是：牠的體力很好，有能力可逃脫，因為唯有健康的鹿才有本錢在跑步時做出這類浪費時間、具有炫耀意味的動作，病弱的鹿就無法冒著生命的危險從事這種不必要的表演。至於這個推論是否成立，目前尚未有人針對白尾鹿做過詳細的測試，但就瞪羚（牠們也有類似令人不解的誇張動作）的例子而言，這類動作確實反映出牠們的健康狀況。

同樣的，森林裡的植物也有一個類似的、不可見的網絡。昆蟲啃咬某株植物的葉片時，會觸發該植物的一種生理反應。這種反應不僅可以制止昆蟲進一步侵犯，也可以警告鄰近的植物。這是因為葉片受損時會啟動植物的若干基因，使得它們製造出大量具有防衛性質的化學物質。這些化學物質有一部分會揮發，瀰漫在受損植物周遭的空氣中，使得鄰近植物的葉片也浸潤在這些分子當中。這些分子就像進入人類鼻腔中的香氣一般，會溶解在葉片潮溼的內部，並進入周遭的細胞中，啟動相同的基因，使得這些尚未受損的植物也開始分泌防衛性的化學物質，讓自己變得比較不合昆蟲的口味。因此，樹木其實也在傾聽。

當我在森林中靜坐或散步時，我並不是正在觀察某些「客體」的一個「主體」。事實上，當我走進曼荼羅地後，就捲入了錯綜複雜的溝通網絡，置身於各式各樣的關係當中。無論我察覺與否，當我驚動一隻鹿、嚇到一隻花栗鼠，或踩到一片活著的樹葉時，都會在這些網絡上造成若干改變。因此，在曼荼羅地，要進行完全客觀的觀察是不可能的。

我改變這些網絡的當兒，這些網絡也改變了我。我每吸一口氣，就把空氣中各種分子吸進了我的體內。這些分子便是森林的氣息，是由成千上萬種生物的氣味所組成。有些氣味很受人喜愛，因此被提煉成「香精」。這些香精中至少有一種是植物用來互相示警的化學物質，那便是「茉莉酸」（jasmonate）。既然我們喜歡這樣的氣味，或許這表示人類其實有意融入自然界的競爭當中。

不過香氣只是一個例外。森林裡的分子大多數都不經過我的嗅覺就直接溶入我的血液裡，在我不曾察覺的情況下進入我的身體和心靈。至於這樣的滲透會造成什麼影響？迄今相關的研究很少。到目前為止，西方的科學界尚未放下身段，認真思考森林是否有可能是我們生命中的一個部分。不過，愛好森林的人士都很清楚樹木會影響我們的心靈。日本人不僅明白這一點，而且還把這個觀念付諸行動，因此他們有所謂的「森林浴」。如此看來，加入森林資訊網路的行動，或許會讓我們的內心變得比較幸福呢！

October 14
十月十四日

翅果

森林的顏色已經開始起了變化。曼荼羅地的這株山胡椒大致還是綠色的，但有幾片葉子已經出現了黃色的斑點。它旁邊那棵白蠟樹已經開始褪色，外層的葉子出現了乾枯褪色的現象。我上方的這棵楓樹和山核桃顏色仍和夏天時一樣，但山坡上方那棵高大的山核桃的葉子已經全都變成棕褐色或金黃色。落葉層上新添了一些新近落下的葉子，被動物踩過時便發出輕微的沙沙聲。

一顆長著翅膀的楓樹種子掠過我的面前，像馬戲團演員所丟擲的飛刀一般，劃過一道模糊的白光。它像直升機一般的降落，碰到一株齒齡草的葉子後便掉在林地上的兩片枯葉之間，卡在一顆砂岩小石子旁邊的腐植質縫隙中，翅膀在上面，種子在下面。它很幸運，因為它降落在一個很適合發芽的地方。

the forest unseen.

四月時楓樹所開的花終於成熟了。它們那直升機般的種子在經過好幾個月的緩慢生長之後，如今已經散落在林地四處。其中有些掉進落葉層陰暗的隙縫裡，但大多數都落在乾燥的樹葉或岩石上，暴露在空氣中。無論它們飛離樹冠的過程如何曲折，它們的命運最終仍取決於各自的落點。被風吹送的種子很容易卡在粗糙的物體表面，因此留在滿布青苔的岩石上的種子比留在光禿禿的石塊上的更多，堆積在樹木背風面的種子也比堆積在迎風面的多。有些動物會把種子吃掉，使得後者受到摧毀，但也有一些動物會把種子儲存起來供日後食用，但後來卻因為忘記或死去而一直沒把它們吃掉，因而在無意間幫忙散布並播撒了這些種子。

透過風力散布的種子，無法選擇自己發芽的地點。它們不像獐耳細辛的種子那般，有機會被帶到一座土壤肥沃的蟻窩裡，也不像櫻桃種子那樣可能進入一堆糞肥中，更不像槲寄生的種子那樣，可能被銜著槲寄生枝葉的鳥兒不小心沾在鄰近的樹枝上。不過，楓樹種子雖然無法決定自己最後的歸宿，但這並不表示它們毫無力量，只能任憑風兒擺布。它們會在掉落之前運用一些技巧。

今天上午，曼荼羅地上沒有種子掉落。現在已是下午四、五點左右，它們便像下雨一般密密麻麻的掉了下來，打在地上發出「嗶嗶剝剝」的聲音，聽起來好像森林失火了一樣。這可不是偶然的現象。在天氣乾燥的下午時分，連結種子和樹木的那一截纖細組織處於最脆弱的狀態，而這時也是風力最強的時候。所以樹木是算準時間才釋出它們的種子，以便讓這些種子擁有最佳的風力條件。當然，樹木並沒有中央航空管制系統可以告訴種子應該在何時起飛。決定種子何時釋放、如何釋放的因素，乃是種子和母體連結物的材質、形狀和強度。經過幾百萬年的演化之後，這些釋放機制已經有了調整。

樹木並不只是把種子撒進風中而已，它們還有別的策略。種子隨風而飄時有兩條路可以選擇。「往下」的那一條路會把它們從樹冠帶到母體四周的林地上，距離它們的原生家庭頂多只有一百公尺左右。「往上」的那一條則會把它們帶到樹冠上方，進入廣闊的天空，使它們有可能飛到好幾英里之外的地方。

很少種子能夠抗拒重力的吸引，走到往上飛翔的那條道路，但這條路對樹木的命運而言是很重要的。是否能夠把種子傳送到遠處，對樹木的基因結構、它們在零碎的林地上存活的能力，以及它們在冰河後退或地球持續暖化時期遷移的速度，都有很大的影響。就像人類的歷史一般，自然界的生物是否能夠持續發展和演化，關鍵在於一個族群當中是否能有少數個體得以飄洋過海，遠離家園，前往他鄉去打天下。

楓樹也像當年的歐洲移民一般，試圖購買一張航向遠方的五月花號船票。它們所使用的方法，就是努力把種子發射到強勁的上升氣流中。在遇到渦流或強風時，它們會優先把種子釋放到上升氣流中，但對下降的氣流則不予理會。許多靠風力傳布的樹木都把它們的種子集中在樹冠頂部，以提高種子趕上上升氣流的機率。長在曼荼羅地上的這幾棵楓樹則有另外一個優勢：

此處的風一路順暢的吹過底下的山谷後，就被曼荼羅地所在的這座陡峭山坡擋住，轉而往上吹，因此又增加了曼荼羅地的種子抵抗地心吸引力、往上飛翔的機會。

每一棵樹都有自己的種子分布圖。在這張圖當中，顏色最深、種子最密集的部分就在這棵樹的周圍，但在理論上，種子分布的範圍可能遍及整個北美洲。我仰頭觀看，發現那些掉到曼荼羅地上的楓樹種子果然幾乎都是那些飛不遠的翅果，來自附近（腳隨便滑一下就可到達的距離）的樹木。只有一小部分是來自森林的其他地區，其中或許有一顆是像禿鷲一般乘著一股溫暖的上升氣流，從數十英里乃至數百英里以外的地方來到這裡。

由於種子分布的範圍如此廣闊，要研究它們的分布情況是有一定的難度。大多數種子都留在母株附近，只有少數飛向天際。要蒐集前者的資料非常容易，但要追蹤後者的去向就幾乎是不可能的任務。然而，這些少數的種子卻在每一個樹種的發展歷史中，扮演了關鍵性的角色。

我既沒有嗡嗡作響的偵察機可以用來追蹤那些遠颺的種子，便只好把注意力放在曼荼羅地的楓樹種子上。它們的外觀各色各樣，尤其翅膀的形狀更是多樣化。有些種子的表面積比其他種子大三倍。有些像尺一樣直，有些則像回力鏢一般往下彎，有些則拱起成弧狀。大多數種子的翅膀在靠近種子之處都有一個凹口，但有的則無。不同的種子其凹口角度和深度以及翅膀的寬窄也各不相同，簡直就像是一場植物界的航空大展，各種形狀的機翼都在展示之列。其中有些形狀的機翼恐怕沒有一個航空工程師敢於採用。

這形形色色的翅膀使得楓樹種子降落的姿態各不相同，其中最顯眼的就是那些筆直落下、根本不會飛的種子。有五分之一的種子是成雙成對一起降落的。這些種子根本不會旋轉，只是「啪！」一聲掉在樹下的泥土上。單獨行動而且翅膀很小或翅膀隆起的種子也同樣不會旋轉，直接落地。但這些都是特例。大部分種子都在降落一、兩秒之後就開始旋轉。它們的翅膀轉動時，翼肋（翅膀比較肥大的那一端）會切過空氣，薄薄的翅脈則隨後跟進。這種像螺旋槳一般的旋轉動作會產生浮力，減緩種子落地的速度。一顆漂浮在風中的種子，顯然比那些有如石頭般垂直落地的種子更能夠遠離母體。況且，它飄得愈久，就愈有機會被某一股猛烈的上升氣流帶到更高的地方。無論是就近落地或幸運的上升，樹木的種子都能靠著風力向外傳播，不但減少了手足之間的競爭，也讓下一代有機會前往遠方發展。

植物學家把這種可以讓自己漂浮起來的種子稱為「翅果」（samara）。嚴格說來，翅果並不是種子，而是一種特殊的果實，由母體的組織所形成，用來包覆種子。白蠟樹和鵝掌楸也有翅果，但它們的翅果所製造的浮力不像楓樹那麼強。楓樹的翅果由於形狀並不對稱，反而較占優勢。這種不對稱的構造使它可以像鳥兒或飛機的翅膀那般切過空氣，但白蠟樹和鵝掌楸的翅果由於形狀對稱的緣故，無法像楓樹的翅膀那般優雅的旋轉。它們在降落時會繞著自己的長軸快速旋轉，以防止翅膀被風夾住。它們雖然有自備的螺旋槳，但其實更倚賴風力來替它們傳送種子。因此，白蠟樹和鵝掌楸都把自己的翅果抓得很緊，只在風很強的時候才會放它們走。

楓樹種子所憑藉的空氣動力學作用，介於快速移動的大型物體（如汽車和飛機）以及移動緩慢的微小物體（如塵埃的微粒）之間。在這方面我們所知仍然不多。飛機在飛行時所遭遇的摩擦相對較少，但塵埃微粒由於體積甚小，因此摩擦極大。換句話說，當一個物體變小時，它所置身的世界就變得像是一罐冷掉的糖蜜，使它很難在其中泅泳，但很容易漂浮。楓樹翅果的大小和速度，讓它們彷彿置身於較稀的楓糖漿（這兩者倒是很速配）中。航空工程專家已經證明：在這種糖漿般的空氣中，當槳葉旋轉時，槳葉先行的那一端上方會形成微小的漩渦，吸住翅果的上翼面，減緩它下降的速度。

不同形狀的楓樹翅果會產生哪些不同的空氣動力學作用？這點很難評估。但研究楓樹翅果的學者曾經從陽台上把楓樹種子往下丟，結果大致得出兩項結論。第一，寬闊的翅尖會製造亂流，可能會使翅膀旋轉的速度變慢，降低浮力。其次，彎曲的翅膀所形成的浮力比平直的翅膀小。因此，在實驗室裡受管制的空氣環境中，翅尖較寬而且翅膀彎曲的翅果飛得不遠。然而，曼荼羅地的翅果大多都有寬大的翅尖和彎曲的翅膀。它們算不算是有瑕疵的翅果？還是這種翅尖寬大、翅膀彎曲的翅果和其他翅膀形狀有「缺陷」的翅果，有什麼我們不知道的好處？

森林裡的風時而旋轉，時而直吹，形式複雜多變。在我看來，翅果之所以有各種不同的形狀似乎就是為了因應各種不同類型的風：不同的翅膀造型適合不同形式的渦流，不同的彎曲弧度則是為了因應各種形式的強風。這種形體多樣化的現象並不僅限於翅果。事實上，這是森林裡普遍存在的現象。只要仔細觀察這裡的葉子、動物的腳、樹木的枝條或昆蟲的翅膀，就會發現幾乎每一種構造都有許多不同的形狀。這有一部分是因為個體所居住的環境不同所致，但大部分都和遺傳有關，是在生物繁殖時因DNA的重組而形成。

個體之間些微的差異乍看之下似乎只是自然史上的枝微末節，但事實上，這樣的變易乃是所有生物演化的基礎。如果沒有這種差異，就不可能有「物競天擇」的現象，生物也無法適應新的環境。達爾文深知這點，因此他在《物種起源》（*On the Origin of Species*）一書的前兩章所探討的，都是生物變易的現象。翅果的多樣性正間接說明了這不可見的演化過程。下一代的楓樹將從這些形形色色的翅果當中產生，而它們的構造將最能夠適應吹過曼荼羅地的風。

October 29

十月二十九日

臉

上個星期，一陣陣呼嘯的冷雨沖刷著森林，打落了不少樹葉，使得曼荼羅地上首度出現大堆的落葉。如今，這些落葉已被烈日曬乾，每回有動物走過時，便會發出響亮的沙沙聲。蟋蟀和螽斯受這溫暖的天氣鼓舞，叫得起勁：隱身在落葉底下的蟋蟀叫聲規律而高亢，附著在樹枝下面的角翅螽斯則顯得刺耳並且帶著顫音。春天時的鳥兒喜歡在黎明時合唱，但在秋天繁殖的蟋蟀卻在下午三、四點鐘叫得最大聲，因為這時牠們的身體已經吸收了一整天的熱氣。

此刻，在昆蟲清晰的叫聲中傳來了間歇的劈啪聲。一隻灰色的松鼠慢吞吞的朝著曼荼羅地走了過來，每隔一陣子就把鼻子埋進落葉層中。牠看起來似乎很興奮，身體不停的抖動，彷彿精力無處發洩似的。走到一棵樹旁邊後，牠便爬了上去，從我的視線中消失了。但過了幾分鐘後，牠又從樹幹上爬了下來，頭在下面，尾巴朝上，嘴裡還銜著一顆山核桃。牠看見我之後，

the forest unseen.

愣了一下，之後便仰起頭，伸直尾巴（這時牠的尾巴和樹幹平行），一雙烏溜溜的眼睛一直盯著我看。一會兒之後，牠便開始抖動尾巴。牠的尾巴形狀原本像一根刷子，但此刻上面的毛都倒了下來，看起來倒像是一面扇形的浪板。

牠的尾巴振動時，我聽到微微的「咚咚」聲。不知怎的，這扁平的尾巴居然如此結實，足以在樹幹上敲出連續的警告訊號。之前我曾經多次看過松鼠振動尾巴的模樣，但由於距離不夠近、環境也不夠安靜，因此我從不曾聽見像這樣似有若無的輕叩聲。之所以如此，除了我的觀察力不足之外，很可能也是因為這些訊號並不是針對我發送的。輕微的咚咚聲在空氣中傳得不遠，但振動卻可以透過木頭有效的傳送。樹上的其他松鼠（尤其是樹洞裡的那些）將會透過牠們的耳朵和四肢，接收到這些警告訊號。

這隻松鼠沿著樹幹往下走，一會兒停下腳步，用尾巴輕叩樹幹，一會兒又飛快的往前衝。到了地面後，牠便跑到樹幹的另一邊，從樹後探出頭來，看了我一眼，然後便銜著牠的戰利品（那顆山核桃）蹦蹦跳跳的跑走了。

這附近可不只牠這麼一隻松鼠。在距我不到五公尺的範圍內，至少還有四隻在落葉層上走動，在樹上的松鼠就更多了。曼荼羅地旁邊的這株山核桃是附近少數幾棵目前仍有堅果掉落的樹木之一，因此常有松鼠光顧。這是因為松鼠在冬天能否存活，端看牠們身上脂肪含量多寡以及牠們儲存了多少堅果而定。我聽見樹上傳來了一陣沙沙沙的樹葉聲以及啾啾啾的叫聲，顯然那幾隻松鼠正在搶奪食物。

從下午到傍晚，我一直坐在曼荼羅地上聆聽著各種聲音。在蟋蟀們持續而柔和的鳴叫聲中，松鼠急切的叫聲此起彼落。當天色開始變暗時，我聽見了一個新的聲音。這聲音來自我背後的山坡上方，顯然是某種動物發出來的，但我不想驟然轉身，以免嚇到牠，於是便一動也不動的坐著，專心的聆聽。這聲音不像是松鼠跳躍或用鼻子翻尋落葉的聲響，而是一陣持續穩定而且逐漸變大的沙沙聲，像是一顆大球滾過了落葉堆。隨著時間過去，這奇怪的聲音愈來愈大。顯然那隻動物正朝著我走過來。突然間，我感到有些焦慮，於是便緩緩轉過頭去，想偷瞄牠一眼。

這時，我看到三隻浣熊正用牠們的腳掌緩緩划過落葉堆，朝著我所在的方向走了過來。牠們的動作專心、從容，而且目標明確。在下坡時，牠們似乎是用滑的，看起來像是銀灰色的大型毛毛蟲。牠們的體型比我在附近見過的那些成年浣熊稍微小了一些，或許是今年春天才出生的。

我坐的地方剛好位於這幾隻浣熊前進的路徑上。牠們一直走到距我不到一英尺的地方才突然停下。這時，由於我的頭是朝著另外一個方向，因此無法看見牠們，只好用耳朵仔細聆聽。我聽見牠們站在那兒一邊喘氣、一邊用鼻子嗅著周遭的動靜。過了半分鐘後，其中一隻浣熊突然輕輕的用鼻子噴氣，發出了「哼！」的一聲。之後，三隻浣熊便再度邁開步伐，從我旁邊走了過去，距我只有一、兩英尺。牠們進入我的視線範圍時，臉上並未露出警覺的神情。一會兒之後，牠們便下山了。

我看到這些浣熊時，最初的反應是一陣驚喜。當我發現那些奇怪的聲音居然是三隻浣熊發出來的，而且牠們正朝著我走過來時，不由得大為興奮。當牠們走近時，我看見了牠們的臉：牠們臉上的絨毛是黑色的，周圍鑲著一圈乾淨俐落的白邊，眼珠子像黑曜石一般，圓圓的耳朵喜氣洋洋的豎著，鼻子細細長長的，頸部有一圈銀色的毛皮，模樣還真是討人喜愛。

然而，當這個念頭掠過我的腦海時，我心裡立刻感到有些不自在。身為動物學家，我怎麼可以用「討人喜愛」這樣的字眼來評論一種動物呢？這是兒童和業餘人士才會使用的語言，尤其是面對浣熊這類常見的動物時。我一向都試著將動物當成獨立存在的個體，觀察牠們的本質，避免把心中的慾望投射在牠們身上。但不可否認的，我對牠們畢竟還是有一些感覺。我很想抱起一隻浣熊，呵癢牠的下巴。但毫無疑問的，這樣做簡直就是在踐踏我身為動物學家的職業尊嚴。

對於我的處境，達爾文或許能夠感同身受，因為他明白臉部的模樣對我們的感情有多大的影響力。他在《物種起源》發表十年後，出版了一部名為《人與動物的情感表達》（*The Expression of the Emotions in Man and Animals*）的著作，說明人與動物的臉部如何反映出牠們內心的情感狀態。我們的心智或許有意隱藏我們內心的感受，但我們的神經系統卻會將這些感受呈現在我們臉上。達爾文宣稱，能夠敏銳察覺臉部表情的各種細微變化，是令我們得以生存下去的一種核心能力。

此書的重點在探討神經和肌肉將內心情感轉化成面部表情的機制，並假定觀察者能夠正確的詮釋這些表情所代表的意義。到了二十世紀初期和中期時，康拉德．勞倫茲（Konrad Lorenz，他是最早致力於研究動物行為演化過程的學者之一）提出了更明確的論點。他分析了動物透過臉部表情溝通的方式，以及牠們如果擅於觀察其他動物的面部表情可能會在演化上取得哪些好處。此外，他還更進一步研究人類為何會被某些動物的臉吸引，但對其他動物的臉卻沒有興趣。

他的結論是：由於人類喜歡嬰兒的臉，因此我們在觀看動物時可能會受到誤導。如果動物的臉長得像嬰兒一樣，就算牠們的本性一點也不討人喜歡，我們還是會認為牠們很「可愛」。勞倫茲認為，動物如果有大大的眼睛、圓圓的五官、超大的頭和短短的四肢，就會激發我們的某種本能，讓我們想去抱牠、疼牠。除此之外，有些臉型也會讓我們產生錯誤的判斷。例如駱駝的鼻子高於眼睛的水平，會讓我們以為牠們很驕傲、瞧不起人。老鷹的眉峰堅毅、嘴部的線條狹窄而果決，會讓我們聯想到領袖特質、君臨天下的氣勢以及戰爭。

勞倫茲認為，我們用來判斷人類臉部特徵的標準，會大大影響我們對動物的看法。我想他說得沒錯，但他可能只說對了一半。人類已經和動物互動了幾百萬年，想必應該已經有能力辨別浣熊和人類嬰兒之間的差異吧？事實上，這樣的能力對人類而言是很有用的。我們的祖先在面對其他動物時，如果能夠正確的判斷牠們是具有危險性還是對我們有用，想必會比那些不了解動物的人更占優勢。我想我們對動物的潛意識反應除了受到我們對人臉好惡的影響之外，也會受到這類判斷的影響。我們喜歡那些不會對我們構成人身威脅的動物：那些身軀小巧、嘴部的肌肉不發達、眼睛不敢直視我們、眼神溫馴的動物。我們害怕那些眼睛一直瞪著我們看、顎部的肌肉發達、四肢比我們強壯、跑得比我們快的動物。人類和其他動物共同生存已經有很長一段時間，但開始馴養動物卻是晚近的事。在人類發展的後期，那些懂得利用動物的人士開始畜養犬狗幫忙打獵，畜養山羊以便吃牠們的肉、喝牠們的奶，畜養牛群以幫忙耕作。在這樣的生活當中，人類必須能夠精細的解讀其他動物所發出的訊息。

當這幾隻浣熊出現在我的視線中時，我的祖先便透過我那已經演化的精密腦袋對著我喊話：「這些傢伙腿短短的、嘴部的肌肉不發達、身體矮矮胖胖，看起來沒什麼危險性；牠們的肉很多，可以供我們飽餐一頓；牠們看到人並不害怕，或許可以養一隻來玩玩；牠們的臉長得很可愛，像小嬰兒一樣。」在那一瞬間，昔日的經驗都以非語言的形式浮現，讓我不由自主的對這些浣熊充滿好感。儘管在事後，我會試圖用語言文字來加以解釋，但在那當下，這完全超乎我的理性所能控制的範圍。

或許我不該對自己立刻喜歡上這些浣熊感到如此丟臉。這個在我眼中「很不專業」的反應，其實讓我看到了自己身為動物的天性。人類是很擅於解讀臉部表情的動物。我們在一生當中一直不斷在判讀別人的情緒。只要看到一張臉，我們便會立刻在下意識做出結論。這幾隻浣熊的臉讓我訝然發現自己心理上的矛盾，並因此感到尷尬。但事實上，我每天都會有數十次乃至數百次類似的反應。

當這幾隻浣熊踩著沙沙作響的落葉離去時，我意識到我觀察這座森林，就像拿起一面鏡子，從中照見自己的本性。這面森林之鏡比人的世界更加澄明。我的祖先和森林及草原上的動物共同生活了數十萬年之久。牠們之間互動的經驗，已經形塑了我的大腦和嗜好。這些心理特質雖然在人類文化的影響之下已然出現改變、融合與轉化，但從不曾被取代。在我重返森林（儘管我的身分只是觀察者，而非參與者）之後，它們才開始逐漸展露。

November 05

十一月五日

光

這個星期，我的腳步聲和以往大不相同。兩天前，林地上堆了厚厚一層被太陽曬乾的落葉，走在上面就像踩過一個滿是皺紋紙球的地方，不可能不發出聲音。但今天，那些吱吱嘎嘎、沙沙作響的聲音都消失了。這是因為雨水已經讓原本捲得緊實的落葉鬆開了，地面變得靜默而潮溼，動物們走在上面悄無聲息。

在這場雨之前，有一個星期的時間天氣一直都很乾燥。那些性喜潮溼的小動物已經在落葉層中藏匿多日，雨停後便紛紛現身地面。其中最令人矚目的，便是一隻在翠綠的苔蘚上爬行的蛞蝓。這種蛞蝓我曾經在森林裡的其他地方看過，但在曼荼羅地上卻是頭一遭見到。這也是我第一次目睹一隻蛞蝓到了下午三、四點鐘還待在外面。此外，這隻蛞蝓是本地種的，只有在牠原生的森林棲地裡可以看到，不像在這一帶的庭園中肆虐的蛞蝓是歐洲種的。

the forest unseen.

我們所熟悉的歐洲種蛞蝓，在頭部正後方的背脊上有一塊馬鞍狀的光滑肌肉。那是牠的套膜，用來覆蓋牠的肺部和生殖器官。曼荼羅地上的這隻本地蛞蝓則屬於黏液蛞蝓科（philomycid）。牠們的套膜很特殊，像閃電泡芙上的那層糖霜般把整個背部都蓋住了。因此，比起牠們那些裸露出身體、令人不敢恭維的歐洲親戚，黏液蛞蝓顯得比較「衣著得體」。不僅如此，牠們還把這加大型的套膜當成畫布，在上面畫上美麗的斑紋。曼荼羅地上的這隻蛞蝓身體是霧銀色的，上面有深巧克力色的花紋，包括背脊中心的一條細線，以及套膜邊緣一根根朝著中線伸過去的手指狀圖案。

在那被雨水沖刷得清新可人的翠綠苔蘚上，這隻蛞蝓的斑紋顯得非常醒目，兩者之間的對比也非常明顯。不過，當牠爬到那長滿地衣的岩石上時，整個視覺效果就為之一變。這時，牠的顏色和形狀都融入了地衣斑駁的色彩中，形成了一種保護色特有的美感。

正當我專注的看著這隻蛞蝓時，突然聽到大雨嘩啦啦的落在樹冠上的聲音。我心不在焉的拿出了雨衣，眼睛仍然盯著那隻蛞蝓，但後來卻發現自己被騙了：那不是雨聲，而是樹葉被風吹落的聲音。等到這一場葉子雨平息之後，曼荼羅地日益增厚的落葉層上又多了一層樹葉。其下的葉子大多是在過去這兩、三天掉落的，因為雨水所散發的溼氣讓樹上的葉子負擔了額外的重量，當它們承受不住時便掉了下來。兩天前，青銅色的山核桃葉和金色的楓葉，讓森林的樹冠層彷彿披上了一層金屬甲冑，但今天這件甲冑已經不見了，只剩下稀稀落落的幾小片。

雨終於落下來了。剛開始時是大大的、冰冷的雨點，啪嗒啪嗒的打在樹上，後來逐漸變得比較均勻。不久，又有更多的葉子掉了下來。一隻樹蛙在橡樹的樹幹上叫了四聲，向雨水致意，聲音響亮而刺耳，蟋蟀則反而沉寂了下來。在這潤澤的空氣中，那隻蛞蝓顯得頗為自在，仍然繼續進行著牠的探索之旅。

我裹著雨衣，看著森林如今的面貌，心中居然有些歡喜。但秋雨過後，寒冷艱苦的冬天就要來了，我好像沒什麼理由感到歡喜。然而，秋天的森林卻有著夏天所缺少的某種況味。當我在雨中眺望時，才發現我之所以歡喜是因為在那稀疏的樹冠層底下，光線的品質變好了，使我得以更深刻、更完整的觀看這座森林，不再像之前那樣受限於昏暗貧瘠的光線。

曼荼羅地上的草本植物似乎也感受到了這個轉變。那些在春末生長、夏天時逐漸枯萎的香根芹已經長出了新枝，每一個植株的枝頭都點綴著好幾簇蕾絲般的葉子。想必這些矮生的草本植物正在利用樹冠較為稀疏的時機，趕緊多行幾天的光合作用。儘管在這個季節，白晝較為短暫，但已經有足夠的光線照到地面，讓這些植物願意投入精力長出新的枝葉。

少了樹葉的遮蔽之後，林間的光線變亮了。不僅如此，光線的品質也改善了。這是令我欣喜的另一個原因。我猜想植物之所以長出新葉，有一部分也是因為這個緣故。樹葉掉落之後，光譜就變寬了，使得森林之神更能任意揮灑它的彩筆。

夏天時，森林裡的陽光由於受到遮擋，光譜非常狹窄。此時，林間濃蔭中的光線以黃綠光為主，各種藍光、紅光、紫光都很淡，淡得幾乎看不見。由這些顏色所混合而成的各種色光也是如此。穿透樹冠層照進林地的光束主要都是強烈的橘黃色光，但這些光束都很狹窄，少了天空的藍和雲朵的白。在樹冠層較大的空隙附近，樹蔭的顏色被來自天空的間接色光所強化，看起來像蕨類一般，但太陽的紅銅色鮮少能進入林間。總而言之，夏天時，在那濃密的樹冠層籠罩之下，生命舞台上的燈光範圍極為狹隘。

如今已是秋天。紅光、紫光、藍光和橘光終於得以穿透樹冠，混合成幾千種不同的色調和彩度：淡灰色的天空、沙色和橙黃色的樹葉、藍綠色的地衣、銀色和深褐色的蛞蝓，以及暗褐、黃褐和暗藍灰色的樹枝。現在，森林裡的這座「國家畫廊」終於把全部的收藏品都展示出來了。在過去這個季節裡，我們一直看著梵谷的〈向日葵〉和莫內的〈睡蓮〉（它們雖然都是傑作，但只是館藏的一小部分），泅泳在那黃光和綠光中。如今，我們終於得以漫步在畫廊裡，享受一場完整而深刻的視覺饗宴。

看到森林裡光線的變化，我居然會下意識的感到欣喜。這顯示我們的視覺有一個特性，那便是：我們渴望能看到各色的光線。如果我們在一個環境裡待得太久，就會希冀看到不一樣的光線。這或許可以說明人們若長年生活在缺乏變化的天空下，何以會有感官倦怠的現象。萬里無雲的晴空或一望無際的雲海都太過單調，缺少我們所渴望的視覺多樣性。

曼荼羅地的光線環境不僅關乎我個人的美感經驗，也影響了植物的生長和大多數動物的攝食和繁殖行為。因此，林中的生物對光線的變化都很敏感。秋天時，森林中的草本植物會長出新的枝葉，歡喜迎接之前被樹葉所攔截的陽光。樹木也會根據光線的強度與顏色來決定枝幹的生長方向，讓它們盡量往陽光充足的縫隙生長，以避開其他的枝幹。同時，植物細胞內的吸光分子也會隨時因應光線的變換，視需要組合與分解。

除了植物之外，動物也會隨著光線的變化調整牠們的行為。有些蜘蛛會根據森林裡不同地區光線的強度和顏色，來調節蜘蛛絲的顏色。樹蛙會將皮膚裡的色素往上方或下方移動，以調節皮膚的亮度和顏色，達到和所在的物體表面一致的程度，以便融入背景當中。鳥兒要炫耀自己的羽毛時，也會站在最能彰顯牠們羽毛顏色的光線中。

紅色羽毛的鳥兒置身於樹冠中或樹冠下時，有很多的機會可以這麼做。北美紅雀或猩紅比藍雀（scarlet tanager）這類鳥兒在鳥類圖鑑上看起來豔麗醒目，但由於光譜中的紅色在森林的綠蔭中非常微弱，因此一隻豔紅的鳥兒在森林的樹蔭下會顯得黯淡無光。不過，一旦進入陽光直射的區域，牠們立刻會變得色彩鮮明，羽毛燦爛。森林中的紅色鳥兒跳進斑光時，原本陰沉的模樣可能會瞬間消失，成為一隻正在誇示自己羽毛的鳥，反之亦然。根據我的經驗，啄木鳥特別擅長這樣的把戲。曼荼羅地這一帶共有七種啄木鳥，每一種都有紅色的冠毛或頭頂，而且牠們全都很擅於運用光線。當啄木鳥靜悄悄的覓食時，你很難發現牠們的蹤跡，但是當牠們要宣示地盤或向配偶展示羽毛時，牠們就像黃昏時燃燒的火炬，讓你不想看到都很難。

鳥兒們展示羽毛的手法固然令人印象深刻，但動物在適應光線這方面還有其他更高明的手段。對牠們而言，要做到不引人注目其實更難得多。動物在偽裝時不僅要配合周遭環境的色彩和色調，表層的紋理和大小的比例也要和背景一致，只要和周遭環境稍有不同，就會顯得突兀，可能造成偽裝失敗的後果。森林裡的動物有成千上萬種方式可以凸顯自己，但能夠讓牠們和環境融為一體的辦法並不多。

保護色的演化必須非常講究細節，每個地點的細部特色都不能忽視。因此，那些專門棲息在某一種背景物上面的動物（例如那些只停在山核桃樹幹上的蛾），比那些遊走於不同背景物之上的動物（例如那些從山核桃的樹幹上飛到楓葉的枝椏上，再飛到山胡椒葉上面的蛾）更有可能發展出保護色。至於那些可以到處行走的動物，則是仰賴其他的方式（如快速逃跑、有毒的化學物質和保護刺）來保護自己。

動物靠著偽裝隱身在某個特定的微棲地（microhabitat），就短期而言是一個絕佳的適應策略，但就長期而言，可能會使牠們陷入困境，因為這類動物的命運取決於牠們所棲息的背景物。舉個例子，只要山核桃數量充裕，那些棲息在山核桃樹幹上、靠著保護色自衛的蛾便可以一直繁衍下去，但一旦山核桃的數量減少，這些蛾在缺少其他防衛機制的情況下，到了新的視覺環境後很容易就會被那些眼尖的鳥兒認出來。就算山核桃的數量並未減少，這些專門棲息在山核桃樹幹上的蛾也會受到生態上的限制，比較不可能發展出新的生活方式。反觀那些以其他方式保衛自己的蛾則能夠開發新的棲地，不致因為偽裝失敗而招致嚴重後果。因此，就某些方面來說，教科書上所舉出的保護色演化範例——英國斑點蛾（English peppered moth）在棲息地的樹木受到污染、從灰色變成炭黑色時，也跟著演化出黑色的翅膀，並不足以完全代表蛾所面臨的演化壓力，因為很少偽裝動物能夠幸運的出現基因突變，讓牠們能夠如此輕易的轉換背景。在視覺環境非常複雜，掠食者的眼睛構造又很精密的情況下，保護色的演化過程其實比教科書上所說更加艱辛，也受到更多的限制。

在曼荼羅地上漫遊的這隻蛞蝓身上的顏色，和牠所爬過的地衣以及潮溼的樹葉是一致的。這是一種直截了當的偽裝。但除此之外，牠還運用了更多視覺上的「矇騙」手法。牠的套膜邊緣那圈不規則的黑色火焰看起來似乎毫無意義，但其實是一種干擾性的圖案，能夠擾亂牠的輪廓線條，讓掠食者的眼睛和大腦裡的神經網路處理器（neural processor）產生錯亂，把不是邊緣的地方當成邊緣，藉此隱藏牠真正的輪廓。這種聲東擊西的手法出奇的管用。科學家們曾經以覓食的鳥兒來做實驗，結果發現這種干擾性的圖案即便使用很搶眼的顏色，也和偽裝成背景色的手法一樣有效，甚至有過之而無不及。

動物有了干擾性的圖案之後，牠們的外觀便無須和背景物的色彩與紋理相同，因此可以隱身在許多不同的背景物上，不像那些具有固定保護色的動物一般受到如此多的限制。這隻蛞蝓雖然皮膚上沒有綠色，但由於牠讓敵人無法辨識牠真正的形狀，因此仍然可以安全的躲在綠色的青苔上。你必須長時間的注視牠，才可以識破牠的偽裝，但掠食者通常都只是匆匆掃視，無法像我這樣坐下來花至少一個鐘頭的時間看著一塊青苔。

儘管如此，掠食者也不是毫無反制之道。我們人類的若干視覺特性，或許有一部分就是源自掠食者與獵物之間的視覺競賽。在第二次世界大戰期間，有些負責軍事規畫的人員發現，色盲的士兵比起視力正常的士兵更能識破敵人的偽裝。近年來，科學家們所做的一些實驗也證實，「二色視者」（眼睛裡有兩種色彩受體的人，也就是所謂的「紅綠色盲」）比人數較多的「三色視者」（眼睛裡有三種色彩受體的人）更能識破敵人的偽裝。二色視者可以偵測到紋理上的差異，但三色視者卻往往只注意色彩的變化，並因而受到誤導，無法發現這類差異。

乍看之下，二色視者似乎是基因不幸發生突變所造成的結果，雖然特別，但並沒有什麼重要性，但有兩個例證顯示情況並非如此。首先，在人類當中只有男性會有二色視的現象（因為這種基因的變異是發生在性染色體上），其機率為百分之二到百分之八。但如果二色視是適應不良所造成的結果，則這個機率應該小得多。既然二色視者如此之多，就表示這有可能是人類在某些狀況下演化的結果。其次，我們的猴子親戚（尤其是美洲大陸的猴子）當中的若干族群也有二色視者和三色視者共同生活的現象。在這些族群中，二色視者的數量占了一半以上，再次顯示二色視並非只是偶然發生的缺陷。科學家們曾經用狨猴做實驗，結果發現在光線昏暗的時候，二色視者比三色視者更占優勢。這或許是因為牠們能夠看出三色視者所無法辨識的圖案和紋理。但在燈光明亮的時候，情況就正好相反：三色視者比二色視者更能快速找到成熟的紅色水果。因此，這些猴子不同的視力狀況可能反映了森林中不同的光線環境。

美洲大陸的猴子通常群居，而且彼此合作，因此如果一個團體當中同時有二色視和三色視的猴子對大家都有好處——無論在什麼樣的光線之下，牠們都能夠找到食物。同樣的解釋是否能適用於人類身上，目前尚不得而知。我們從前也生活在大群體當中，因此或許人類目前存在二色視的現象是過去競爭及演化的結果。或許從前那些擁有若干二色視成員的群體，比全都是三色視者的群體過著更好的生活，因此將二色視的基因傳給了後代。這些都是很有趣的揣測，但迄今還沒有人做過實驗，以研究人類處在近似我們祖先的情況下，視力方面的表現如何，因此這些揣測目前仍無法得到證實。

我對森林中光線的變化產生了一種下意識的反應，表現在我的審美觀上。我們很可能會認為這只是從人的角度來判定美醜，和森林本身無關。畢竟，還有什麼事物比人類過度文明的品味更遠離自然呢？但事實上，我們人類的美感也反映了森林的生態。我們之所以對光的色調、彩度和強度如此敏感，乃是在演化過程中承襲自祖先的特質。就連人類在視力方面多樣化的現象，也可能反映了祖先的生態。

我們居住在一個文明的世界裡，其中充滿著各種很容易察覺的光線，例如閃亮的電腦螢幕和廣告招牌等等。但曼荼羅地的秋色卻讓我開始注意到林間光線的微妙變化。當然，在這方面，我算是後知後覺的，因為早在幾個星期之前，曼荼羅地上的香根芹就已經察覺了這個變化，並因此長出了新的葉子。蛞蝓在經過許多個世代的演化之後，也學會了有關光線的種種，使得牠們的套膜上出現了干擾性的圖案。蜘蛛、北美紅雀、啄木鳥和青蛙全都敏於覺察森林中的光線變化，並且會據以調整牠們的蛛絲、羽毛或皮膚。當雨水將樹上僅剩的金色葉子打落時，我也看到了這個變化。

November 15
十一月十五日

條紋鷹

the forest unseen.

我們已經跨過了季節的門檻。曼荼羅地上開始出現了冰雪，矮生草本植物的葉子也都裹上了一層毛茸茸的冰晶。這個星期以來，樹冠層已經多次出現霜花，但地面上結冰卻是今年入秋以來的首次。為了避免霜害，落葉木會讓自己的葉子掉光，但許多草本植物卻在自己的細胞裡裝滿糖分以防止霜凍，以便度過寒冬。除此之外，它們也會在自己的葉子裡裝滿紫色素，以便在細胞平日的吸光機制因結凍而停止運作時，保護細胞免於光害。前 陣子，獐耳細辛和一枝黃花整株都綠油油的，現在，它們的葉片邊緣已經出現了深紫色。這是冬日即將來臨的訊息。這些葉子會趁著天氣暖和的時節多行一些光合作用，藉此撐過一整個冬季，等到春天新的葉子長出來之後，它們才會逐漸凋萎。

今天上午的天氣雖然嚴寒，但曼荼羅地上的動物仍然非常活躍。隨著白日的氣溫逐漸上升，小昆蟲都成群的飛了出來，落葉層上面也爬滿了螞蟻、馬陸和蜘蛛。這些無脊椎動物為鳥兒們提供了豐富的食物。這一帶的鳥兒當中，有一部分原本住在北邊的森林，但因為那裡刮起了暴風雪，導致牠們沒有食物可吃，所以才飛到這裡來。我坐在曼荼羅地上時，其中一隻鷦鷯飛了過來，停在我身邊，用牠那有如細針一般的鳥喙啄著我袋子的褶縫和我的夾克褶邊，然後便飛到一叢莢蒾那兒，倒掛在一根枝條上，側著頭用一隻烏黑的眼睛看著我。過了一會兒之後，牠又再度飛起，飛到幾公尺之外一堆倒下的雜亂樹枝中，然後牠那小小的、黝黑的身軀便像一隻老鼠般消失在其中。這一個星期以來，我時常聽見鷦鷯的叫聲，但今天被這隻鳥如此近距離的觀看，我還是覺得很幸運，因為牠們通常都很怕人。

這些鷦鷯和那些遷徙的鶯鳥不同。後者已經離開了曼荼羅地，如今正在中南美洲。但鷦鷯由於飛行路程較短，因此整個冬天都逗留在北美洲的森林裡。在大多數年頭裡，這都是一個很成功的策略，可以讓牠們不必費時費力的橫越大陸，並且能夠很快回到繁殖地。但由於鷦鷯偏好在地面以及倒木上覓食，因此遇上嚴寒的冬天時，牠們很容易受害。一旦美南的森林天氣寒冷、積雪又深時，牠們便會大量死亡。

除了這隻好奇的鷦鷯外，我今天稍早時也曾經和另外一隻鳥有過不尋常的邂逅。當時我正走進森林。突然間，我看到一個鈷藍色的影子從曼荼羅地的中央一躍而起。是一隻條紋鷹（sharp-shinned hawk）！牠原本張著雙翼、伸展著尾巴以便減輕先前俯衝的力道，但一眨眼之間，牠便往上拉高了二十英尺。只見牠彎曲著翅膀，身了打平，瞬間便在空中拉出一個上升的弧形，然後降落在一棵楓樹的枝條上。牠豎起背部和長長的尾巴，在樹上蹲踞了一會兒之後，便張開翅膀，伸直尾巴，全身像是靜止的T字形一般滑下了山坡。

牠的動作就像一顆小石子掠過冰面一般，看起來平穩順暢，毫不費力。當牠飛進朦朧的樹影之間，從我的視線中消失時，我突然覺得自己彷彿一顆笨重的大石頭，被地心引力牢牢的綁在地上。

條紋鷹之所以如此輕巧靈活，在於牠的體重和力量的比例恰到好處。牠的體重很可能只有兩百公克，是我的幾百分之一，但牠的胸肌卻有好幾公分厚，比許多人類的胸部都更加飽滿，而且重量足足占了牠體重的六分之一。牠只要把胸肌一縮，就可以像顆被人用力踢向空中的海灘球，凌空高飛。

人類一直試著師法老鷹，冀望能像牠們那樣自由飛翔，但無論是中世紀那些從高塔上跳下來的人，或近代吸食迷幻藥的嬉皮，他們所得到的答案都是否定的。我們唯有透過來自石化燃料的動力才能超越肉體的限制，掙脫地心引力的桎梏。如果我們想靠著自己的力量飛翔，就必須大幅改造我們的身體結構，讓我們的胸肌厚達六英尺，或是大幅縮減我們身體其他部位的尺寸，但這是不可能的任務。我們的骨架如此沉重，但我們的身軀卻如此微小。因此，伊卡洛斯（Icarus）飛離克里特島的神話故事或許可以教導我們做人不能太自負，但卻不是空氣動力學上的優良教材，因為早在太陽把伊卡洛斯那雙用蠟和羽毛做成的翅膀融化之前，地心引力應該就已經讓祂明白謙卑的道理了。

除了體重與力量的比例之外，鳥兒的生理構造也很特別。不會飛行的動物一年到頭都帶著牠們的生殖器官，但鳥兒的睪丸和卵巢卻會在生育後萎縮成一小片。此外，牠們也捨棄了牙齒，用其薄如紙的喙和具有碾磨食物功能的胃來取而代之。此外，那些不時掉到我們汽車擋風玻璃上的鳥糞也是牠們所用的策略之一。鳥兒們會分泌晶體狀的白色尿酸，而非含水的尿素，如此一來牠們便不需要沉重的膀胱。

鳥兒的身體只有部分是固體的，其餘大部分都裝滿了氣囊，而且牠們體內的許多骨頭都是中空的。這種管狀的骨頭為人類帶來了一項意想不到的好處。中國的考古學家發現，九千年前新石器時代的人類曾經用丹頂鶴的翼骨做成長笛。當時的樂匠在這些骨頭上打洞，創造出類似現代西方的do、re、mi音階，把鳥兒飛行的魔法轉變成另外一項藉著風傳送的樂趣。

老鷹除了有一個像泡泡包裝袋一般輕盈的身軀之外，牠們那厚實的胸肌也是牠們飛翔的利器。由於鳥類的體溫頗高（超過攝氏四十度），因此牠們的肌肉分子反應的速度很快，強度也高，肌肉收縮的力道是人類的兩倍（相形之下，我們真是太弱了！）。此外，鳥兒的肌肉中密布著毛細血管，可以將血液從心臟那兒輸送過來，而就心臟與身體的比例來看，鳥類的心臟大小是哺乳類的兩倍，遠比鳥類的祖先（爬蟲類）那有洞的心臟更有效率。除此之外，鳥兒還有一個獨特的單向式肺臟，可以用身體其他部位的氣囊做為風箱，讓空氣不斷流經肺臟的潮溼表面，使得鳥兒的血液一直保持在有氧氣供應的狀態。

這些令人印象深刻的生理構造，不只是讓鳥兒能夠飛翔而已。我看到的這隻老鷹還會在空中起舞：牠在快速俯衝後立刻停住，接著一旋身便垂直躍起，轉往另外一個方向，振翅騰空，形成一個向上的弧形，之後又瞬間停住，直接降落在楓樹的枝幹上。對於鳥兒飛行時的美感和精準度，我們由於太過熟悉的緣故，已經失去了好奇心。事實上，當我們看到北美紅雀降落在餵鳥器上，或眼見麻雀群集在停車場的車輛附近時，應該瞠目驚嘆才對。然而，我們卻往往若無其事的經過，似乎並不覺得動物能夠在空中旋舞有什麼了不起，甚至把它當成了尋常景象。但今天我看到這隻條紋鷹在曼荼羅地中央騰空而起的英姿，卻有了不同於以往的全新感受。

由於鳥的翼骨構造和我們的前臂相同，因此我們多少可以想像鳥的翅膀抬起和合攏的方式，但鳥翼上還多了一層精巧的羽毛，這就不是我們憑直覺所能理解的了。如果要勉強打個比方，我們可以說這些羽毛就像是人體的毛髮一樣。但我們的毛髮只是由蛋白質所組成的簡單物質，鬆弛無力，沒有生命。相形之下，鳥兒的羽毛不僅構造複雜，而且收放自如。每一根羽毛就像是一把由許多葉片狀的板子連結而成的扇子。這些葉片排列在中央的一根主軸（稱為「羽軸」）兩旁，而每根羽軸又由一群肌肉固定在皮膚裡。藉著這群肌肉，鳥兒可以調整每一根羽毛的位置。因此，整個翅膀就像是由一整組較小的翅膀所組成，所以鳥兒飛行時才得以如此操控自如，令人讚嘆。

當這隻條紋鷹飛過森林時，牠的羽毛會讓空氣往下流動，將翅膀往上推。除此之外，空氣在呈上弧形的翅膀上端會流動得比較快，在呈下弧形的翅膀下端流動得比較慢。由於快速流動的空氣所形成的壓力較小，因此老鷹便增添了一股往上推升的力量。當牠想要降落或迅速轉向時，就會把兩支翅膀往上抬，和水平面形成銳角，以阻斷空氣的流動。這時，翅膀後面會形成亂流，發揮煞車的作用，把翅膀往後吸。我所看到的這隻條紋鷹顯然非常精於此道，所以才能夠飄然降落在一根枝條上，顯得毫不費力。

當時，牠想必正在獵食。條紋鷹主要是以鶇鶲等小型的鳥類為食。牠的翅膀又寬又短，因此能夠在枝椏間穿梭，在追逐獵物時也能有效的加速。在枝葉糾結的森林裡，牠會用牠那長長的尾巴控制方向，並用牠鐮刀般的利爪由下往上擒住飛過的鳥兒。如果獵物逃進樹洞或樹叢裡，牠就會用牠瘦長的腳爪把牠們抓出來。

不過，條紋鷹的身體構造有一個缺陷：牠的翅膀末端比較圓鈍，在飛行時容易產生亂流，形成一股阻力，使牠比較不容易做長時間的飛行，反觀隼和其他翅膀較尖的老鷹就沒有這種困擾。此外，條紋鷹的翅膀也不夠寬闊，無法像禿鷲那般在空中翱翔。不過，牠們是森林中的鳥類，其身體構造原本就適合在松樹或橡樹的枝椏間穿梭，不適合做長途的飛行。當牠必須長途飛行時，牠會交替運用拍動翅膀和短距離滑翔的方式，一會兒像隼那樣不停的振翅飛行，一會兒又像禿鷲那般輕鬆自在的翱翔。但這樣做是很耗費體力的，因此牠必須在途中停下來進食和休息。這是牠和那些比較擅於長途飛行的鳥兒不一樣的地方。

田納西州的條紋鷹並非候鳥，不會遷徙，但秋天時會有北方的條紋鷹飛來此地避寒。近年來，後者的數量有日益減少的趨勢。最初，科學家懷疑這是因為環境污染和棲地減少的緣故，但後來發現情況並非如此。事實是：有愈來愈多的條紋鷹選擇留在冰封的北方森林，不願飛到南方來過冬。這些留在北邊棲地的老鷹之所以能夠存活，是因為牠們可以飛到人類聚居的地方，靠著人們放在後院的餵鳥器（這是北美洲的生態環境中一種非常了不起的新裝置）過活。

我們對鳥兒的喜愛已經造成一種新的遷徙形式，但這種遷徙並非鳥兒由北方飛到南方，而是植物被人們從西部運送到東部。美國西部成千上萬畝的土地從前一度是大草原，但如今卻被用來生產大量的葵花子，其中有幾百萬公噸都被送到了東部。人們把這些富含熱量的葵花子放在木頭盒子或玻璃管子裡，用來餵食老鷹，使得牠們在冬天森林裡鳴禽稀少的季節，多了一個穩定、靜態的食物來源。條紋鷹在有了這麼一個可靠的「食品儲藏櫃」之後，即便遇上寒冷的冬天，也可以待在原來的森林裡。更重要的是，餵鳥器除了為這些條紋鷹補充糧食之外，也會吸引鳴禽聚集，方便牠們獵食。

我們因為喜愛鳥兒的美，於是便餵食牠們，但這種行為所造成的衝擊已經如同漣漪一般不斷向外擴散，影響了各地的草原和森林，也影響了曼荼羅地。來自北方的條紋鷹數量減少之後，對曼荼羅地的這隻條紋鷹而言，日子應該會變得好過一些。對這裡的鳴禽來說，冬天時被條紋鷹獵食的風險也會降低。如此一來，鷦鷯的數量就有可能增加。鷦鷯變多之後，螞蟻和蜘蛛的數量或許就會減少。在這種情況下，這裡的植物和菌類都會連帶受到影響，因為春天的短命春花需要靠螞蟻來傳布種子，而蜘蛛的數量減少後，蕈蚋（fungus gnat）的數量就會增加。

我們的一舉一動都不可能「船過水無痕」，不造成任何影響。我們在滿足自己的慾望時，勢必會造成一些後果，而這些後果將牽動整個世界。曼荼羅地的這隻條紋鷹正是一個象徵。牠透過牠那奇妙的飛行能力，讓我們注意到這種連鎖反應的存在。牠是「社會鑲嵌」（embeddedness）概念一個美好而具體的例證：牠和我們有共同的血緣；透過牠，我們不僅和北邊的森林和西部的草原有了牢固而實質的連結，也看到了森林食物網的殘酷與優雅。

November 21

十一月二十一日

枝條

曼荼羅地上的樹，枝椏已經光禿。當我仰頭眺望那晴朗的天空時，它們交錯的黑色線條便同時映入眼簾。位於我頭頂上方的是一棵楓樹。此刻，有隻松鼠正在樹頂幾根其細無比的枝條上平衡著自己的身子。牠一邊用後腿緊緊夾住一根枝條，一邊伸出前腳和嘴巴去抓取一簇簇尚未掉落的種子。經牠這麼一碰，莢殼和枝條便有如下雨一般嘩啦啦掉了一地，有些種子也跟著飄落，在微風中緩緩的旋轉了一會兒之後，便落在曼荼羅地以西好幾公尺的地面上。這是好幾個星期以來，我第一次在這棵楓樹上看到松鼠。前一陣子，山核桃的堅果又大又肥，讓松鼠們趨之若鶩，但現在山核桃沒了，牠們便退而求其次，跑來尋找其他的食物。

松鼠覓食的過程對這棵楓樹造成了一些損害。其中較大的損害之一，此刻正躺在我的面前。那是楓樹的一根枝條，長度約為我前臂的一半，頂端有幾簇光禿禿的花梗。起初，我沒把

the forest unseen.

它放在眼裡，只是稍微瞄了一下，但當我回頭再次細瞧時，便看出了許多端倪。由於樹皮上的痕跡尚未因真菌的侵蝕而漫漶，因此從中便可清晰的讀出它的一生。

它那棕褐色的樹皮上散布著一個個奶油色的小嘴巴圖案，每個嘴巴的開口都與樹枝的生長方向平行。這是樹枝的「皮孔」，用肉眼勉強可以看見。空氣透過這些皮孔流到底下的細胞裡。當枝條發育完成，變成較粗的樹枝並進而變成樹幹時，皮孔的數目便會減少，並且被隱藏在樹皮的裂縫底部。但年紀較輕的枝條由於細胞生長的速度極快，便需要高密度的皮孔來供給細胞更多的空氣，就像小孩的肺部會比成人大一樣（就肺臟和身體的比例而言）。

除了皮孔外，樹皮上還有一處處較大的新月形凸起。那便是葉痕，也就是從前葉子長出來的地方。每一個葉痕上都曾經長著一個葉芽，但如今只看到一個圓形的凹洞。葉芽生出來之後會長成枝條，其中大多數都會在一年內枯死。幾年之後，數百根枝條當中只有一、兩根得以存活並長成較粗的樹枝。這個過程看似浪費，卻是生物共通的法則。我們的神經系統在發展時也會不斷的分枝，形成一個複雜的網絡，到了成熟時，許多神經便會陸續萎縮死亡，回復到比較單純的狀態。群體的互動也是如此。在新組成的鳥群當中，成員會彼此不停的爭吵，但不久之後，就會形成一個較單純的階級結構，此時鳥兒只會和牠們直屬的上司或下級爭吵。

樹木、神經系統和社會網絡，都成長於一種無法預測的情況下。楓樹的樹苗不可能知道哪一個方向的光線最充足；神經網絡也無從得知它會被要求學習哪些事物；同樣的，小鳥也不可能知道自己在社會架構中所處的位置。因此它／牠們會嘗試數十種乃至數百種不同的生長方式，然後選出其中最好的，以便適應自己所生長的環境。枝條互相爭奪光線的結果，會決定它們當中哪些可以存活，哪些將會枯死。每棵樹木的外型便取決於這成千上百場競賽的勝負。一棵樹如果生長在曠野，四面八方的光線都很充足，它的樹枝便伸展成扇形，而且樹枝會從樹幹的低處開始長起，使得這棵樹木的輪廓顯得既圓又闊。但曼荼羅地的樹木很少有矮枝，也很少有緊密的圓柱狀樹冠。這是枝葉過度擁擠、彼此競爭光線的結果，就如同「物競天擇，適者生存」的演化過程：每一個物種都會產生成千上萬個不同的個體，但其中只有少數能夠在競爭中勝出，獲得揀選。我面前這根短短的枝條，便清楚的呈現了這樣的過程。在它較早長出的那一截上面，所有的側枝都掉光了，但頂端卻有一叢有如一根根彎彎的火柴棒一般的嫩枝。

這根枝條的樹皮很光滑，但上面可以看到一圈圈有如手鐲般的細小紋路。這些環紋是「芽鱗」（bud scale）所留下的痕跡。所謂芽鱗就是在冬天幼芽休眠時負責保護它的勺狀覆蓋物，這些芽鱗每年都會掉落，然後便在樹枝上留下一圈痕跡，記錄了時間的推移。從兩個環紋之間的距離，可以看出那一年枝條生長的速度。我從這根楓樹枝條的頂端往回測量，發現它今年長了一英寸，去年長了一英寸，再往前的那兩年則各長了三英寸。最老的一段已經被松鼠踩斷了，有一截留在樹上，但從我眼前的這一截來看，它一年就長了六英寸。由此可見，在過去這五年當中，這根枝條的生長速度有逐漸減緩的趨勢。

看完楓樹的枝條後，我把注意力轉移到曼荼羅地的幼木上。它們的芽鱗是否述說著和楓樹枝條一樣的故事？曼荼羅地的中央有一株及膝的洋白蠟樹（green ash）。它的頂端有一個美麗的芽苞。芽苞的中心有兩個大大的裂片，兩側各有一個較小的淚珠形組織，看起來像是一頂腫脹的王冠。它的芽鱗上有粒狀的凸起，色澤有如黑糖。在這個芽苞往下一英寸的地方，可以看到去年的芽鱗所留下的痕跡，顯然這株洋白蠟樹今年並沒長大多少。去年的情況稍好一些，前年則是長了兩英寸，再往前一年更長到八英寸之多。這是否意味著，過去這兩年的天氣在某方面不利於它們生長？

曼荼羅地西邊的一株楓樹幼木情況也是如此，只是每年之間的差距沒有這麼明顯。不過，曼荼羅地以北兩英尺處的一棵楓樹和一株洋白蠟樹則明顯不同。這兩棵樹的枝條最近這兩年每年都長高十幾英寸，生長狀況非常良好，尤其面向東方的枝條更是如此。如果是受到天氣的影響，則所有樹木的反應應該都是一致的。因此，顯然有其他因素影響了這些樹木的生長。其中一個因素，應該是樹苗之間互相爭奪光線所致。曼荼羅地上的這棵小洋白蠟樹生長的速度之所以如此緩慢，可能是因為它周遭那幾株較大的洋白蠟樹和楓樹長得太過茂盛。四年前，這幾棵樹的高度還不足以在曼荼羅地的中央形成陰影。但這三年來它們所造成的陰影面積愈來愈大，使得這棵洋白蠟樹吸收不到足夠的陽光。

除此之外，還有其他因素影響了這些幼木的生長。曼荼羅地東端的樹冠層如今出現了一個大洞。這是因為兩、三年前有一棵很老的小粗皮山核桃（shagbark hickory）倒了下來，連帶把好幾棵較小的樹一起壓倒。我並未親眼目睹這棵山核桃倒下的情景，但之前曾經看過其他樹倒下的模樣。一開始，由於樹的木頭纖維驟然斷裂，樹幹開始傾斜，會發出像是來福槍發射的聲音。之後，當成千上萬片葉子在樹木傾斜之際摩擦著樹冠層時，就會發出響亮的嘶嘶聲。當樹倒下的速度加快時，這些聲音也會愈來愈大。樹幹倒地時所造成的衝擊，就像有人敲著一面巨大的低音鼓那般，你除了聽到聲音之外，也可以感覺到震動。接著，你會聞到一股氣味，其中混合了葉子被撕裂時所散發的甜腥氣息，以及木材和樹皮裂開時所釋出的苦澀、潮溼的氣味。如果樹幹未斷，以致樹根被撬了起來，地面就會被挖出一個大洞，根球（root ball）可能高達六英尺。現場的情況一片混亂：比較小棵的樹被壓扁了，樹冠上的藤蔓被扯了下來，到處都是扭曲的枝幹。樹木一旦倒下，我們便可看出它們是多麼巨大的一種生物，就像擱淺在沙灘上的鯨魚一樣。一棵大樹倒下時所破壞的森林面積有時相當於好幾棟房屋那麼大，尤其是在其他樹木也跟著一起倒下的情況。

樹木倒下後，陽光便灑了進來。那些沒被壓垮或悶死的幼木便得以沐浴在陽光中，快速的生長。它們等待這一天已經等了好久。這些幼木雖然外觀矮小，看起來似乎年紀不大，但事實上其中有些可能已經活了非常久。在這數十年乃至數百年當中，它們由於置身在樹蔭中，生長的速度非常緩慢，同時每隔幾年它們的樹幹就會逐漸枯死，只剩下根部還活著。但這些根過了一段時間之後便會重新抽芽，繼續慢慢的往上長，期待有朝一日樹冠層能夠露出縫隙，讓它們獲得解放。

樹冠層出現隙縫之後，光線的品質也會跟著改變。這是因為植物的葉子比較能夠吸收某些波長的光，尤其是紅光，但並不會吸收紅外光。這種光因為波長超出我們眼睛受體所能接收的範圍，因此人的肉眼是看不見的。但植物可以同時「看到」紅光和紅外光。樹木的枝條在生長時會利用這兩種光波的相對比例，來判斷自己和其他植物的相對位置。在樹冠層之下或擁擠的樹林裡，紅外光占了絕大的比例，這是因為大部分的紅光都被植物吸收了。但在開闊的地方，紅光的比例便會驟增。這時，枝條就會盡量伸展，把頂端伸進有陽光的地方。如此一來，它們的外觀也會隨之改變。

樹木之所以能夠有「色覺」（color vision），是因為它們的葉片中有一種名叫「光敏素」（phytochrome）的化學物質。這種分子能夠以兩種不同的形式存在，而轉換這兩種形式的開關是由光線所啟動：紅光會使這個開關跳到「開」的位置，而紅外光則會把它關掉。植物便利用這種方式來評估環境中紅光和紅外光的比例。在樹冠層的空隙下，由於紅光充斥，被啟動的光敏素所占的比例很大，因此樹木便會朝著空隙的方向生長，形成濃密的樹枝。相反的，在森林的樹蔭中，光線以紅外光為主，於是樹木便往上生長，形成樹幹細長、側枝很少的模樣。由於樹木渾身上下都充滿了光敏素，因此它們就像是一個個的大眼睛，用整個身體來感覺色彩的變化。當年，詩人愛默生（Ralph Waldo Emerson）曾經宣稱自己是一個透明的眼珠，朝著森林張望。如果他知道樹木在這方面的能力，或許會自嘆不如吧！

曼荼羅地東端的樹冠層出現空隙之後，空隙下方的植物顯然因為受到陽光的照射而出現很大的轉變。事實上，就連空隙周遭的林木乃至被楓樹和山核桃所遮蔽的曼荼羅地，也都多少吸收到了一些陽光。因此，現在曼荼羅地東邊的幼木已經長得比西邊快，樹木向東的枝條也長得比向西的枝條茂盛，再加上此處的山坡面向東北邊，使得這個現象更加明顯。

除了樹木之外，矮生的草本植物也受到了樹冠層空隙的影響。以一枝黃花而言，在曼荼羅地的西半邊根本看不到這種植物，但愈往東就愈多。此外，長在曼荼羅地中央的一枝黃花植株非常矮小，但長在東邊的一枝黃花卻有腳踝那麼高。這些植物已經適應了樹冠層空隙中的生長環境，在空隙中央的植株甚至高及膝蓋。等到明年它們開花的時候（它們是二年生的植物），最高的植株將會有我的肩膀這麼高。至於另外幾種草本植物（獐耳細辛和香根芹），則並未出現因陽光而加速生長的現象。在較為陰暗的曼荼羅地西半部，獐耳細辛和香根芹仍舊長得和東半部的植株一樣好。不過，儘管它們在表面上看起來沒有差別，實際上或許還是受到了影響，只是這些影響比較不容易察覺罷了。這是因為像獐耳細辛和香根芹這類的植物在接收到比較多的光線時，它們的反應不是長得更高，而是結出更多的種子或長出更多的地下莖。

在五年之內，這個空隙的下方就會擠滿努力往樹冠層生長的幼木。空隙邊緣的大樹也會把它們的枝幹伸到這些幼木的上方，和它們爭奪陽光。十年之後，有一、兩棵幼木會在這場競賽中贏得勝利，其他幾十棵則會逐漸枯死。這樣的一場競賽在時間上並不算長，因為成熟的樹一旦長到樹冠層的高度後，往往還可以活個好幾百年。但年輕樹木之間的激烈競爭卻對森林的結構有很大的影響。在田納西州，由於各地土質不同，而且氣候溫和，因此林相極為豐富多元，沒有任何一個樹種必然可以贏得這場朝著樹冠層衝刺的競賽。

樹冠層會受到各式各樣、程度不一的擾動。倒在地上的山核桃和掉落在地上的枝條，只是其中的兩種而已。破壞程度最嚴重的，當數一些大規模的災害，例如颶風。幸好在田納西州這一帶，颶風甚為少見，頂多一百年一次而已。至於松鼠在樹冠上所踩出來的一個個小洞，則是程度最輕微的。這些小洞會形成斑光，促進短命春花和小幼木生長，但它們的規模很小，而且很快就會被填滿。除了松鼠之外，在木材腐爛或受到冬天的冰風暴吹襲時，樹冠層也會出現小洞。我在森林裡時，往往每隔幾個鐘頭就會聽見大樹枝掉下來的聲音，尤其是在冬天的時候。此外，中等程度的擾動也很普遍，其中最常見的便是暴風雨。

森林中的暴風雨，感覺起來比都市裡的風雨更加原始。當天上下起滂沱大雨時，你的精神會為之一振：那帶著樹葉味道的氣息、灰濛濛的光線和冰涼的空氣，都可以帶來感官上的愉悅。但一場可以把樹木吹倒的暴風雨所帶來的，就不是感官上的刺激，而是恐懼了。當嘩啦啦的大雨轉變成狂風暴雨時，樹冠會被風吹得不住起伏，樹幹也會開始彎腰，彎到不能再彎時，便彈了回去。我置身其中，所有的感官都甦醒了過來，眼珠子也開始滴溜溜的轉，提防突如其來的意外。不久，地面便開始搖晃。這是因為樹木晃動時，它們的根部受到拉扯，會推擠上面的泥土，使得地面隆起。我就像走在一艘顛簸船隻的甲板上，跌跌撞撞、腳步踉蹌。不絕而來的雨水讓我視線不清，風在樹葉間咆哮的聲音令我震耳欲聾，我腳底下的地面也忽高忽低。這一切都讓我心神混亂，生出一股想要逃跑的衝動。但除非附近有岩石或其他可供遮蔽之處，否則逃到哪裡都不安全。我聽見枝椏間幾度傳來樹枝斷裂並落地的聲音後便開始杯弓蛇影，一聽到劈啪作響的聲音，便以為是有樹枝掉了下來。風雨如此狂暴，我如果不趕緊跑到一個可以遮風避雨的地方（如果有這種地方的話），就只能靠在一根看起來比較堅固的樹幹上，跟著它一起搖晃。我最怕的是會有大樹倒下來，但擔心也無濟於事，只能睜大眼睛，乖乖坐在那兒，等待風雨平息。當風雨達到巔峰之際，我在無可奈何之下心想：「既然已經被困在這裡，什麼也不能做，乾脆就聽天由命，順其自然吧！」念頭一轉，說也奇怪，我的感官雖仍備受震撼，心思卻變得清明無比。

這座山坡每年都有幾十場暴風雨來襲，但都很快就過去，所造成的災害範圍也不大，頂多是這兒有幾棵老楓樹倒下，那兒有一棵巨大的七葉樹根部鬆動等等，但森林的樹冠層便會因此出現斑斑點點的空隙。這些空隙能讓某些樹種（例如糖楓）的生長速度變快。至於楓樹，由於它們很能適應林蔭，倒並不一定要靠樹冠層的空隙才能長大。但對其他樹種而言，這些空隙是它們唯一的希望。橡樹、山核桃、胡桃和美國鵝掌楸，都需要明亮的陽光才能生長，尤其是美國鵝掌楸。因此，這些樹是否能夠存活就仰賴這些空隙的出現。掉落在曼荼羅地濃蔭下的美國鵝掌楸種子，很少有機會可以發芽長大並存活一年以上，但掉落在曼荼羅地以東二十英尺處的種子就能夠獲得它們所渴求的陽光，且有機會成為百萬顆種子當中唯一得以實現自己的潛能，長到樹冠層的一顆。

聽起來似乎有些矛盾，但樹冠層之所以能夠汰舊換新、生生不息，正是因為它會出現空隙，讓陽光可以照到地面。因此，在這些空隙中所發生的任何改變都會影響森林的生機。也因此，長在曼荼羅地旁樹冠空隙後那棵瘦瘦高高的樹讓我格外感到憂心。這棵毛泡桐（*Paulownia tomentosa*）從今年春天到現在已經長了好幾英尺，它那兩英尺寬的心型葉子已經伸進樹冠層的缺口。像毛泡桐這樣生長快速的外來樹種，如今正入侵各地的樹冠層空隙，利用它長得比本地樹種快速的優勢占領美東各地的森林。它和另外一個外來樹種臭椿（*Ailanthus altissima*）會製造成千上萬顆種子，藉由風力傳布，因此蔓延得非常快速。這兩種樹多半長在森林邊緣靠近道路的地方以及被砍伐過後的森林裡，但它們也像大多數的外來樹種一樣，會在小規模的森林災害發生之後立刻入侵樹冠層的空隙。

這些生長快速的外來樹種，對若干需要充足陽光才能長大的本地樹種（如橡樹、山核桃、胡桃和美國鵝掌楸）特別不利。當毛泡桐和臭椿在樹冠層的空隙中迅速長大時，會扼殺生長較慢的本地樹種。當外來樹種入侵那些發生過火災、曾經遭到砍伐，或者有部分面積被闢為建地的森林時，本地樹木的種類可能會迅速減少。

研究樹木的枝條似乎是少數專家的事，但其實不然。我在計算芽痕的數量並評估樹枝每年的生長速度時，不僅看見了本地樹種與外來樹種之間的競爭，也可算出森林對地球的空氣所造成的影響。樹木的枝條每年都會長個幾英寸。如果把所有的枝條都加起來，整座森林所蘊含的碳量是極其可觀的。

如果我們把曼荼羅地的樹木所有新長出來的部分，包含樹枝、樹葉、樹幹加粗和根部加長的部分都算在內，則曼荼羅地今年從空氣中吸收的碳量可能高達十或二十公斤，也就是體積相當於一輛小車的柴堆。如果把全球的森林都加起來，它們所蘊含的碳量將超過一千兆公噸，約為空氣中含量的兩倍，可以使得人類不致很快面臨浩劫。如果沒有森林，大部分的碳都會進入空氣中以二氧化碳的形式存在，屆時我們便會面臨可怕的溫室效應。

我們燃燒石油與煤炭的舉動，等於是把長久以來儲存於地下的碳送回空氣之中。這勢必會造成氣候的改變。幸好森林使我們不致受到太大的衝擊，因為我們所釋出的碳有一半已經被森林和海洋所吸收。但近年來，森林所能發揮的緩衝效應已經逐漸遞減，這是因為空氣中的碳量不斷增加，但樹木吸收的速度畢竟有限，尤其是在我們燃燒石化能源的速度不斷加快的情況下。儘管如此，森林還是持續保護著我們，使得我們不致因為自身的揮霍行徑遭受更可怕的後果。因此，研究樹木的枝條和芽痕，其實就是在研究人類未來的禍福。

December 03

十二月三日

落葉層

the forest unseen.

我趴在曼荼羅地的邊緣，準備深入察看落葉堆裡的世界。我鼻子底下的那片橡樹紅葉，在歷經風吹日曬之後已經變得非常乾燥，因此並未遭到真菌和細菌的侵蝕，質地仍然爽脆。它和落葉層表面的其他葉子一樣，在未來近一年的時間內將得以保持原貌，到了明年夏天的雨季時便會開始漸次粉碎。這些位於表層的葉子形成了落葉層的外殼，孕育並隱藏了落葉層裡的生命。在它們的保護之下，其餘的秋葉已經在下方潮溼、黑暗的世界裡化為齏粉。就像我們呼吸時肚腹的起伏一般，這裡的地面到了每年十月秋葉紛飛的季節便會快速的隆起，等到裡面的生命能量緩緩滲入森林體內時，才又逐漸下沉。

這片紅葉底下的葉子全都溼漉漉的，而且疊在一起。我輕輕地把三片黏在一起的楓樹和山核桃落葉掰開後，一縷縷氣味便從底下的縫隙中逸散出來：起先是葉片腐爛後刺鼻的霉味，然後是新鮮的蘑菇那飽滿怡人的氣息。這些氣味中還夾雜著更濃的泥土味，可見這裡的土壤非常健康。我之所以憑藉這些氣味來「觀看」土壤中的微生物世界，是因為我眼睛裡的光受器和水晶體太大了，無法解析從細菌、單細胞生物和許多真菌那兒所彈射出來的光子，但我的鼻子卻可以偵測到從這個微型世界逸散出來的分子。因此，我雖然看不見這個世界，卻仍得以一窺它的梗概。

然而，我所能做的也就僅此而已。在我眼前這一撮腐葉中，住著約十億個微生物，其中只有百分之一能夠在實驗室中培養出來，由專家進行研究。其他百分之九十九的微生物由於相互緊密依存，而人類又不知道該如何模仿或複製這樣的依存環境，因此它們一旦被分離出來就會死亡。所以土壤中的微生物世界對人類而言仍是個很大的謎團，其中多數成員都尚未被發現或命名。

不過我們在試圖解開這個謎團的過程中，也曾經有過一些令人驚喜的重大發現，其中之一便是放射菌。我先前所聞到的那股泥土氣息，便來自這種奇特的半群聚式細菌。今天人類所使用效果最好的抗生素當中，有許多都是用放射菌提煉出來的。就像毛地黃、柳樹和繡線菊會分泌可以入藥的化學物質一般，放射菌也會分泌抗生素來抑制或殺死它們的競爭對手或敵人。人類便透過醫學黴菌學（medicinal mycology）的方法來利用這些抗生素。

放射菌在土壤的生態中扮演著重要且多元的角色，抗生素的製造只不過是其中一小部分罷了。這類細菌的攝食習慣就像動物一樣非常多樣化。有些放射菌會寄生在動物體內，有些則是附著在植物的根部，以這些根為食物，並趕走那些對植物更具殺傷力的細菌和真菌。這類寄居在植物根部的放射菌當中，有一些會對宿主不利，採用「地下暗殺」的方式把它們害死。除了動物的體內和植物的根部之外，放射菌也存在於大型生物的屍體表面。它們會把這些屍體分解成腐植質（一種能讓土壤變得肥沃的神奇黑色物質）。事實上，放射菌無所不在，只是我們很少意識到它們的存在。不過，我們似乎本能的知道它們的重要性，因為我們的大腦能夠欣賞它們那獨特的「土味」，也知道這種氣味代表土壤處於健康的狀態。相反的，經過消毒或太溼、太乾、不適合大部分放射菌居住的土壤聞起來則有苦味，不為人所喜愛。或許人類根據長久以來從事狩獵、採集和農耕活動的經驗，已經可以藉由嗅覺辨認土壤肥沃與否，因此讓我們在不知不覺之間和土壤裡這些與人類攸關的微生物有了連結。

泥土的氣息之所以複雜，是因為裡面除了放射菌之外，還有其他微生物。但這些微生物不像放射菌那般容易辨認。泥土裡的刺鼻霉味有一部分是來自真菌的孢子；分解枯葉的細菌會釋出甜甜的香氣；藏匿著厭氧微生物的潮溼土壤則會散發出微微的甲烷氣味。此外，還有許多微生物居住在我的鼻子聞不到的地方。細菌會從空氣中抓取氮，將它送入生物體內；若干微生物會把氮從死掉的生物那兒拿走，讓它回到空氣中；單細胞生物則以腐葉表面的真菌和細菌為食。這個神祕的微生物世界已經存在了十億年以上，其中細菌更是從三十億年前地球生命形成之初，就已經開始進行它們賴以維生的把戲了。所以，我鼻子裡所聞到的氣味，乃是來自一個既深且廣、既複雜又古老的世界，只是我們看不到罷了。

雖然我們看不見這些微生物，但我卻在眼前這一小塊泥土中看到了許多其他的東西。我看到裡面那些黑色的葉片上布滿白如閃電的真菌菌絲；幾隻粉紅色的半翅類昆蟲在橘色的蜘蛛四周舞動；一隻有如幽靈般的白色跳蟲爬過黑色腐葉的碎屑。這是一個微小的世界。裡面的動物和牠們旁邊那顆被埋在土裡的楓樹種子比起來，簡直就像是站在一棟大廈旁邊的人。洞裡體型最大的生物是一條小根（可能是一株幼木或一棵大樹的根）。它幾乎只有一根別針那麼粗，但在這個小洞裡面，看起來卻像是個巨無霸。

這條小根的形狀有如一根光滑的奶油色電纜線，上面長著一叢絨毛。這些絨毛一根根呈輻射狀伸入土壤裡，每一根都是這小根的延伸，是從它的某一個細胞裡長出來的觸鬚。這些鬚根會繞過沙粒，伸進附著在土壤中、有如薄膜一般的水裡。它們的存在大幅增加了小根的表面積，使得這株植物可以吸收到原本無法獲得的水與營養。因此，它們扮演了一個非常重要的角色。如果有人把一株植物連根拔起或將它移植，以致其鬚根無法抓住土壤時，這株植物就會枯萎或死亡，除非園丁額外幫它多澆一些水。

鬚根會吸收土壤裡的水和溶解於水中的營養，將它們往上運送，為葉子解渴，並供應植物生長所需的礦物質。這個運送過程所需的能量，主要是來自葉子的水被太陽蒸發時所產生的引力，而這股力量會沿著木質部中的水柱往下傳遞。但植物的鬚根可不像水井裡的幫浦那樣，僅僅在水管末端被動的吸著土壤裡的水和營養。它們和土壤裡的物質和生物之間，存在著一種互惠的關係。

植物的根送給土壤的禮物當中，最單純的一項便是氫離子。鬚根會釋放氫離子，以便讓黏附在泥土粒子上的營養脫離。這是因為每一個泥土粒子都帶有負電，於是那些帶有正電的礦物質（如鈣或鎂）便會吸附在泥土表面。這種吸附現象可以防止這些礦物質被雨水沖走，讓它們得以留在土壤中，但也會讓植物無法從根部所吸收的水中獲取礦物質。為了解決這個問題，鬚根便釋出帶有正電的氫離子，裹住這些泥土粒子，如此一來便可使泥土表面的一些礦物質離子鬆脫。這些礦物質離子在鬆脫後，會浮在泥土周遭的水膜裡，並隨著水流入鬚根之中。最有用的幾種礦物質很容易鬆脫，因此鬚根只要釋放少量的氫離子便可獲得這些營養。但在某些情況下，如下起酸雨的時候，鬚根會釋放出更多的氫離子。這樣一來某些毒性較高的元素（例如鋁）就會鬆脫。

除了氫離子之外，植物的根也會供應大量的有機質給土壤。這些有機質大部分是植物的根主動分泌的，不像落葉那般是被樹木丟棄的廢物。植物的根死亡後無疑會讓土壤更加肥沃，但它們在活著的時候所分泌的糖、脂肪和蛋白質對土壤的貢獻更大。這一層分布於植物的根部外圍，尤其是在鬚根附近的凝膠狀食物會吸引許多生物前來。因此，根部外圍這塊狹窄的區域，也就是所謂的「根圈」（rhizosphere），就像午餐時間賣三明治的商店，成了土壤裡大多數生物聚集的場所。這裡的微生物密度是土壤裡其他區域的一百倍。單細胞生物會群集在附近，以這些微生物為食；線蟲和微型的昆蟲會在這裡活動，真菌也會把它們的菌絲伸進來。

由於根圈只有薄薄的一層，並不容易進行研究，因此其中的生態大致上仍是個謎。植物顯然透過它們的根讓土壤裡的生物蓬勃興旺，但它們得到了什麼回報？或許，根圈中豐富的生物多樣性可以使植物的根部免於疾病，就像一座多樣化的森林比一塊光禿禿的土地更不容易雜草叢生一般。但這只是我的推測。到目前為止，對於土壤中的世界，我們仍像是一個探險者，站在一座黑暗的叢林邊緣，窺視著裡面那些奇特的事物，雖然認得出其中最明顯的幾個，但其實所知甚少。

儘管我們看不清楚，但在這座根圈叢林中存在著一種極其重要的關係，連那些最最匆忙的探險者也會不小心被它的藤蔓絆倒，抬頭觀看後才赫然驚覺它的存在。這種令人訝異的關係，是植物和它的夥伴共同建立的，而這個夥伴此刻便出現在我眼前：落葉層裡的這一小塊土壤中遍布著真菌的菌絲，看起來有如一個結在地下的蜘蛛網。其中有些是暗灰色的，伸展的方式似乎沒有一定的規則，不管遇上什麼都照樣爬過去。有些菌絲則是白色的，線條呈波浪狀，一會兒分岔，一會兒聚合，如同三角洲上的河流。每一根菌絲的直徑只有鬚根的十分之一，十分纖細，因此遠比那些粗笨的根更能擠進泥土粒子之間微小的縫隙裡，有效的穿透土壤。一枚頂針大小的土壤所含的鬚根或許只有幾英寸，但其中的菌絲卻可能長達一百英尺，密密麻麻的纏繞著每一粒沙子或泥土。這些真菌當中，有許多是單獨行動，致力於分解腐爛的葉子和其他生物的死屍，但有些卻會設法鑽進根圈，和植物的根部展開對話，並和它們建立一種自古以來即已存在的重要關係。

真菌進入根圈之後，它和植物的根會以化學訊號互相問候。如果這個階段進展得很順利，它便會伸出菌絲準備和後者擁抱。這時，有些植物的根會長出細小的支根，讓真菌前來移民，有些植物則會允許真菌穿透它根部的細胞壁，把菌絲伸進細胞內部。一旦進入之後，菌絲便會開始分岔，在根部的細胞內形成一個迷你的根狀網絡。這樣的行為看起來似乎對植物有害（如果我的細胞像這樣被真菌感染的話，我早就生病了），但其實對雙方都有利。植物藉由這種方式將它的糖和其他合成分子提供給真菌，而真菌則以礦物質（尤其是磷酸鹽）回報。兩者的結合是建立在各自的長處上：植物能夠用空氣和陽光製造糖，而真菌則能夠從土壤的細縫中吸取礦物質。

這種「菌根」（mycorrhizal）關係之所以會被發現可說是個意外。當時，普魯士國王想以人工的方式栽種松露（一種很珍貴的真菌），於是便請了一位生物學家來負責這項計畫。後者雖然並未成功培植出松露，但卻發現製造出松露的地下真菌網絡是和樹木的根部相連的。他原本以為這些真菌是寄生在樹根上，後來才發現它們其實是樹木的「奶媽」，會把營養傳送給樹木，加速它們生長。

於是，有一群植物學家和真菌學家便開始進行廣泛的研究，用顯微鏡檢視各種植物的根部樣本，結果發現幾乎所有植物的根系內部或外圍都有這種「菌根菌」（mycorrhizal fungi）存在。許多植物甚至少了這些真菌就無法存活。有些植物雖然可以獨立生長，但如果它們的根無法與某一種真菌結合，它們就會長得瘦弱而矮小。對於大部分植物來說，真菌乃是它們在土壤裡的主要吸收表面，根部只不過是它們用來和真菌網絡連結的媒介。因此，植物可以說是自然界生物互助合作的典範：它們不僅依靠生長在葉片裡的古代細菌進行光合作用，也倚賴它們體內的幫手進行呼吸作用，同時更透過它們的根和地下的真菌網絡建立對彼此有利的連結。

近年來專家們所進行的一些實驗顯示，菌根關係的作用還不僅止於此。有一組植物生理學家先讓植物吸收具放射性的原子，然後藉此追蹤物質在森林生態體系中的流向，結果發現真菌也是植物彼此連結的管道。一種菌根菌可能會同時和不同植物的根連結。所以，看似各自獨立的幾株植物實際上可能共同擁有一個「地下情人」，並透過這個「真菌情人」產生實體的連結。曼荼羅地的這棵楓樹用空氣中的碳所製造出來的糖，可能會被運送到根部，捐贈給某一種真菌。後者得到這些糖之後可能會拿來自己使用，但也可能將它轉送給曼荼羅地上的山核桃或另外一棵楓樹，或者送給那棵山胡椒。因此，在大多數的植物群落中，植物其實並非各自獨立存在。

這個地下網絡的存在有何意義？對於這點，生態學界尚未有充分的了解。我們仍然認為，森林的植物之間所存在的是一種競爭的關係，彼此毫不留情的搶奪營養與陽光。如果它們同時也透過地下的菌根系統相互分享資源，這對它們在地面上的競爭有何影響？植物之間競奪陽光的現象想必不是一個假象？有沒有可能某些植物利用這些真菌寄生於其他植物之上？還是這些真菌會緩和植物之間的競爭？

無論這些問題的答案為何，顯然我們的觀念已經需要調整。過去，我們一直認為植物之間彼此不停的「浴血廝殺」。現在，我們需要一個新的隱喻，來幫助我們想像它們互相競爭卻又彼此分享的局面。或許，最近似的一個比喻是人類在觀念上的競爭：思想家們各自努力求取智慧（有時也包括名聲），但他們必須從眾人所共享的一些資源中汲取靈感，而他們本身的創見也會使這些資源更加豐富，從而幫助他們的「競爭者」繼續前進。我們的心靈就像樹木一樣，如果缺乏來自「文化真菌」的滋養，就無法發育良好。

曼荼羅地的地下所存在的這個夥伴關係，可以追溯至遠古時代。當時植物剛剛來到陸地上，像繩子一般躺在地上，既沒有根莖，也沒有真正的葉子，但卻有菌根菌穿透它們的細胞，幫助它們適應這個新環境。我們在紋理細密的原始植物化石上可以看到這樣的證據。這些化石讓我們對植物的演化過程大為改觀。原先我們一直以為根部是陸地植物最早出現的部位之一，也是它們最重要的部位之一，但這些化石讓我們明白，植物的根部其實是後來才演化出來的。植物最初是靠真菌來吸收地下的營養，它們之所以發展出根部可能是為了要在地下尋找真菌，而不是為了直接吸收土壤裡的養分。

這是生物在演化過程中互助合作的又一例證。

生物史上的重要轉變，多半是透過互助合作的方式才得以完成，例如植物和真菌之間的這種結合。大型生物不僅和細胞內的細菌共生，它們的棲地也是建立在共生的關係上，或者受到共生關係的影響。陸生植物、地衣和珊瑚礁，都是共生關係的產物。這世界上如果少了這三者，就幾乎一無所剩了，屆時我的曼荼羅地也將只剩下一堆布滿細菌的岩石。人類的歷史也反映了這一點：為人類帶來繁榮的農業革命，其實便是人類和小麥、玉米和稻米等作物相互依賴，並和馬、牛、羊等動物成為命運共同體的過程。

生物具有自利的天性，這也是推動演化的力量。但生物除了會各自追求本身的利益之外，也會透過群體的合作來達成自利的目的。所以，自然界除了有巧取豪奪的資本家之外，也有團結互助的工會；除了個別的努力之外，也有群體的合作。

我眼前這一小塊泥土，讓我對生物的演化和生態有了新的看法。不過，這些看法也未必多麼新穎。我們的文化或許早已了解土壤學家們所發現的事實，並且已經將它融入我們的語言當中。我們對土壤裡的生物了解愈多，就會愈發感覺類似「根源」和「腳踏實地」這樣的字眼是多麼貼切。它們不僅反映了我們和土地的實體連結，也反映出我們和環境的相互作用、我們和自然界的其他成員相互依賴的關係，以及植物的根對其他生物的正面影響。這些關係的影響極其深遠，因此生物已經不再能夠個別存在，也不可能脫離群體。

December 06
十二月六日

地下的動物

the forest unseen.

我們每天所看到或聽到的動物主要分成兩種：脊椎動物和昆蟲。牠們只是生命之樹上的兩個分枝，卻占了人類所見動物當中的絕大部分。事實上，動物的種類繁多，牠們只不過是其中的一小部分罷了。生物學家把動物界分成三十五「門」（phyla），每一門的身體構造各有特色。脊椎動物和昆蟲屬於其中的兩個亞門。

我們人類為何把注意力都集中在鳥兒和蜜蜂身上，卻對線蟲、扁蟲和其他動物視而不見？最直接的答案是：我們很少碰到線蟲。或者應該說：我們以為自己很少碰到線蟲。如果要更進一步回答這個問題，我們應該先說明為何世上那麼多種動物當中，有一大部分是我們看不到的。我們經常在外面走動，為什麼碰不到這些和我們比鄰而居的動物呢？

這是因為我們所居住的地方，只是世上眾多棲地當中一個奇特而極端的角落。我們所遇見的，都是和我們一起居住在這個特殊角落裡的動物。其餘的動物，很不幸的，就落在我們的經驗範圍之外了。

之所以如此，首要的原因便在於我們的體型。我們比多數生物大好幾萬倍，因此我們的感官太過遲鈍，無法察覺那些在我們身上和周遭爬來爬去的「小人國居民」。細菌、單細胞生物、蟎和線蟲，都住在我們像山一般高大的身體上，因為比例太小，所以我們看不見。對於講究實際經驗的人而言，這簡直是個夢魘：居然有一個真實存在的世界是我們無法察覺的。數千年來，我們的感官在這方面一直使不上力，直到我們精通了玻璃工藝，能夠製造出清晰、光亮的鏡片時，我們才得以透過顯微鏡看到這些動物，也才發現我們從前是多麼的無知。

另一個讓我們遠離其他許多動物的原因，是我們居住在陸地上。動物界的主要分枝中有十分之九都住在水裡，包括大海、淡水的溪流與湖泊、土壤裡含水的縫隙，或其他動物潮溼的體內。不住在水裡的只有陸棲的節肢動物（大多是昆蟲），和少數住在陸地上的脊椎動物（魚類占了脊椎動物的大部分，因此即使對脊椎動物而言，陸棲生活都不是常態）。人類在經過演化之後，離開了水中，也離開了我們在水中的那些同類。因此，居住在我們這個世界當中的動物都是一些特例，以致我們無從得知生物是如何的多樣化。

我上回觀察土壤中的世界時，發現了地表下的寶藏，看到了之前不曾看過的生態。這讓我胃口大開，於是便決定再來一次。我在曼荼羅地的邊緣挑選了三個地點，分別掀開上面所覆蓋的一小堆葉子，使得落葉層裡出現一個小洞，然後再用放大鏡仔細觀察裡面的動靜，看完後再把葉子放回原位。結果，我發現地底下的世界與地面上的世界簡直有天壤之別。此刻，在地面上，除了有一隻山雀飛過之外，我似乎是森林裡唯一的動物，但就在落葉層底下一英寸的地方，卻住著許許多多的動物。

其中最大的，是一隻蜷縮在一片捲曲的橡樹葉子裡的蠑螈。牠體積只有我的拇指甲那麼大，卻已經是裡面其他動物的好幾百倍，如同置身於一群小魚之間的鱷魚。而且此刻，有一隻近視的鯨魚正在觀看著牠。

當我正透過放大鏡仔細的看著這隻蠑螈時，突然發現牠面前的菌絲和枯葉上，有東西正快速的移動並且微微的起伏著。我睜大了眼睛努力想看個清楚，但直到眼睛都開始作痛，還是看不出那是什麼樣的動物，顯然我的感官已經撞上了一堵牆。所幸，在牆的這一邊還有不少東西可看，其中數量最多的一種就是跳蟲（collembolan，又名springtail）。如果曼荼羅地能夠代表大多數的陸上生態系統，則它方圓裡的跳蟲可能多達十萬隻。難怪我每次撿起一片樹葉，都會看到至少一隻跳蟲。在肉眼底下，牠們好像是某種東西的碎屑，但透過我的放大鏡，我看到牠們的桶狀身軀以及旁邊那六隻粗粗短短的腿。這些跳蟲全都白得像麵團一樣，而且看起來溼溼的，也沒有眼睛，像是會動的雷根糖。牠們都是棘跳蟲科的成員，身上沒有色素，也看不見東西，可見牠們專門生活在地底下，從不在地面上活動。這是牠們和其他跳蟲不一樣的地方。跳蟲以會跳得名，但棘跳蟲已經喪失了牠們用來跳躍的器官：「叉骨」（furca）。事實上，對於像牠們這樣終生待在土壤縫隙裡的動物而言，肚子上就算裝著一架強力的彈射器想必也派不上什麼用場。牠們遇到掠食者時，雖然無法跳走，卻會用皮膚上的腺體分泌有毒的化學物質把對方嚇跑。這些化學物質可以對付蟎和土壤中其他常見的掠食者，但對一些體型較大、較不常碰到的動物（如會啄食土壤中生物的鶇鶲和火雞）可能就比較沒效了。

十萬隻跳蟲可以製造出很多的迷你糞球。曼荼羅地上就有一百萬顆這種糞球，裡面是被跳蟲吃掉後排出的真菌或植物。由於跳蟲的腸道無法消化細菌和真菌的孢子，因此牠們除了是土壤中最會製造肥料的生物之外，也能幫助微生物群落傳播孢子。此外，牠們的飲食習慣也對土壤的生態有重大的影響。儘管目前細節尚不清楚，但跳蟲似乎能幫助真菌和植物的根部連結。牠們在食用菌絲時會刺激某些真菌生長，同時並抑制另外一些真菌。牠們就像在牧場上吃草的乳牛，會藉著不斷的攝食來調節食物的生長狀況，同時還會排出糞便讓土地變得更加肥沃。

跳蟲是土壤生態的要角，只可惜這樣的地位並未反映在動物學的分類上。牠們雖然有六隻腳，但卻有一個很奇怪的口器（藏在頭部一個可以翻轉的口袋中）以及獨特的ＤＮＡ，因此牠們不能算是昆蟲，而是屬於「跳蟲綱」。由於牠們的構造介於昆蟲和其他無脊椎動物之間，因此很少有生物學家研究牠們，所以有關牠們的種種我們所知不多。不過，牠們是現今陸上昆蟲的祖先。

在我觀察的這三處地點，數量最多的一種動物便是跳蟲，但由於牠們的體型很小，因此牠們的重量還不到森林土壤中動物總重量的百分之五。儘管牠們在生態中扮演了很重要的角色，但牠們的種類並不多。地球上的昆蟲有一百萬種（其中蒼蠅就占了十萬種），但跳蟲卻只有六千種。因此，我在曼茶羅地走動時所遇到的許多跳蟲似乎都屬於同一種，但我所看到的其他動物則是每隻都不太一樣，可見後者的種類較多。

在我們看得見的動物中，數量僅次於跳蟲的是蜘蛛、蚊蚋和馬陸等其他節肢動物。在造化的巧手之下，節肢動物的身體構造已經演化成各式各樣的形狀。牠們原本都有盔甲，但後來有的被壓平，成了蒼蠅的翅膀，有的被磨利，成了蜘蛛的獠牙，原本分節的肢體也變成用來吐絲的「絲疣」、用來吃蘑菇的口器，或可以到處爬行的「靴子」。牠們的身體構造之多樣化是所有動物之冠，但有一個基本原則是不變的：牠們的外殼都有分節，而且會定期脫皮，以便讓身體能夠長大。

不過，曼荼羅地並非只有節肢動物而已。我眼前的土壤中就有很小的蝸牛在枯葉中覓食。其中有一部分長得和那些在地表覓食的蝸牛一樣，只是體型較小，但也有幾種蝸牛終其一生都待在潮溼的落葉層中。蝸牛的殼是絕佳的防護罩，但比起節肢動物那密不透風的外殼，其構造較為簡單，功能也較少。由於蝸牛不會脫皮，因此牠們不能用殼把身體完全包住，但這樣一來敵人便可以從殼的開口處攻擊牠們。為了降低這個風險，曼荼羅地的許多蝸牛在殼口邊緣都有牙齒狀的凸起，將開口擋住一部分。有些蝸牛的齒狀凸起非常發達，以至於牠們不太容易把身體探出殼外覓食。

蝸牛之所以能夠存活至今，是因為牠們懂得如何巧妙的運用牠們的舌頭。牠們是世上最擅於舔舐的動物，無論什麼樣的物體表面牠們都照舔不誤。牠們的舌頭被稱為「齒舌」（radula），形狀像一條有牙齒的帶子。蝸牛把齒舌伸出去後再縮回來，齒舌底下的東西便會被刮起來。當齒舌縮回口腔裡時，會經過堅硬的下唇，導致齒舌反摺，牙齒也往上豎。每一根牙齒都像是推土機的鏟刀一樣會挖起物體表面的食物，再把這些食物鏟進嘴裡。所以，齒舌的作用介於輸送帶和木匠用的刨刀之間。這樣的構造乃是蝸牛得以吃遍四方的關鍵。當我們看著一塊大石頭時，只見到光禿禿的岩石表面，但在蝸牛眼中，上面卻塗著一層奶油和果醬。

我繼續往小洞裡看時，發現了另一種形式的動物：蠕蟲。其中有些是我所熟悉的，包括身體上有環節的蚯蚓，和蚯蚓的小親戚「盆蟲」（potworm）。但我看了牠們幾秒鐘之後，注意力就被另外一隻比較奇怪的蟲子吸引了。這隻蟲子必須要用放大鏡才看得到。牠位於一片葉子上面，靠近葉片的缺口，躺在葉子表面那層薄膜狀的水裡。當我正看著牠時，牠突然跳了起來，在空中扭動著身子，然後又掉回水裡。從這個動作可以看出牠是一隻線蟲。這種蟲子與蚯蚓和盆蟲不同。牠的身體沒有分節，中間較粗，頭尾都很尖。曼荼羅地的線蟲可能多達十億隻，其中大部分體型都很小，只有透過強力顯微鏡才能看見。牠們有些會寄生在其他動物身上，有些會四處獵食，有些則以植物和真菌為食。牠們的覓食形態和生態角色之多樣化僅次於節肢動物。然而，由於線蟲體型極小，又喜歡住在水裡，因此科學界對牠們所做的研究並不多。少數研究線蟲的學者聲稱，如果宇宙裡所有的物質都消失了，只剩下線蟲，那麼地球將會變成一團由線蟲組成的奶油色霧氣，但形狀不會改變，而且所有動物、植物和真菌的形狀都仍舊可以看得出來。這是因為每一種生物體內所住的線蟲都不一樣，所以根據這些生物體內的線蟲種類，你就能辨認牠們原本的形狀。所以，你是什麼樣的人，你身上就住著什麼樣的線蟲。

我在觀察曼荼羅地表層的土壤時所看到的動物，其身體構造之多樣化更甚於動物園裡所有的動物。當地面上似乎只有我一個人存在時，我腳底下的泥土裡卻有這麼多動物在爬行、翻騰和蠕動。牠們的數量和種類之所以如此繁多，有一部分原因是土壤裡的環境溫暖而潮溼。但如果土壤裡的養分不夠豐富，就算裡面再溫暖潮溼也是枉然。土壤裡的養分主要來自死亡。地上所有的動物、葉子、粉塵微粒、糞便、樹幹和蕈傘，最終都勢必會進入泥土之中，就連我們也注定要走入這個黑暗的地下世界，成為其他生物的糧食。人類的經濟體系沒有任何一個部門像土壤這樣，能夠大小通吃、完全壟斷。在我們的經濟體制裡，雖然有一些部門的權力比另外一些大，但沒有任何一種產業得以處理其他所有產業努力的成果，並從中獲利（銀行勉強算是一個，但他們卻管不到現金經濟的部分）。然而，大自然的一切卻注定會像以賽亞的預言一般：「他們的根必像朽物，他們的花必像灰塵飛騰。」在地底下，負責分解萬物的細菌和它們的「事業夥伴」，正忙碌的進行著各式各樣的活動。所以，地面上的世界並非生命最主要的舞台。大自然的活動至少有一半是在地下進行的。

總結來說，透過觀察土壤裡的世界，我們不僅看到了動物的多樣性，也看到了生命真實的面貌。人類不過是位於生命的肌膚表面的大型裝飾品，鮮少察覺到生命體內眾多微小生物的存在。因此，觀看曼荼羅地土壤裡的世界，就像輕輕靠在生命的肌膚上，感覺它的脈動。

December 26

十二月二十六日

樹頂

時間是中午，天色雖然晴朗，但曼荼羅地上並沒有陽光，因為這裡的山坡朝向東北，正好背對著那掛在低空的太陽；此外，高處那座斷崖也讓陽光無法直接照進來。斜斜的陽光照亮了斷崖和樹梢，在樹林約十二英尺高的地方形成一條劃分了光明與黑暗的分界線。這條分界線將會逐日下降，直到明年二月時，太陽才會再度高掛天空，讓森林的地面沐浴在久違的陽光中。

在下面五十公尺的山坡上，有棵已經枯死的小粗皮山核桃。有四隻灰色松鼠正在樹頂明亮的枝椏間閒晃。我看牠們看了一個小時。其中多半時間牠們都張開四肢，懶洋洋的躺臥在陽光下，偶爾互相啃咬對方後腿或尾巴上的毛皮，看起來和樂融融。偶爾也會有一隻松鼠暫停做日光浴，跑去咀嚼那些長滿真菌的枯枝，然後再回到原地，和其他松鼠一起安安靜靜的坐著。

不知怎的，這樣寧靜祥和的景象竟讓我滿心歡喜。或許我太常看到或聽到松鼠在吵架，因

the forest unseen.

此牠們今天這般閒適的模樣就顯得格外可愛。但除此之外，我的歡喜還有別的原因。我感覺我那受過太多訓練的心靈彷彿卸下了某個擔子。野生動物彼此和樂相處，在牠們的世界裡怡然自得的景象就近在我的眼前，是如此的真實，但有關動物和生態的教科書和學術論文卻絲毫不曾提及。這件事揭露了一個事實，一個簡單得幾近荒謬的事實。

我不是指科學不對或不好。相反的，優良的科學研究讓我們與大自然更加親近。但如果純粹以科學的觀點來思考則是很危險的一件事，因為這樣一來，我們就只會把森林畫成圖表，把動物當成機器，把自然的種種製成巧妙的曲線圖。今天這幾隻松鼠的歡樂模樣似乎駁斥了這種狹隘的觀點。自然不是一台機器。這些動物有感覺，有生命，和我們有血緣關係，因此牠們和我們之間當然也會有一些共通的經驗。

而牠們似乎喜歡曬太陽。但這樣的一個現象卻從未被列入現代生物學的課程。

現代科學往往無法或不願去想像或感覺他人所經驗到的事物，這是很悲哀的一件事。科學上的「客觀」原則無疑可以幫助我們了解自然的某些部分，並讓我們免於某些文化上的成見。事實上，現代科學之所以主張我們在分析動物的行為時要客觀中立，是為了扭轉維多利亞時期乃至更早之前的博物學家藉著自然界的萬象來印證一己信念的風氣。然而，我們雖然應該秉持客觀的精神出發，但一味的客觀並不能讓我們洞見全局。事實上，客觀的原則雖然有助我們去除某些自以為是的觀念，但也可能使我們產生另外一些偏見，讓我們只顧著追求學術上的嚴謹，以致成了一個對自然傲慢、無感的人。要知道，科學方法所能研究的範圍有限，但宇宙浩瀚無邊。兩者之間不能畫上等號，否則就容易鑄成錯誤。用流程圖來描述自然界的現象，或以機器來形容動物或許實用、方便，但這些都只是應用的方法而已，並不代表我們那些有限的假設確實能反映這個世界的形貌。

上述狹隘、傲慢的科學觀正符合產業經濟的需求，而這點絕非巧合。以動物為例，只要我們把牠們當成機器，我們就可以任意的買賣牠們、丟棄牠們，但如果我們將牠們視為與我們有血緣關係的可愛生物，我們就不會這麼做。兩天前，也就是聖誕節前夕，美國林務署（U.S. Forest Service）才將通加斯國家森林公園（Tongass National Forest）裡的三十萬英畝老生林（相當於十億多個曼荼羅地的面積）開放給伐木業者砍伐。於是，我們便看到某張流程圖上的箭頭開始移動，一些顯示木材數量的圖表也出現變化，現代的森林科學與全球的商品市場結合得天衣無縫。這樣的政策所代表的意涵和價值觀不言可喻。

科學研究的方法和有關機器的比喻固然有其作用，但也受到了侷限，無法讓我們看清自然的全貌。除了我們所提出的種種假設與理論之外，自然還有哪些現象？今年，我試著放下科學工具，來到自然當中。我不做任何假設，也不打算收集任何數據，更沒有擬定任何教學方案，或攜帶任何機器或探測工具，只是純粹聆聽自然的聲音。這是因為我已經發現科學雖然有其內涵與價值，但在廣度和精神上都有其侷限。而令人遺憾的是：在正式的科學家養成訓練中，通常沒有教導人如何傾聽自然的聲音。這樣的科學教育當然會出問題。這是很可惜的一件事。我們因此而貧乏，或許也因此為自然帶來了更多的損害。我們如果懂得如何傾聽自然，會在聖誕節的前夕送給我們的森林什麼樣的禮物？

這是我看著那幾隻松鼠做日光浴時所悟出的道理。我的意思並不是要大家棄科學研究於不顧。事實上，當我面對動物時，如果能具備相關的知識，我的感受會更加豐富，而科學是一個很有效的工具，能夠充實我們這方面的知識。然而，我已經認清：所有的故事都帶有虛構的成分，包括過於簡化的假設、文化的偏見，和敘事者的自滿心態。我領悟到我們應該歡喜的聽著這些故事，但不要全然當真，因為自然的本質是生氣勃勃、無法言傳的。

December 31
十二月三十一日

觀看

the forest unseen.

近黃昏時，微弱的陽光照著山谷彼端面西的山坡，坡上的樹木反射出淡紅色的光，使得整座森林泛著紫灰色的光澤。太陽下山時，陰影逐漸沿著山坡往上擴散，熄滅了那帶著暖意的反光，使得森林成了暗褐色。當夕日沉落到更低的地方時，陽光轉而照著山丘上的天空。地平線上的紅光逐漸朦朧，天空則從藍色褪成了淡紫色，不久又變成了灰色。

十天前，在冬至那日，我也曾觀賞這幕陽光變幻的景象。當時，我全神貫注的看著對面山坡上那條明暗的分界線緩緩上升的情景。當這條線到達山頂時，大地便陷入了一片陰暗，明亮的陽光也消失了。就在此時，我右邊的山坡上傳來了郊狼的嗥叫聲。牠們「嗚嗚嗚」的叫了半分鐘之後就停止了。這些郊狼開始嗥叫的時間，正是太陽沒入山腳的那一剎那。這似乎並不是巧合。或許郊狼和我一樣，也在注視著山坡上這幕燦爛的景象，並因著太陽的消失而心有所感。我們已經知道郊狼的嗥叫行為會受到陽光和月亮盈虧的影響，因此，我們有理由可以認定牠們有時或許會對著落日嗥叫。

但今天晚上，郊狼可能不在附近，或是不敢出聲。於是，我便獨自觀看這幕光線變化的情景。然而，森林裡並非一片寂靜，鳥兒叫得尤其大聲，或許是因為白天的氣溫升高，遠超過零度，才使牠們變得特別活躍。隨著暮色漸深，鷦鷯和啄木鳥也開始歸巢。牠們一邊飛著，一邊啁啁啾啾的叫個不停。當太陽沉入地平線的深處，鳥兒們也安靜下來時，坡下一棵樹木的高處傳來了一隻美洲班鴞（barred owl）的叫聲，聽起來好像被人掐住了脖子似的。牠重複叫了十幾次，或許是在求偶，因為冬天正是貓頭鷹交配的季節。

貓頭鷹沉寂下來後，森林顯得比以往更加安靜。沒有鳥叫蟲鳴，也聽不見風聲，連遠處的飛機或車輛的聲音都消失了，只聽見東邊的一條溪流潺潺的流著。整座森林籠罩在一片奇異的靜謐中。過了十分鐘之後，風再度吹起，吹得樹梢嘶嘶作響。一架飛機轟隆隆飛過高空，山谷底下傳來遠處一座農場的鐵鎚聲。在這一片寂靜中，每個聲音都顯得格外清晰。

地平線上的霞彩逐漸淡去，天空也愈來愈暗，終至成了一片深藍色。四分之三圓的月亮挺著大肚子掛在低空。當森林逐漸沒入陰影時，我的視線也愈益模糊。

星星緩緩的在夜空中亮了起來。隨著白日的能量逐漸消退，我感到全身放鬆而自在。但突然間，我彷彿被刺了一刀，一股恐懼的感覺霎時襲來，因為我聽到了郊狼的聲音。牠們離我很近，比以往都近得多。牠們瘋狂的嗥叫聲距我只有幾公尺，一陣陣低沉的吠聲中夾雜著尖銳的長音和哨音。此刻，我腦海中只有一個念頭：「這些野獸會把你撕成碎片。完了，牠們的聲音可真大！」

但不到幾秒鐘的時間，我就恢復了理智。在郊狼的聲音消失之前，我心中已經沒有恐懼。這些郊狼不可能會來打攪我的。事實上，我應該感到慶幸，因為牠們沒有聞到我的氣味，否則也不可能如此靠近我。於是，我不再感到害怕。但方才那一刻，我的身體一度記起了古時所受到的教訓，腦海中也清晰的浮現了幾億年來動物被狼群追殺的經驗。

這群郊狼的嗥叫聲傳到下方幾英里外的山谷中，使得遠處穀倉和農場上的家狗也跟著叫了起來。在經過多年物競天擇的演化之後，狗的心智也受到了影響。在我們從事農耕的祖先鼓勵之下，牠們如今一聽到郊狼或野狼的嗥叫聲就會開始吠個不停，使得後者不敢靠近，也因此使農場裡的牲口免於受到攻擊。所以，人類、野生的犬科動物和家狗，都生活在一個密不可分的聲音網絡裡。在森林以外，我們的緊急救援車輛也會發出像狼嚎一樣的警報聲，利用人類內心深處的恐懼來引起眾人的注意。家犬在聽到這樣的聲音後，牠們腦海中的古老記憶也會被喚醒，所以才會對著路上的救護車狂吠。因此，有關森林的一切其實都埋藏在我們的心靈深處，隨著我們進入文明社會。

郊狼的嗥叫聲突然停止了。由於夜色黑暗，我看不見周遭的景物，而且郊狼的腳步又無聲無息，所以我無從得知牠們是否已經離去，又是如何離去的。我想牠們很可能是去獵食了。在追捕小動物的當兒，牠們出於心中長久以來的恐懼，想必也會跟人類保持一段距離。

曼荼羅地又恢復了寧靜。我沉浸在這樣的時刻中，有一種很熟悉的感覺。這一年來，我一再回到這塊曼荼羅地，在這裡靜靜的坐了數百個小時。這個過程使得我的感官、心智和情感更加貼近這座森林。這樣的感覺是我之前從不曾有過的。

然而，儘管我對這裡已經有了歸屬感，但我和曼荼羅地之間的關係其實有些複雜。我一方面感覺自己和它非常親近，另一方面又覺得我和它之間的距離無比遙遠。前者是因為我已經逐漸認識了這個地方，並因此更了解自己在生態上和演化過程中與森林的關連。我感覺這些知識已經進入我的身體，改造了我，或者說得更確切一些，已經讓我得以認清自己的來處。

然而，在此同時，我也同樣強烈的感受到我和這個地方之間的隔閡。在這段觀察過程中，我發現自己是多麼的無知，連這裡各種生物的名稱都無法一一叫出來，更不可能對牠／它們的生活和彼此之間的關係有深入的了解。我觀察得愈久，就愈感覺自己不可能真正了解這個地方，明白它的本質。

然而，這種隔閡的感覺並不只是因為我認清了自己的無知。在內心深深，我已然明白：在這樣一個地方，我和所有人類都是多餘的。這樣的認知讓我感到孤獨。

不過，在此同時，我也為曼荼羅地獨立存在的狀態感到莫名的欣喜。這是好幾個星期之前，我走進這座森林時所發現的事。當時，有一隻毛茸茸的啄木鳥正停駐在一根樹幹上啼叫。看著牠，我猛然意識到我和牠是來自兩個不同的世界。早在人類出現之前，啄木鳥就已經在這世界上啁啁啾啾的叫了幾百萬年。牠們的日常生活，是由剝落的樹皮、隱藏的甲蟲和附近啄木鳥的聲音所構成。這是和我的世界平行的另外一個世界。一塊曼荼羅地上就存在著好幾百萬個這樣的平行世界。

想到這裡，我不知怎的竟鬆了一口氣。這個世界並非以我或人類為中心。人類從不曾參與曼荼羅地形成的過程。生命是超乎我們之上的。它讓我們將視線朝外。看著那隻啄木鳥飛起，我一方面感受到自己的渺小，一方面卻又頗為欣喜。

於是，我繼續觀察著曼荼羅地，以外來者的身分，也以親人的身分。此刻，銀色的月光正照著森林，顯得明亮而柔和。當我的眼睛逐漸適應昏暗的夜色時，我看到月光正把我的影子映照在曼荼羅地的落葉上。

後記

當代的博物學家時常嘆惋我們的文化和自然日益脫節。這樣的說法我多少能夠感同身受。當我請那些大學一年級的學生辨認二十家公司的商標和二十種本地常見的生物時，大部分公司的商標他們都能夠辨認，但本地的生物他們卻幾乎一個名字也叫不出來。我想在我們的文化中，大多數人都是這樣。

但這也不是什麼新鮮事。十八世紀時，卡爾．林奈（Carl Linnaeus，現代生態學和分類學的始祖之一）就曾經如此形容當時一般大眾辨識植物的能力：「很少人會看，也很少人能懂。大家普遍缺乏觀察力，也不具備應有的知識。這是世人的一大損失。」許久之後，阿爾多．李奧帕德（譯注：Aldo Leopold，美國生態學家）在一篇談及一九四〇年代世局的文章中寫道：「所謂真正的現代人已經脫離土地了。他和土地之間隔著許多中間人和器具，彼此之間並沒有重要的關連……你如果要他花一天的時間在土地上行走，而且那個地點不是高爾夫球場或『風景區』的話，他一定會無聊至死。」似乎所有的自然科學家都覺得，他們的文化正面臨完全脫離土地的危機。

我對以上兩位人士的話語都頗有同感，但我也認為：就某些方面而言，現代人對自然的關注已經更勝於從前。相較於過去這幾十年乃至幾百年，如今已有更多人對自然界的生物感興趣，投入的程度也更高。同時，無論國內或國際的政治對話都已經納入生態保護的議題。在不到一個人一生的時間當中，環境行動主義、環境教育和環境科學等領域已經從冷門學科變成顯學，教育改革人士也紛紛開始思考如何改善人與自然脫節的現象。這些趨勢或許都是前所未見的現象，令人鼓舞，不像在林奈和李奧帕德的時代，無論一般大眾或政府都不太關心其他物種的生態。誠然，現代人之所以關注這些議題，有一部分是為了要解決前人因忽視生態所留下的爛攤子，但我認為他們也確實對其他生物感到興趣，並且真心的關切牠／它們的福祉。

現今的世界固然有許多事物會讓自然學者分心，或對他們造成障礙，但也提供了為數可觀的有用工具。如果十八世紀時撰寫《塞爾伯恩自然史》（*Natural History of Selborne*）這部經典之作的吉爾伯特．懷特（Gilbert White）手邊能有一屋子精確的田野圖鑑、一台可以搜尋到花朵照片和青蛙鳴叫聲的電腦，以及一個收藏了所有最新科學論文的資料庫，他的觀察內容應該會更加豐富，他在學術的道路上也不致如此寂寞，他對生態也會有更深入的了解。當然，他或許也會浪費許多時間在人工的網路世界裡搜尋，但重點是：對有志於研究自然史的人而言，我們現在已經有了遠比從前更多的工具與資源。

我正是在這些工具與資源的幫助之下，探索我的曼荼羅地。我希望這本書能激勵其他人也開始他們自己的探索行動。我很幸運，能夠觀察一小塊老生林地。這樣的機會是非常難能可貴的，因為在美國東部的土地中，老生林只占了不到百分之〇．五的面積。但要觀察自然的生態，並不一定要從老生林地下手。事實上，我這一年來觀察曼荼羅地的心得之一就是：只要我們用心關注，任何地方都可以變得很美好，所以我們無須刻意去尋找一個「純淨原始」、令人讚嘆的地方。只要你有意觀察，任何花園、行道樹、天空、原野、森林或郊區的一群麻雀，都可以成為你的曼荼羅地。然後，只要你花一些工夫仔細觀看，你的成果也會像觀察一塊古老林地那般豐碩。

每個人學習的方式不同，因此我不想冒昧的建議大家該如何觀察這些曼荼羅地。但我有兩個觀察心得，或許值得和有意嘗試此道的人分享。第一：事先不要有任何期待。如果你一直期望能獲得刺激、美感、暴力、具啟發性或神聖性的體驗，你將無法以清晰的眼光進行觀察，你的心也會躁動不安。你所要做的，只是熱切的敞開你的五官。

第二個建議是：借用冥想的方法，不斷讓你的注意力回到當下。我們的心思很容易散亂，所以你要輕輕的把它帶回來，一遍又一遍，並注意感官上的細節，例如聲音的特性、觀察地點的氛圍和氣味、影像上的細微差異等等。這樣做並不費力，但必須要靠意志力刻意為之。

我們的內在智慧本身就是偉大的導師，可以教導我們有關自然的種種。透過我們的內在智慧，我們將會發現我們和「自然」是一體的。我們也是動物，是在繁複的生態體系中，經過複雜的演化過程所形成的靈長類動物。我們對水果、肉類、糖和鹽很感興趣，非常在意社會階級、宗族組織和人際網絡，注重皮膚、頭髮和身材的美感，並且有無窮無盡的求知慾和企圖心。凡此種種都顯示出我們的生態特性。事實上，我們每個人本身就是一個充滿了故事的曼荼羅地，其複雜與深奧的程度絕不亞於一座老生林。更棒的是，觀看我們自己和觀看這個世界並不衝突。我在觀察森林的過程中就更清楚的看見了自己。

我們如果仔細觀察自己，就會發現喜歡親近自然乃是人的天性。我們自然而然就會想要辨識各種生物的名稱、了解牠／它們並且欣賞牠／它們。這是人性的一部分。只要我們靜靜的觀察一塊有生命的曼荼羅地，我們就有機會重新發現我們這個與生俱來的特質，並且加以發揚光大。

謝辭

我的曼荼羅地坐落在田納西州塞瓦尼鎮（Sewanee）南方大學的所有地上。如果不是世世代代的人們用心照顧著這塊土地，這本書就不可能誕生。我在南方大學裡的同仁提供了我一個融洽和諧的工作環境，也給了我許多啟發。其中Nancy Berner、Jon Evans、Ann Fraser、John Fraser、Deborah McGrath、John Palisano、Jim Peters、Bran Potter、George Ramseur、Jean Yeatman、Harry Yeatman和Kirk Zigler等人，更為我解答了與書中若干主題相關的一些問題。此外，Jim Peters也讓我對科學的本質有了許多體悟，尤其是在我們共同教授生態學和倫理學課程的時候。我和Sid Brown和Tom Ward的談話使我得以把個人沉思默想的經驗，放在一個比較寬廣和連貫的架構上。杜邦圖書館傑出的工作人員和絕佳的皮藏，使我在為這本書搜尋資料的過程中頗有樂趣。塞瓦尼校區那些優秀的學生則激發了我的靈感，並讓我對生物學的未來以及自然史的研究充滿希望。

我和本地的許多自然學家在森林中漫步的經驗，也讓我對本地的自然史有了更多的認識。其中Joseph Bordley、Sanford McGee和David Withers等人這些年來更和我分享了他們的許多洞見。

牛津大學的Bill Hamilton、Stephen Kearsey、Beth Okamura和Andrew Pomiankowski，以及康乃爾

大學的Chris Clark、Steve Emlen、Rick Harrison、Robert Johnston、Amy McCune、Carol McFadden、Bobbi Peckarsky、Kern Reeve、Paul Sherman和David Winkler等老師，在我就讀大學期間惠我良多，是我生命中重要的導師。

我之所以能在自然寫作方面有所進步，有一部分得益於那些和我一起參加Sterling學院的Wildbranch寫作坊的同學。特別要感謝Tony Cross、Alison Hawthorne Deming、Jennifer Sahn和Holly Wren Spaulding等人給我建議，並做我的榜樣。

感謝John Gatta、Jean Haskell、George Haskell和Jack Macrae等人在本書初稿編輯期間所提供的建議。〈藥物〉這一章在經過增刪後曾經刊載於《Whole Terrain》上，並且因著Annie Jacobs和她的編輯團隊的潤飾而增色不少。本書精裝本出版後，Jim Fordice和Andy Luk這兩位博學多聞的讀者提供了我一些意見，讓書中的兩個段落變得更加精確。在本書出版過程中，Henry Hamman曾經在關鍵時刻投入了許多時間並提供了許多意見和人脈，才使本書得以完成。

Alice Martell是一位傑出的經紀人。她總是適時的關照我，給我許多鼓勵。因著她的努力，我的出書計畫才得以開花結果。Kevin Doughten在編輯方面睿智的指點，使我的書稿前後更加連貫、文字更為有力。他身兼本書的總管、公關和行銷人員，表現不凡。此外，我也要感謝Paul Slovak。他是最早鼓勵我進行這項計畫的人，不僅細心打點本書出版和印行平裝本的事務，並且總是不吝於付出。Brittney Ross和Holly Watson使這本書的編輯和宣傳工作充滿樂趣。Kent

Anderson、Carolyn Coleburn和Andrew Duncan也曾經支持我，鼓勵我，令我由衷感激。

此外，我也深深感謝在我之前的好幾千位自然學者。他們的科學研究加深了我對生物學的了解。我希望藉著這本書彰顯他們的成就與貢獻。由於篇幅所限，我在書中不得不省略這些研究當中的許多細節，把焦點放在和我的曼荼羅地經驗直接相關，或有助我解釋生物學概念的部分。但這種刪減細節的做法是很危險的，尤其是在科學的領域。因此，我鼓勵讀者們自行參閱我在參考書目中所列出的書籍以及其他相關圖書，以更進一步探索我在書中討論的主題。

感謝Sarah Vance慷慨支持這項計畫，並提供許多寶貴的意見。她不僅提供我學術上的評論和編輯方面的建議，更實際協助我整理書稿，使本書得以問世，並大幅提升了書的品質。

本書的目的在彰顯森林生態的重要性。因此，我將把至少一半的版稅捐給那些致力於森林保育的機構。

參考書目

前言

Bentley, G. E., ed. 2005. *William Blake: Selected Poems*. London: Penguin.

一月一日：夥伴關係

Giles, H. A. 1926. *Chuang Tzŭ*. 2nd edition., reprint 1980. London: Unwin Paperbacks.

Hale, M. E. 1983. *The Biology of Lichens*, 3rd edition. Edward Arnold.

Hanelt, B., and J. Janovy. 1999. "The life cycle of a horsehair worm, *Gordius robustus* (Nematomorpha: Gordioidea)." *Journal of Parasitology* 85: 139-141.

Hanelt, B., L. E. Grother, and J. Janovy. 2001. "Physid snails as sentinels of freshwater nematomorphs." *Journal of Parasitology* 87: 1049-1053.

Nash, T. H. III (ed.). 1996. *Lichen Biology*. Cambridge: Cambridge University Press.

Purvis, W. 2000. *Lichens*. Washington, DC: Smithsonian Institution Press.

Thomas, F., A. Schmidt-Rhaesa, G. Martin, C. Manu, P. Durand, and F. Renaud. 2002. "Do hairworms (Nematomorpha) manipulate the water seeking behaviour of their terrestrial hosts?" *Journal of Evolutionary Biology* 15: 356-361.

一月十七日：克卜勒的禮物

Kepler, J. 1611. *The Six-Cornered Snowflake*. 1661. Translation and commentary by C. Hardie, B. J. Mason and L. L. Whyte. Oxford: Clarendon Press.

Libbrecht, K. G. 1999. "A Snow Crystal Primer." Pasadena: California Institute of Technology. www.its.caltech.edu/~atomic/snowcrystals/primer/primer.htm.

Meinel, C. 1988. "Early eventeenth-century atomism: theory, epistemology, and the insufficiency of experiment." *Isis* 79: 68-103.

一月二十一日：實驗

Cimprich, D. A., and T. C. Grubb. 1994. "Consequences for Carolina Chickadees of foraging with Tufted Titmice in winter." *Ecology* 75: 1615-1625.

Cooper, S. J., and D. L. Swanson. 1994. "Seasonal acclimatization of thermoregulation in the Black-capped Chickadee." *Condor* 96: 638-646.

Doherty, P. F., J. B. Williams, and T. C. Grubb. 2001. "Field metabolism and water flux of Carolina Chickadees during breeding and nonbreeding seasons: A test of the 'peak-demand' and 'reallocation' hypotheses." *Condor* 103: 370-375.

Gill, F. B. 2007. *Ornithology*, 3rd edition. New York: W. H. Freeman.

Grubb, T. C., and V. V. Pravasudov. 1994. "Tufted Titmouse (*Baeolophus bicolor*)," The Birds of North America Online (A. Poole, ed.). Ithaca, NY: Cornell Lab of Ornithology; doi:10.2173/bna.86.

Honkavaara, J., M. Koivula, E. Korpimäki, H. Siitari, and J. Viitala. 2002. "Ultraviolet vision and foraging in terrestrial vertebrates." *Oikos* 98: 505–511.

Karasov, W. H., M. C. Brittingham, and S. A. Temple. 1992. "Daily energy and expenditure by Black-capped Chickadees (*Parus atricapillus*) in winter." *Auk* 109: 393-395.

Marchand, P. J. 1991. *Life in the cold*. 2nd edition. Hanover, NH: University Press of New England.

Mostrom, A. M., R. L. Curry, and B. Lohr. 2002. "Carolina Chickadee (*Poecile carolinensis*)." The Birds of North America Online. doi:10.2173/bna.636.

Norberg, R. A. 1978. "Energy content of some spiders and insects on branches of spruce (*Picea abies*) in winter: prey of certain passerine birds." *Oikos* 31: 222-29.

Pravosudov, V. V., T. C. Grubb, P. F. Doherty, C. L. Bronson, E. V. Pravosudova, and A. S. Dolby. 1999. "Social dominance and energy reserves in wintering woodland birds." *Condor* 101: 880-884.

Saarela, S., B. Klapper, and G. Heldmaier. 1995. "Daily rhythm of oxygen-consumption and thermoregulatory responses in some European winter-acclimatized or summer-acclimatized finches at different ambient-temperatures." *Journal of Comparative Physiology B: Biochemical, Systemic, and Environmental Physiology* 165: 366-376.

Swanson, D. L., and E. T. Liknes. 2006. "A comparative analysis of thermogenic capacity and cold tolerance in small birds."

Journal of Experimental Biology 209: 466-474.
Whittow, G. C. (ed.). 2000. *Sturkie's Avian Physiology*, 5th edition. San Diego: Academic Press.

一月三十一日．冬天的植物

Fenner, M., and K. Thompson. 2005. *The Ecology of Seeds*. Cambridge: Cambridge University Press.
Lambers, H., F. S. Chapin, and T. L. Pons. 1998. *Plant Physiological Ecology*. Berlin: Springer-Verlag.
Sakai, A., and W. Larcher. 1987. *Frost Survival of Plants. Responses and Adaptation to Freezing Stress*. Berlin: Springer-Verlag.
Taiz, L., and E. Zeiger. 2002. *Plant Physiology*. 3rd edition. Sunderland: Sinauer Associates.

二月一日．足印

Allen, J. A. 1877. *History of the American Bison*. Washington, DC: U. S. Department of the Interior.
Barlow, C. 2001. "Anachronistic fruits and the ghosts who haunt them." *Arnoldia* 61: 14-21.
Clarke, R. T. J., and T. Bauchop (eds.). 1977. *Microbial Ecology of the Gut*. New York: Academic Press.
Delcourt, H. R., and P. A. Delcourt. 2000. "Eastern deciduous forests." in: *North American Terrestrial Vegetation*, 2nd edition, edited by M. G. Barbour and W. D. Billings, 357-98. Cambridge: Cambridge University Press.
Gill, J. L., J. W. Williams, S. T. Jackson, K. B. Lininger, and G. S. Robinson. 2009. "Pleistocene megafaunal collapse, novel plant communities, and enhanced fire regimes in North America." *Science* 326: 1100-1103.
Graham, R. W. 2003. "Pleistocene tapir from Hill Top Cave, Trigg County, Kentucky, and a review of Plio-Pleistocene tapirs of North America and their paleoecology." In *Ice Age Cave Faunas of North America*, edited by B. W. Schubert, J. I. Mead, and R. W. Graham, 87-118. Bloomington: Indiana University Press.
Harriot, T. 1588. *A Brief and True Report of the New Found Land of Virginia*. Reprint, 1972. New York: Dover Publications.
Hicks, D. J., and B. F. Chabot. 1985. "Deciduous forest." In *Physiological Ecology of North American Plant Communities*, edited by B. F. Chabot and H. A. Mooney, 257-77. New York: Chapman and Hall.
Hobson, P. N. (ed.). 1988. *The Rumen microbial Ecosystem*. Barking, UK: Elsevier Science Publishers.
Lange, I. M. 2002. *Ice Age Mammals of North America: A Guide to the Big, the Hairy, and the Bizarre*. Missoula, MT: Mountain Press.

Martin, P. S., and R. G. Klein. 1984. *Quaternary Extinctions*. Tucson: University of Arizona Press.
McDonald, H. G. 2003. "Sloth remains from North American caves and associated karst features." In *Ice Age Cave Faunas of North America*, edited by B. W. Schubert, J. I. Mead, and R. W. Graham, 1-16. Bloomington: Indiana University Press.
Salley, A. S. (ed.) 1911. *Narratives of Early Carolina, 1650-1708*. New York: Scribner's Sons.

二月十六日：地衣

Bateman, R. M., P. R. Crane, W. A. DiMichele, P. R. Kendrick, N. P. Rowe, T. Speck, and W. E. Stein. 1998. "Early evolution of land plants: phylogeny, physiology, and ecology of the primary terrestrial radiation." *Annual Review of Ecology and Systematics* 29: 263-292.
Conrad, H. S. 1956. *How to Know the Mosses and Liverworts*. Dubuque, IA: W. C. Brown.
Goffinet, B., and A. J. Shaw, eds. 2009. *Bryophyte Biology*, 2nd edition. Cambridge: Cambridge University Press.
Qiu, Y.-L., L. Li, B. Wang, Z. Chen, V. Knoop, M. Groth-Malonek, O. Dombrovska, J. Lee, L. Kent, J. Rest, G. F. Estabrook, T. A. Hendry, D. W. Taylor, C. M. Testa, M. Ambros, B. Crandall-Stotler, R. J. Duff, M. Stech, W. Frey, D. Quandt, and C. C. Davis. 2006. "The deepest divergences in land plants inferred from phylogenomic evidence." *Proceedings of the National Academy of Sciences, USA* 103: 15511-15516.
Qiu Y.-L., L. B. Li, B. Wang, Z. D. Chen, O. Dombrovska, J. J. Lee, L. Kent, R. Q. Li, R. W. Jobson, T. A. Hendry, D. W. Taylor, C. M. Testa, and M. Ambros. 2007. "A nonflowering land plant phylogeny inferred from nucleotide sequences of seven chloroplast, mitochondrial, and nuclear genes." *International Journal of Plant Sciences* 168: 691–708.
Richardson, D. H. S. 1981. *The Biology of Mosses*. New York: John Wiley and Sons.

二月二十八日：蠑螈

Duellman, W. E., and L. Trueb. 1994. *Biology of Amphibians*. Baltimore: John Hopkins University Press.
Milanovich, J. R., W. E. Peterman, N. P. Nibbelink, and J. C. Maerz. 2010. "Projected loss of a salamander diversity hotspot as a consequence of projected global climate change." *PLoS ONE* 5: e12189. doi:10.1371/journal.pone.0012189.
Petranka, J. W. 1998. *Salamanders of the United States and Canada*. Washington, DC: Smithsonian Institution Press.
Petranka, J. W, M. E. Eldridge, and K. E. Haley. 1993. "Effects of timber harvesting on Southern Appalachian salamanders."

Conservation Biology 7: 363-370.

Ruben, J. A., and A. J. Boucot. 1989. "The origin of the lungless salamanders (Amphibia: Plethodontidae)." *American Naturalist* 134: 161-169.

Stebbins, R. C., and N. W. Cohen. 1995. *A Natural History of Amphibians*. Princeton, NJ: Princeton University Press.

Vieites, D. R., M.-S. Min, and D. B. Wake. 2007. "Rapid diversification and dispersal during periods of global warming by plethodontid salamanders." *Proceedings of the National Academy of Sciences, USA* 104: 19903 -19907.

三月十三日：獐耳細辛

Bennett, B. C. 2007. "Doctrine of Signatures: an explanation of medicinal plant discovery or dissemination of knowledge?" *Economic Botany* 61: 246-255.

Hartman, F. 1929. *The Life and Doctrine of Jacob Boehme*. New York: Macoy.

McGrew, R. E. 1985. *Encyclopedia of Medical History*. New York: McGraw-Hill.

三月十三日：蝸牛

Chase, R. 2002. *Behavior and Its Neural Control in Gastropod Molluscs*. Oxford: Oxford University Press.

三月二十五日：短命春花

Choe, J. C., and B. J. Crespi. 1997. *The Evolution of Social Behavior in Insects and Arachnids*. Cambridge: Cambridge University Press.

Curran, C. H. 1965. *The Families and Genera of North American Diptera*. Woodhaven: Henry Tripp.

Motten, A. F. 1986. "Pollination ecology of the spring wildflower community of a temperate deciduous forest." *Ecological Monographs* 56: 21-42.

Sun, G., Q. Ji, D. L. Dilcher, S. Zheng, K. C. Nixon, and X. Wang. 2002. "Archaefructaceae, a new basal Angiosperm family." *Science* 296: 899-904.

Wilson, D. E., and S. Ruff. 1999. *The Smithsonian Book of North American Mammals*. Washington, DC: Smithsonian Institution

Press.

四月11日：鏈鋸

Duffy, D. C., and A. J Meier. 1992. "Do Appalachian herbaceous understories ever recover from clearcutting?" *Conservation Biology* 6: 196–201.

Haskell, D. G., J. P. Evans, and N. W. Pelkey. 2006. "Depauperate avifauna in plantations compared to forests and exurban Areas." *PLoS ONE* 1: e63. doi:10.1371/journal.pone.0000063.

Meier, A. J., S. P. Bratton and D. C. Duffy. 1995. "Possible ecological mechanisms for loss of vernal-herb diversity in logged eastern deciduous forests." *Ecological Applications* 5: 935-946.

Perez-Garcia, J., B. Lippke, J. Comnick, and C. Manriquez. 2005. "An assessment of carbon pools, storage, and wood products market substitution using life-cycle analysis results." *Wood and Fiber Science* 37: 140-148.

Prestemon, J. P., and R. C. Abt. 2002. "Timber products supply and demand." Chapter 13 in *Southern Forest Resource Assessment*, edited by D. N. Wear and J. G. Greis. General Technical Report SRS-53, U.S. Department of Agriculture. Asheville, NC: Forest Service, Southern Research Station.

Scharai-Rad, M., and J. Welling. 2002. "Environmental and energy balances of wood products and substitutes." Rome: Food and Agriculture Organization of the United Nations. www.fao.org/docrep/004/y3609e/y3609e00.HTM.

Yarnell, S. 1998. *The Southern Appalachians: A History of the Landscape*. General Technical Report SRS-18, U.S. Department of Agriculture. Asheville, NC: Forest Service, Southern Research Station.

四月11日：花

Fenster, C. B, W. S Armbruster, P. Wilson, M. R. Dudash, and J. D. Thomson. 2004. "Pollination syndromes and floral specialization." *Annual Review of Ecology, Evolution, and Systematics* 35: 375–403.

Fosket, D. E. 1994. *Plant Growth and Development. A Molecular Approach*. San Diego: Academic Press.

Snow, A. A., and T. P. Spira. 1991. "Pollen vigor and the potential for sexual selection in plants." *Nature* 352: 796-797.

Walsh, N. E., and D. Charlesworth. 1992. "Evolutionary interpretations of differences in pollen-tube growth-rates." *Quarterly Review of Biology* 67: 19-37.

四月八日：木質部

Ennos, R. 2001. *Trees*. Washington, DC: Smithsonian Institution Press.

Hacke, U. G., and J. S. Sperry. 2001. "Functional and ecological xylem anatomy." *Perspectives in Plant Ecology, Evolution and Systematics* 4: 97-115.

Sperry, J. S., J. R. Donnelly, and M. T. Tyree. 1988. "Seasonal occurrence of xylem embolism in sugar maple (Acer saccharum)." *American Journal of Botany* 75: 1212-1218.

Tyree, M. T., and M. H. Zimmermann. 2002. *Xylem Structure and the Ascent of Sap*. 2nd edition. Berlin: Springer-Verlag.

四月十四日：蛾

Smedley, S. R., and T. Eisner. 1996. "Sodium: a male moth's gift to its offspring." *Proceedings of the National Academy of Sciences, USA* 93: 809-813.

Young, M. 1997. *The Natural History of Moths*. London: T. and A. D. Poyser.

四月十六日：日出之鳥

Pedrotti, F. L., L. S. Pedrotti, and L. M. Pedrotti. 2007. *Introduction to Optics*. 3rd edition. Upper Saddle River, NJ: Pearson Prentice Hall.

Wiley, R. H, and D. G Richards. 1978. "Physical constraints on acoustic communication in the atmosphere: implications for the evolution of animal vocalizations." *Behavioral Ecology and Sociobiology* 3: 69–94.

四月二十二日：走路的種子

Beattie, A., and D. C. Culver. 1981. "The guild of myrmecochores in a herbaceous flora of West Virginia forests." *Ecology* 62: 107-115.

Cain, M. L., H. Damman, and A. Muir. 1998. "Seed dispersal and the holocene migration of woodland herbs." *Ecological Monographs* 68: 325-347.

Clark, J. S. 1998. "Why trees migrate so fast: confronting theory with dispersal biology and the paleorecord." *American Naturalist* 152: 204-224.

Ness, J. H. 2004. "Forest edges and fire ants alter the seed shadow of an ant-dispersed plant." *Oecologia* 138: 448-454.

Smith, B. H., P. D. Forman, and A. E. Boyd. 1989. "Spatial patterns of seed dispersal and predation of two myrmecochorous forest herbs." *Ecology* 70: 1649-1656.

Vellend, M., Myers, J. A., Gardescu, S., and P. L. Marks. 2003. "Dispersal of Trillium seeds by deer: implications for long-distance migration of forest herbs." *Ecology* 84: 1067-1072.

四月二十九日：地震

U. S. Geological Survey, Earthquake Hazards Program. "Magnitude 4.6 Alabama." http://neic.usgs.gov/neis/eq_depot/2003/eq_030429/.

五月七日：風

Ennos, A. R. 1997. "Wind as an ecological factor." *Trends in Ecology and Evolution* 12: 108-111.

Vogel, S. 1989. "Drag and reconfiguration of broad leaves in high winds." *Journal of Experimental Botany* 40: 941-948.

五月十八日：草食性

Ananthakrishnan, T. N., and A. Raman. 1993. *Chemical Ecology of Phytophagous Insects*. New York: International Science Publisher.

Chown, S. L., and S. W. Nicolson. 2004. *Insect Physiological Ecology*. Oxford: Oxford University Press.

Hartley, S. E., and C. G. Jones. 2009. "Plant chemistry and herbivory, or why the world is green." In *Plant Ecology*, 2nd edition edited by M. J. Crawley. 2nd edtion. Oxford: Blackwell Publishing.

Nation, J. L. 2008. *Insect Physiology and Biochemistry*. Boca Raton, FL: CRC Press.

Waldbauer, G. 1993. *What Good Are Bugs?: Insects in the Web of Life*. Cambridge, MA: Harvard University Press.

五月二十五日：漣漪

Clements, A. N. 1992. *The Biology of Mosquitoes. Development, Nutrition, and Reproduction*. London: Chapman and Hall.

Hames, R. S., K. V. Rosenberg, J. D. Lowe, S. E. Barker, and A. A. Dhondt. 2002. "Adverse effects of acid rain on the distribution of Wood Thrush *Hylocichla mustelina* in North America." *Proceedings of the National Academy of Sciences, USA* 99: 11235-112400.

Spielman, A., and M. D'Antonio. 2001. *Mosquito: A Natural History of Our Most Persistent and Deadly Foe*. New York: Hyperion.

Whittow, G. C., ed. 2000. *Sturkie's Avian Physiology*. 5th edition. San Diego: Academic Press.

六月二日：探索

Klompen, H., and D. Grimaldi. 2001. "First Mesozoic record of a parasitiform mite: a larval Argasid tick in Cretaceous amber (Acari: Ixodida: Argasidae)." *Annals of the Entomological Society of America* 94: 10–15.

Sonenshine, D. E. 1991. *Biology of Ticks*. Oxford: Oxford University Press.

六月十日：蕨類植物

Schneider, H., E. Schuettpelz, K. M. Pryer, R. Cranfill, S. Magallon, and R. Lupia. 2004. "Ferns diversified in the shadow of angiosperms." *Nature* 428: 553-5577.

Smith, A. R., K. M. Pryer, E. Schuettpelz, P. Korall, H. Schneider, and P. G. Wolf. 2006. "A classification for extant ferns." *Taxon* 55:705-731.

六月二十日：交纏

Haase, M., and A. Karlsson. 2004. "Mate choice in a hermaphrodite: you won't score with a spermatophore." *Animal Behaviour* 67: 287-291.

Locher, R., and B. Baur. 2000. "Mating frequency and resource allocation to male and female function in the simultaneous hermaphrodite land snail *Arianta arbustorum*." *Journal of Evolutionary Biology* 13: 607-614.

Rogers, D. W., and R. Chase. 2002. "Determinants of paternity in the garden snail *Helix aspersa*." *Behavioral Ecology and Sociobiology* 52: 289-295.

Webster, J. P., J. I. Hoffman, and M. A. Berdoy. 2003. "Parasite infection, host resistance and mate choice: battle of the genders in a simultaneous hermaphrodite." *Proceedings of the Royal Society, Series B: Biological Sciences* 270: 1481-1485.

七月二日：真菌

Hurst, L. D. 1996. "Why are there only two sexes?" *Proceedings of the Royal Society, Series B: Biological Sciences* 263: 415-422.

Webster, J., and R. W. S. Weber. 2007. *Introduction to Fungi*, 3rd edition. Cambridge: Cambridge University Press.

Whitfield, J. 2004. "Everything you always wanted to know about sexes." *PLoS Biol* 2(6): e183. doi:10.1371/journal.pbio0.0020183.

Xu, J. 2005. "The inheritance of organelle genes and genomes: patterns and mechanisms." *Genome* 48: 951–958.

Yan, Z. and J. Xu. 2003. "Mitochondria are inherited from the MATa parent in crosses of the Basidiomycete fungus Cryptococcus neoformans." *Genetics* 163: 1315-1325.

七月十三日：螢火蟲

Eisner, T., M. A. Goetz, D. E. Hill, S. R. Smedley, and J. Meinwald. 1997. "Firefly "femmes fatales" acquire defensive steroids (lucibufagins) from their firefly prey." *Proceedings National Academy of Sciences, USA* 94: 9723-9728.

七月二十七日：斑光

Heinrich, B. 1996. *The Thermal Warriors: Strategies of Insect Survival*. Cambridge: Harvard University Press.

Hull, J. C. 2002. "Photosynthetic induction dynamics to sunflecks of four deciduous forest understory herbs with different phenologies." *International Journal of Plant Sciences* 163: 913-924.

Williams, W. E., H. L. Gorton, and S. M. Witiak. 2003. "Chloroplast movements in the field." *Plant Cell and Environment*: 2005-2014.

八月一日：水蜥和郊狼

Brodie, E. D. 1968. "Investigations on the skin toxin of the Red-Spotted Newt, *Notophthalmus viridescens viridescens*." *American Midland Naturalist* 80:276-280.

Hampton, B. 1997. *The Great American Wolf*. New York: Henry Holt and Company.

Parker, G. 1995. *Eastern Coyote: The Story of Its Success*. Halifax, Nova Scotia: Nimbus Publishing.

八月八日：地星

Hibbett, D. S., E. M. Pine, E. Langer, G. Langer, and M. J. Donoghue. 1997. "Evolution of gilled mushrooms and puffballs inferred from ribosomal DNA sequences." *Proceedings of the National Academy of Sciences, USA* 94: 12002-12006.

八月二十六日：螽斯

Capinera, J. L., R. D. Scott, and T. J. Walker. 2004. *Field Guide to Grasshoppers, Katydids, and Crickets of the United States*. Ithaca, NY: Cornell University Press.

Gerhardt, H. C., and F. Huber. 2002. *Acoustic Communication in Insects and Anurans*. Chicago: University of Chicago Press.

Gwynne, D. T. 2001. *Katydids and Bush-Crickets: Reproductive Behavior and Evolution of the Tettigoniidae*. Ithaca, NY: Cornell University Press.

Rannels, S., W. Hershberger and J. Dillon. 1998. *Songs of Crickets and Katydids of the Mid-Atlantic States*. CD audio recording, Maugansville, MD: Wil Hershberger.

九月二十一日：藥物

Culpeper, N. 1653. *Culpeper's Complete Herbal*. Reprint, 1985. Secaucus, NJ: Chartwell Books.

Horn, D., T. Cathcart, T. E. Hemmerly, and D. Duhl, eds. 2005. *Wildflowers of Tennessee, the Ohio Valley, and the Southern Appalachians*. Auburn, WA: Lone Pine Publishing.

Lewis, W. H., and M. P. F. Elvin-Lewis. 1977. *Medical Botany: Plants Affecting Man's Health*. New York: John Wiley and Sons.

Mann, R. D. 1985. *William Withering and the Foxglove*. Lancaster, UK: MTP Press.

Moerman, D. E. 1998. *Native American Ethnobotany*. Portland, OR: Timber Press.

U. S. Fish and Wildlife Service. 2009. *General Advice for the Export of Wild and Wild-Simulated American Ginseng (Panax quinquefolius) Harvested in 2009 and 2010 from States with Approved CITES Export Programs*. Washington, DC: United States Department of the Interior.

Vanisree, M., C.-Y. Lee, S.-F. Lo, S. M. Nalawade, C. Y. Lin, and H.-S. Tsay. 2004. "Studies on the production of some important secondary metabolites from medicinal plants by plant tissue cultures." *Botanical Bulletin of Academia Sinica* 45: 1-22.

九月二十三日：毛毛蟲

Heinrich, B. 2009. *Summer World: A Season of Bounty*. New York: Ecco.

Heinrich, B., and S. L. Collins. 1983. "Caterpillar leaf damage, and the game of hide-and-seek with birds." *Ecology* 64: 592-602.

Real, P. G, R. Iannazzi, A. C Kamil, and B. Heinrich. 1984. "Discrimination and generalization of leaf damage by blue jays (*Cyanocitta cristata*)." *Animal Learning and Behavior* 12: 202-208.

Stamp, N. E., and T. M. Casey, eds. 1993. *Caterpillars: Ecological and Evolutionary Constraints on Foraging*. London: Chapman and Hall.

Wagner, D. L. 2005. *Caterpillars of Eastern North America: A Guide to Identification and Natural History*. Princeton, NJ: Princeton University Press.

九月二十三日：禿鷲

Blount, J. D., D. C. Houston, A. P. Møller and J. Wright. 2003. "Do individual branches of immune defence correlate? A comparative case study of scavenging and non-scavenging birds." *Oikos* 102: 340–350.

DeVault, T. L., O. E. Rhodes, Jr., and J. A. Shivik. 2003. "Scavenging by vertebrates: behavioral, ecological, and evolutionary perspectives on an important energy transfer pathway in terrestrial ecosystems." *Oikos* 102:225-234.

Kelly, N. E., D. W. Sparks, T. L. DeVault, and O. E. Rhodes, Jr. 2007. "Diet of Black and Turkey Vultures in a forested landscape." *The Wilson Journal of Ornithology* 119: 267–270.

Kirk, D. A., and M. J. Mossman. 1998. "Turkey Vulture (*Cathartes aura*),". The Birds of North America Online (A. Poole, ed.).

Ithaca, NY: Cornell Lab of Ornithology. doi:10.2173/bna.339.

Markandya, A., T. Taylor, A. Longo, M. N. Murty, S. Murty, and K. Dhavala. 2008. "Counting the cost of vulture decline – An appraisal of the human health and other benefits of vultures in India." *Ecological Economics* 67: 194-204.

Powers, W. *The Science of Smell*. Iowa State University Extension. www.extension.iastate.edu/Publications/PM1963a.pdf.

九月二十六日：候鳥

Evans Ogden, L. J., and B. J. Stutchbury. 1994. "Hooded Warbler (*Wilsonia citrina*)," The Birds of North America Online (A. Poole, ed.). Ithaca, NY: Cornell Lab of Ornithology. doi:10.2173/bna.110.

Hughes, J. M. 1999. "Yellow-billed Cuckoo (*Coccyzus americanus*)," The Birds of North America Online (A. Poole, ed.). Ithaca, NY: Cornell Lab of Ornithology. doi:10.2173/bna.418.

Rimmer, C. C., and K. P. McFarland. 1998. "Tennessee Warbler (*Vermivora peregrina*)." The Birds of North America Online. doi:10.2173/bna.350.

十月五日：示警聲波

Agrawal, A. A. 2000. "Communication between plants: this time it's real." *Trends in Ecology and Evolution* 15: 446.

Caro, T. M., L. Lombardo, A. W. Goldizen, and M. Kelly. 1995. "Tail-flagging and other antipredator signals in white-tailed deer: new data and synthesis." *Behavioral Ecology* 6: 442-450.

Cotton, S. 2001. "Methyl jasmonate." www.chm.bris.ac.uk/motm/jasmine/jasminev.htm.

Farmer, E. E., and C. A. Ryan. 1990. "Interplant communication: airborne methyl jasmonate induces synthesis of proteinase inhibitors in plant leaves." *Proceedings of the National Academy of Sciences, USA* 87: 7713-7716.

FitzGibbon, C. D., and J. H. Fanshawe. 1988. "Stotting in Thomson's gazelles: an honest signal of condition." *Behavioral Ecology and Sociobiology* 23: 69-74.

Maloof, J. 2006. "Breathe." *Conservation in Practice* 7: 5-6.

十月十四日：翅果

Green, D. S. 1980. “The terminal velocity and dispersal of spinning samaras.” *American Journal of Botany* 67: 1218-1224.

Horn, H. S., R. Nathan, and S. R. Kaplan. 2001. “Long-distance dispersal of tree seeds by wind.” *Ecological Research* 16: 877-885.

Lentink, D., W. B. Dickson, J. L. van Leewen, and M. H. Dickinson. 2009. “Leading-edge vortices elevate lift of autorotating plant seeds.” *Science* 324: 1438-1440.

Sipe, T. W., and A. R. Linnerooth. 1995. “Intraspecific variation in samara morphology and flight behavior in *Acer saccharinum* (Aceraceae).” *American Journal of Botany* 82: 1412-1419.

十月二十九日：臉

Darwin, C. 1872. *The Expression of the Emotions in Man and Animals*. Reprint, 1965. Chicago: University of Chicago Press.

Lorenz, K. 1971. *Studies in Animal and Human Behaviour* Translated by R. Martin. Cambridge, MA: Harvard University Press.

Randall, J. A. 2001. “Evolution and function of drumming as communication in mammals.” *American Zoologist* 41: 1143-1156.

Todorov A., C. P. Said, A. D. Engell, and N. N. Oosterhof. 2008. “Understanding evaluation of faces on social dimensions.” *Trends in Cognitive Sciences* 12: 455-460.

十一月五日：光

Caine, N. G., D. Osorio, and N. I. Mundy. 2009. “A foraging advantage for dichromatic marmosets (*Callithrix geoffroyi*) at low light intensity.” *Biology Letters* 6: 36-38.

Craig, C. L., R. S. Weber, and G. D. Bernard. 1996. “Evolution of predator-prey systems: Spider foraging plasticity in response to the visual ecology of prey.” *American Naturalist* 147: 205-229.

Endler, J. A. 2006. “Disruptive and cryptic coloration.” *Proceedings of the Royal Society, Series B: Biological Sciences* 273: 2425-2426.

King, R. B., S. Hauff, and J. B. Phllips. 1994. “Physiological color change in the green treefrog: Responses to background brightness and temperature.” *Copeia* 1994: 422-432.

Merilaita, S., and J. Lind. 2005. “Background-matching and disruptive coloration, and the evolution of cryptic coloration.”

Proceedings of the Royal Society, Series B: Biological Sciences 272: 665-670.
Mollon, J. D., J. K. Bowmaker, and G. H. Jacobs. 1984. "Variations of color-vision in a New World primate can be explained by polymorphism of retinal photopigments." *Proceedings of the Royal Society, Series B: Biological Sciences* 222: 373-399.
Morgan, M. J., A. Adam, and J. D. Mollon. 1992. "Dichromats detect colour-camouflaged objects that are not detected by trichromats." *Proceedings of the Royal Society, Series B: Biological Sciences* 248: 291-295.
Schaefer, H. M., and N. Stobbe. 2006. "Disruptive coloration provides camouflage independent of background matching." *Proceedings of the Royal Society, Series B: Biological Sciences* 273: 2427-2432.
Stevens, M., I. C. Cuthill, A. M. M. Windsor, and H. J. Walker. 2006. "Disruptive contrast in animal camouflage." *Proceedings of the Royal Society, Series B: Biological Sciences* 273: 2433-2438.

十一月十五日：條紋鷹

Bildstein, K. L., and K. Meyer. 2000. "Sharp-shinned Hawk (*Accipiter striatus*)," The Birds of North America Online (A. Poole, ed.). Ithaca, NY: Cornell Lab of Ornithology,. doi:10.2173/bna.482.
Hughes, N. M., H. S. Neufeld, and K. O. Burkey . 2005. "Functional role of anthocyanins in high-light winter leaves of the evergreen herb *Galax urceolata*." *New Phytologist* 168: 575–587.
Lin, E. 2005. *Production and Processing of Small Seeds for Birds*. Agricultural and Food Engineering Technical Report 1. Rome: Food and Agriculture Organization of the United Nations.
Marden, J. H. 1987. "Maximum lift production during takeoff in flying animals." *Journal of Experimental Biology* 130: 235-238.
Zhang, J., G. Harbottle, C. Wang, and Z. Kong. 1999. "Oldest playable musical instruments found at Jiahu early Neolithic site in China." *Nature* 401: 366-368.

十一月二十一日：枝條

Canadell, J. G., C. Le Quere, M. R. Raupach, C. B. Field, E. T. Buitenhuis, P. Ciais, T. J. Conway, N. P. Gillett, R. A. Houghton, and G. Marland. 2007. "Contributions to accelerating atmospheric CO2 growth from economic activity, carbon intensity, and efficiency of natural sinks." *Proceedings of the National Academy of Sciences, USA* 104: 18866-18870.
Dixon R. K., A. M. Solomon, S. Brown, R. A. Houghton, M. C. Trexier, and J. Wisniewski. 1994. "Carbon pools and flux of global

forest ecosystems." *Science* 263: 185-190.

Hopkins, W. G. 1999. *Introduction to Plant Physiology*. 2nd edition. New York: John Wiley and Sons.

Howard, J. L. 2004. *Ailanthus altissima*. In: Fire Effects Information System. U. S. Department of Agriculture, Forest Service, Rocky Mountain Research Station. www.fs.fed.us/database/feis/plants/tree/ailalt/all.html.

Innes, R. J. 2009. *Paulownia tomentosa*. In: Fire Effects Information System. www.fs.fed.us/database/feis/plants/tree/pautom/all.html.

Solomon, S., D. Qin, M. Manning, Z. Chen, M. Marquis, K. B. Averyt, M. Tignor and H. L. Miller (eds.) 2007. *Contribution of Working Group I to the Fourth Assessment Report of the Intergovernmental Panel on Climate Change*. Cambridge: Cambridge University Press.

Woodbury, P. B., J. E. Smith and L. S. Heath 2007. "Carbon sequestration in the U. S. forest sector from 1990 to 2010." *Forest Ecology and Management* 241: 14-27.

十二月三日：落葉層

Coleman, D. C., and D. A. Crossley, Jr. 1996. *Fundamentals of Soil Ecology*. San Diego: Academic Press.

Crawford, J. W., J. A. Harris, K. Ritz and I. M. Young. 2005. "Towards an evolutionary ecology of life in soil." *Trends in Ecology and Evolution* 20: 81-87.

Horton, T. R., and T. D. Bruns. 2001. "The molecular revolution in ectomycorrhizal ecology: peeking into the black-box." *Molecular Ecology* 10: 1855-1871.

Wolfe, D. W. 2001. *Tales from the Underground: A Natural History of Subterranean Life*. Reading, MA: Perseus Publishing.

十二月六日：地下的動物

Budd, G. E., and M. J. Telford. 2009. "The origin and evolution of arthropods." *Nature* 457: 812-817.

Hopkin, S. P. 1997. *Biology of the Springtails (Insecta: Collembola)* . Oxford: Oxford University Press.

Regier, J. C., J. W. Shultz, A. Zwick, A. Hussey, B. Ball, R. Wetzer, J. W. Martin, and C. W. Cunningham. 2010. "Arthropod relationships revealed by phylogenomic analysis of nuclear protein-coding sequences." *Nature* 463: 1079-1083.

Ruppert, E. E., R. S. Fox, and R. D. Barnes. 2004. *Invertebrate Zoology: A Functional Evolutionary Approach*. 7th edition.

Belmont, CA: Brooks/Cole-Thomson Learning.

十二月二十六日：樹頂

Weiss, R. 2003. "Administration opens Alaska's Tongass forest to logging." *The Washington Post*, December 24th 2003, page A16.

十二月三十一日：觀看

Bender, D. J., E. M. Bayne, and R. M. Brigham. 1996. "Lunar condition influences coyote (*Canis latrans*) howling." *American Midland Naturalist* 136: 413-417.

Gese, E. M., and R. L. Ruff. 1998. "Howling by coyotes (*Canis latrans*): variation among social classes, seasons, and pack sizes." *Canadian Journal of Zoology* 76: 1037-1043.

後記

Davis, M. B. (ed.) 1996. *Eastern Old Growth Forest: Prospects for Rediscovery and Recovery*. Washington, DC: Island Press.

Leopold, A. 1949. *A Sand County Almanac, and Sketches Here and There*. New York: Oxford University Press.

Linnaeus, C., 1707-1788, quoted as epigram in Nicholas Culpeper, *The English Physician*, edited by E. Sibly. Reprint, 1800. London: Satcherd.

White, G. 1788-9. *The Natural History of Selbourne*, edited by R. Mabey. Reprint, 1977. London: Penguin Books.

國家圖書館出版品預行編目（CIP）資料

森林祕境：生物學家的自然觀察年誌 / 大衛・喬治・哈思克(David George Haskell)著；蕭寶森譯. -- 初版. -- 臺北市：商周出版：家庭傳媒城邦分公司發行, 2014.04
面；　公分. -- (科學新視野；110)
譯自：The forest unseen : a year's watch in nature
ISBN 978-986-272-580-1(平裝)

1.森林生態學 2.自然史 3.美國田納西州

436.12　　　　103005792

科學新視野 110

森林祕境：生物學家的自然觀察年誌

作　　者／大衛・喬治・哈思克（David George Haskell）
譯　　者／蕭寶森
企畫選書／何穎怡
責任編輯／羅珮芳

版　　權／吳亭儀、江欣瑜
行銷業務／周佑潔、黃崇華、賴玉嵐
總 編 輯／黃靖卉
總 經 理／彭之琬
事業群總經理／黃淑貞
發 行 人／何飛鵬
法律顧問／元禾法律事務所王子文律師
出　　版／商周出版
台北市104民生東路二段141號9樓
電話：(02) 25007008　傳眞：(02)25007759
E-mail：bwp.service@cite.com.tw
發　　行／英屬蓋曼群島商家庭傳媒股份有限公司城邦分公司
台北市中山區民生東路二段141號2樓
書虫客服服務專線：02-25007718；25007719
服務時間：週一至週五上午09:30-12:00；下午13:30-17:00
2 24小時傳眞專線：02-25001990；25001991
劃撥帳號：19863813；戶名：書虫股份有限公司
讀者服務信箱：service@readingclub.com.tw
城邦讀書花園：www.cite.com.tw
香港發行所／城邦（香港）出版集團
香港灣仔駱克道193號東超商業中心1F E-mail: hkcite@biznetvigator.com
電話：(852) 25086231　傳眞：(852) 25789337
馬新發行所／城邦（馬新）出版集團【Cite (M) Sdn Bhd】
41, Jalan Radin Anum, Bandar Baru Sri Petaling,
57000 Kuala Lumpur, Malaysia.
電話：(603) 90563833　傳眞：(603) 90576622
Email: service@cite.com.my

封面內頁設計／廖韡
內頁排版／立全電腦印前排版有限公司
印　　刷／中原造像股份有限公司
經 銷 商／聯合發行股份有限公司
新北市231新店區寶橋路235巷6弄6號2樓
電話：(02) 29178022　傳眞：(02) 29110053

■2014年4月29日初版
■2022年11月3日二版1.5刷
定價420元

Printed in Taiwan

城邦讀書花園
www.cite.com.tw

 ISBN 978-986-272-580-1
Original title: The Forest Unseen

廣　告　回　函
北區郵政管理登記證
北臺字第000791號
郵資已付，免貼郵票

104　台北市民生東路二段141號2樓

英屬蓋曼群島商家庭傳媒股份有限公司城邦分公司　收

請沿虛線對摺，謝謝！

書號：BU0110X	書名：森林祕境（暢銷改版）	編碼：

請於此處用膠水黏貼

商周出版

讀者回函卡

感謝您購買我們出版的書籍！請費心填寫此回函卡，我們將不定期寄上城邦集團最新的出版訊息。

不定期好禮相贈！
立即加入：商周出版
Facebook 粉絲團

姓名：＿＿＿＿＿＿＿＿＿＿＿＿＿＿＿＿ 性別：□男 □女

生日：西元＿＿＿＿＿＿＿＿年＿＿＿＿＿＿＿＿月＿＿＿＿＿＿＿＿日

地址：＿＿＿＿＿＿＿＿＿＿＿＿＿＿＿＿＿＿＿＿

聯絡電話：＿＿＿＿＿＿＿＿＿＿＿＿ 傳真：＿＿＿＿＿＿＿＿＿＿＿＿

E-mail ：

學歷：□ 1. 小學 □ 2. 國中 □ 3. 高中 □ 4. 大學 □ 5. 研究所以上

職業：□ 1. 學生 □ 2. 軍公教 □ 3. 服務 □ 4. 金融 □ 5. 製造 □ 6. 資訊
□ 7. 傳播 □ 8. 自由業 □ 9. 農漁牧 □ 10. 家管 □ 11. 退休
□ 12. 其他＿＿＿＿＿＿＿＿＿＿＿＿＿＿＿＿

您從何種方式得知本書消息？

□ 1. 書店 □ 2. 網路 □ 3. 報紙 □ 4. 雜誌 □ 5. 廣播 □ 6. 電視
□ 7. 親友推薦 □ 8. 其他＿＿＿＿＿＿＿＿＿＿＿＿

您通常以何種方式購書？

□ 1. 書店 □ 2. 網路 □ 3. 傳真訂購 □ 4. 郵局劃撥 □ 5. 其他＿＿＿＿

您喜歡閱讀那些類別的書籍？

□ 1. 財經商業 □ 2. 自然科學 □ 3. 歷史 □ 4. 法律 □ 5. 文學
□ 6. 休閒旅遊 □ 7. 小說 □ 8. 人物傳記 □ 9. 生活、勵志 □ 10. 其他

對我們的建議：＿＿＿＿＿＿＿＿＿＿＿＿＿＿＿＿＿＿＿＿

＿＿＿＿＿＿＿＿＿＿＿＿＿＿＿＿＿＿＿＿

＿＿＿＿＿＿＿＿＿＿＿＿＿＿＿＿＿＿＿＿

【為提供訂購、行銷、客戶管理或其他合於營業登記項目或章程所定業務之目的，城邦出版人集團（即英屬蓋曼群島商家庭傳媒（股）公司城邦分公司、城邦文化事業（股）公司），於本集團之營運期間及地區內，將以電郵、傳真、電話、簡訊、郵寄或其他公告方式利用您提供之資料（資料類別：C001、C002、C003、C011 等）。利用對象除本集團外，亦可能包括相關服務的協力機構。如您有依個資法第三條或其他需服務之處，得致電本公司客服中心電話 02-25007718 請求協助。相關資料如為非必要項目，不提供亦不影響您的權益。】

1.C001 辨識個人者：如消費者之姓名、地址、電話、電子郵件等資訊。
2.C002 辨識財務者：如信用卡或轉帳帳戶資訊。
3.C003 政府資料中之辨識者：如身分證字號或護照號碼（外國人）。
4.C011 個人描述：如性別、國籍、出生年月日。

請於此處用膠水黏貼